高等学校大数据专业系列教材

U0645383

Python网络数据挖掘

杨波 著

清华大学出版社

北京

内 容 简 介

本书将复杂网络理论与算法实现相结合,深入浅出地介绍了网络数据挖掘和网络模拟中的物理机制和相关算法,然后通过 Python 语言中的 NetworkX 和 igraph 库加以实现,最后对所得结果进行了分析和讨论。全书共 12 章,分别介绍图论基础、网络基本拓扑特性、节点重要性、社团探测、链路预测、网络生成模型、渗流相变和网络鲁棒性、Ising 模型和网络博弈、网络传播、网络上的混沌同步、随机游走与 node2vec 模型和图表示学习等知识。

本书主要面向广大从事复杂系统与复杂网络、网络科学与工程、社交网络分析、网络数据挖掘或图神经网络的专业人员,从事高等教育的专任教师,高等学校的学生及相关领域的广大科研人员。

图书在版编目(CIP)数据

Python 网络数据挖掘 / 杨波著. -- 北京:清华大学出版社,2025.6.
(高等学校大数据专业系列教材). -- ISBN 978-7-302-69622-3

Ⅰ. TP312.8

中国国家版本馆 CIP 数据核字第 2025BE8313 号

责任编辑:陈景辉
封面设计:刘 键
责任校对:刘惠林
责任印制:丛怀宇

出版发行:清华大学出版社
   网   址:https://www.tup.com.cn,https://www.wqxuetang.com
   地   址:北京清华大学学研大厦 A 座   **邮   编**:100084
   社 总 机:010-83470000   **邮   购**:010-62786544
   投稿与读者服务:010-62776969,c-service@tup.tsinghua.edu.cn
   质量反馈:010-62772015,zhiliang@tup.tsinghua.edu.cn
   课件下载:https://www.tup.com.cn,010-83470236
印 装 者:三河市东方印刷有限公司
经   销:全国新华书店
开   本:185mm×260mm   **印   张**:15.75   **字   数**:401 千字
版   次:2025 年 8 月第 1 版   **印   次**:2025 年 8 月第 1 次印刷
印   数:1~1500
定   价:59.90 元

产品编号:100787-01

高等学校大数据专业系列教材
编 委 会

前　言

党的二十大报告强调"必须坚持科技是第一生产力、人才是第一资源、创新是第一动力,深入实施科教兴国战略、人才强国战略、创新驱动发展战略,开辟发展新领域新赛道,不断塑造发展新动能新优势"。

复杂网络理论将对象和对象间的联系转换为节点和边加以描述,以图论为数学基础,融合概率论、信息论、博弈论、传播学、非线性动力学、图神经网络、随机过程、推荐系统、数据挖掘、统计物理和复杂系统等知识,已广泛运用到社交网络、Internet、WWW、引文网络、生物网络、金融网络、电力和交通网络等的研究中,逐步发展为研究事物相关性的重要手段和方法之一。

主要内容

本书强调抽象概念的实例化,理论和算法的程序化与可视化,以 Python 为基本编程工具,辅以 NumPy、Matplotlib、NetworkX、igraph、PyTorch 和 PyG 等扩展包,力求形象生动地展示网络数据挖掘的相关内容,使读者可以在短时间内上手开展学习和研究工作。

全书从图论开始,然后逐步介绍网络数据挖掘的各方面知识,共 12 章。

第 1 章图论基础,包括几个有趣的图论问题、图的定义和基本概念、图的路和连通性、树与生成树、平面图及其欧拉公式、图的表示和存储。第 2 章网络基本拓扑特性,包括稀疏性和连通性,度、度分布和度相关性,平均路径长度和网络效率,聚类系数和圈系数,网络子结构:k-clique、环和模体。第 3 章节点重要性,包括无向网络节点重要性指标、有向网络节点重要性指标、节点重要性衡量标准。第 4 章社团探测,包括社团探测基础、凝聚算法、分裂算法、重叠社团探测算法、其他社团探测算法、社团探测检测标准。第 5 章链路预测,包括链路预测基础、基于网络结构相似性的链路预测、其他链路预测方法。第 6 章网络生成模型,包括随机网络、小世界网络、无标度网络、配置模型。第 7 章渗流相变和网络鲁棒性,包括渗流相变基础、规则格子上的点渗流和边渗流、ER 网络上的渗流相变、其他渗流相变模型。第 8 章 Ising 模型和网络博弈,包括 Ising 模型的相变和临界现象、Ising 模型的蒙特卡洛模拟、博弈论和博弈模型、规则网络上的空间演化博弈模型、复杂网络上的空间演化博弈模型。第 9 章网络传播,包括常见传染病模型、网络上的传染病模型、免疫。第 10 章网络上的混沌同步,包括非线性动力学和混沌简介、线性双耦合系统的同步、网络上的连续时间线性耗散耦合。第 11 章随机游走与 node2vec 模型,包括随机游走简介、网络上随机游走的稳态分布、网络上随机游走的特征量、node2vec 节点嵌入模型。第 12 章图表示学习,包括图表示学习简介、LINE 模型、图卷积神经网络、图注意力网络、GraphSAGE 图神经网络、图分类任务。

本书特色

(1) 理论联系实际,由浅入深。

本书由浅入深、逐步地对复杂网络的重要概念及算法进行编程实践、分析探索及可视化,为读者更好地掌握相关知识提供便利和支持。

（2）突出重点，强化理解。

本书结合作者近年来的教学和科研经验，突出重点、深入分析，同时在内容方面兼顾知识的系统性和完整性。

（3）风格简洁，使用方便。

本书风格简洁明快，对于非重点的内容不作长篇论述，以便读者在学习过程中明确内容之间的逻辑关系，更好地掌握操作系统的内容。

配套资源

为便于教与学，本书配有源代码、数据集、教学课件、教学大纲、教学进度表、期末试卷及答案、案例素材、软件安装说明。

（1）获取源代码、数据集等方式：先刮开并用手机版微信 App 扫描本书封底的文泉云盘防盗码，授权后再扫描下方二维码，即可获取。

| 源代码、数据集 | 案例素材 | 软件安装说明 | 彩色图片 |

（2）其他配套资源可以扫描本书封底的"书圈"二维码，关注后回复本书书号，即可下载。

读者对象

本书主要面向广大从事复杂系统与复杂网络、网络科学与工程、社交网络分析、网络数据挖掘或图神经网络的专业人员，从事高等教育的专任教师，高等学校的学生及相关领域的广大科研人员。

在编写本书的过程中，作者参考了诸多相关资料，在此对相关资料的作者表示衷心的感谢。限于个人水平和时间仓促，书中难免存在疏漏之处，欢迎广大读者批评指正。

作　者

2025 年 5 月

目　录

第 **1** 章

图论基础

　　本章简要介绍图论的基本概念,首先通过几个有趣的图论问题探讨图的构成形式和特点;然后通过 ARPANET 依次引入简单图、有向图和加权图的定义,并通过 NetworkX 和 igraph 库构建图对象并进行可视化,为后续内容奠定基础;紧接着引入通道、迹和路等概念,为讨论欧拉图、哈密顿图和图的连通性做准备;而后简单介绍树和平面图的相关知识;最后给出保存图数据常用的数据格式。

1.1　几个有趣的图论问题

1.1.1　哥尼斯堡七桥问题

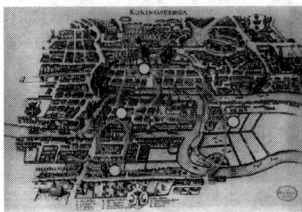

　　18 世纪东普鲁士的哥尼斯堡有一条河穿过,河上有两个小岛,有七座桥把两个岛与河岸联系起来,如图 1.1(a)所示。有人提出一个问题:一个步行者怎样才能不重复、不遗漏地一次走完七座桥,最后回到出发点。

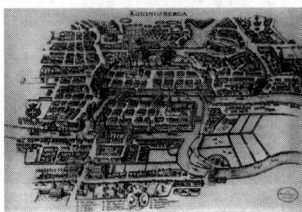

(a) 哥尼斯堡七桥　　　　　　(b)陆地→节点;桥→边　　　　　　(c)图/网络

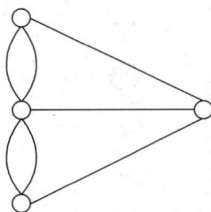

图 1.1　从哥尼斯堡七桥问题到一笔画问题

　　将实际问题抽象为点和线间的连接关系,如素描的时候绘制轮廓线,展示图像的主要特征和与其他图像的差异。将陆地抽象为节点,将桥抽象为节点之间的连边,就形成了该问题的图表示,如图 1.1(b)所示。在图表示过程中,节点的位置、大小和形状等特征不再重要,连边的长短、粗细和方向等特征也不再重要(与几何图形不同)。因此,可将该问题进一步抽象为图 1.1(c)所示的一笔画问题。

1.1.2　哈密顿周游世界问题

　　1859 年,天文学家哈密顿发明了一个游戏。十二面体的 20 个顶点代表世界上的 20 个城市,如图 1.2(a)所示,问能否从某个城市出发在十二面体上依次经过每个城市恰好一次,最后回到出发点。在该问题中,将十二面体的 20 个顶点抽象为节点,每条棱抽象为边,即可将问题抽象为由节点和边构成的图论问题,如图1.2(b)所示。

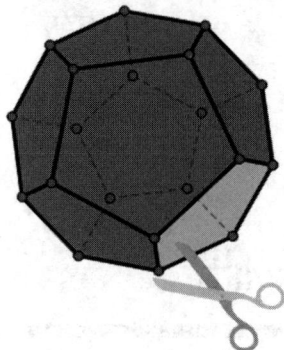

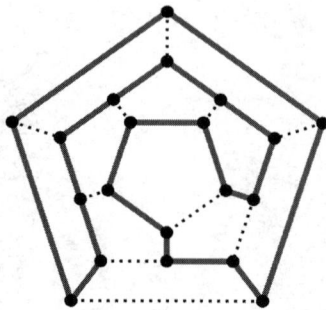

(a)十二面体　　　　　　(b)十二面体的平面化及某一哈密顿路径

图1.2　哈密顿周游世界

　　在中国象棋中,"马走日"是指棋子马在棋盘上沿着"日"字形对角线移动,问马能不能从棋盘上任一位置出发,不重复、不遗漏地走遍整个棋盘(即每一点都走到并且只到一次)？在该问题中,将棋盘上网格线的交点看作节点,马从某节点能到达棋盘上的其他位置间建立连边,即可将该问题转换为由节点和连边构成的图论问题。如图1.3所示,图中仅给出了部分棋盘(6×6)及其对应的网络。

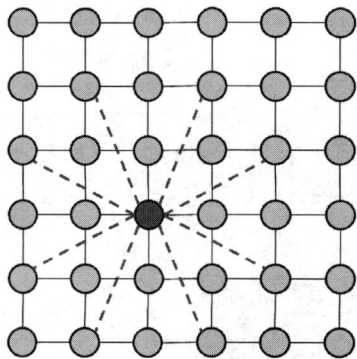

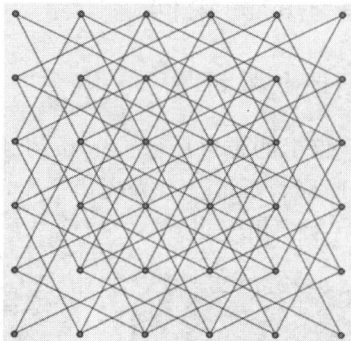

(a)部分棋盘　　　　　　(b)马的可能游走路径

图1.3　中国象棋中的"马走日"

　　以上两类问题都属于遍历问题,前者遍历边,后者遍历节点。如果加入边的权重,则可扩展为接下来的两类经典问题。

1.1.3　旅行推销员问题

　　给定一系列城市和每对城市之间的距离,求解访问每座城市一次并回到起始城市的最短回路。每个城市间的距离不同且存在多种可能的走法,需要找到一条总距离最短的遍历路径,如图1.4所示。

1.1.4　中国邮路问题

　　一个邮递员送信,从邮局出发,经过投递区内每条街道至少一次,最后返回邮局。请问按怎样的路线走,他所走的路程才会最短。与上一问题相同,每条街道有自身的距离和空间结构,存在多种走法。图1.5(a)为地图的某一局部区域,如果将街道的交叉口和道路尽头抽象

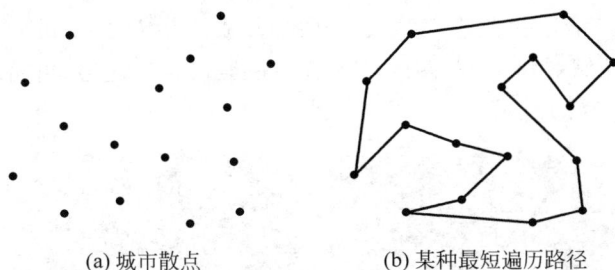

(a) 城市散点   (b) 某种最短遍历路径

图 1.4 旅行推销员问题

为节点,具体的街道抽象为边,然后将街道的长度抽象为边的权重,即可将该问题转换为图论问题,对应的道路网络如图 1.5(b)所示。

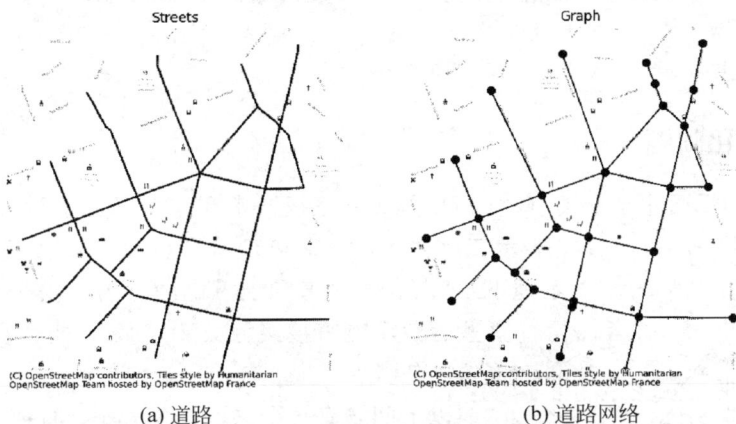

(a) 道路   (b) 道路网络

图 1.5 街道的网络化

基于道路网络的问题还有很多,包括导航里设定起点和终点的距离最短、用时最少等最优路径问题。

1.1.5 四色问题

四色定理(世界近代三大数学难题之一)又称四色猜想、四色问题,是世界三大数学猜想之一。四色问题的内容是"任何一张地图只用四种颜色就能使具有共同边界的国家或地区着上不同的颜色"。也就是说,在不引起混淆的情况下,一张地图只需四种颜色来标记就行。在四色问题中,把地图上的国家或地区当作节点,两节点在地图上相邻或接壤时建立连边,即可转换为图论中节点的涂色问题,如图 1.6 所示。

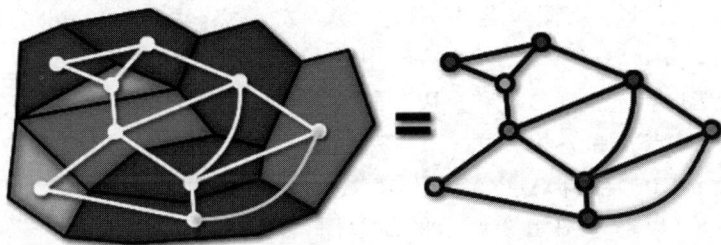

图 1.6 地图着色问题

1.1.6 迷宫问题

迷宫有着久远的历史,它是一种充满复杂通道的建筑物或游戏,很难找到从给定入口到达出口的道路。图 1.7(a)给定一个迷宫的入口和出口,要求游戏者找到一条从入口到出口的路径。将迷宫中的某块区域看作节点,两区域间有通道连接当作连边,可将迷宫问题转换为图论问题,所得网络如图 1.7(b)所示。

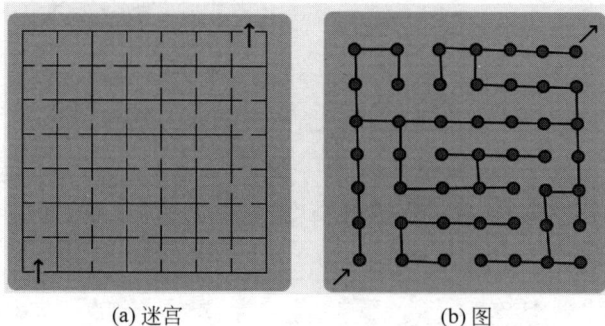

(a)迷宫   (b)图

图 1.7 迷宫

1.1.7 可平面化问题

线路或管道的平面化是一项有趣的问题,如电路板通常在一个平面上设计很多不相交的电路。在图 1.8 中,H_1、H_2、H_3 表示三座楼房,W、G 和 E 分别表示自来水厂、煤气站和电站(或变电站),图中的边则分别表示地下水管、煤气管道和地下电缆。为了安全起见,我们要求这些管道不能直接接触交叉。那么,能否在一个平面上完成这项任务?

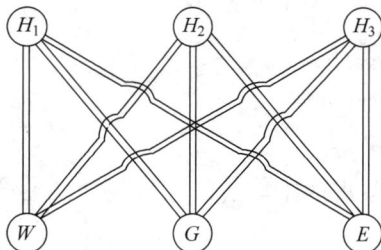

图 1.8 图的平面化

以上问题有一个共性,经过适当的抽象,忽略一些细节后,往往可以转换为由节点和连边构成的图论问题。当然也可以将忽略的细节(如节点和边本身)具有的属性保存到节点和边中构成加权图。接下来,将给出图的数学定义。

1.2 图的定义和基本概念

1.2.1 简单图

定义 1.2.1 无向图

对于任意无向图(简单图)G,可以通过由节点集 V 和边集 E 构成的二元组表示,即 $G=(V,E)$。其中 V 是一个非空有限集合,V 中的元素称为节点(Vertex/Node),节点总数表示为 $N=|V|$;$E\subseteq\{\{u,v\}|u,v\in V,u\neq v\}$,$E$ 中的元素称为边(Edge/Link),边的总数表示为 $M=|E|$,所有的边无向且不包括自环和重边。如果 $e=\{u,v\}\in E$,则称 u 与 v 邻接,e 与节点 u 和 v 相关联。

【例 1-1】 Internet 的前身 ARPANET 在 1969 年诞生时包含 4 个节点和 4 条边,可以通过图 1.9 所示的简单图(没有自环和重边)进行描述,其中 4 个节点分别是:the Santa Barbara and Los Angeles campuses of the University of California; Stanford Research Institute (SRI) in Menlo Park, California; the University of Utah in Salt Lake City.

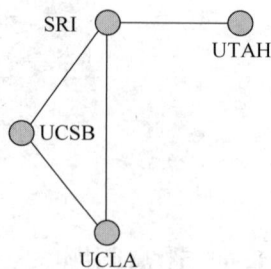

图 1.9 ARPANET 网络图

集合表示法：

$V = \{\text{SRI}, \text{UTAH}, \text{UCSB}, \text{UCLA}\}$，$|V| = 4$；

$E = \{\{\text{SRI}, \text{UCSB}\}, \{\text{SRI}, \text{UTAH}\}, \{\text{SRI}, \text{UCLA}\}, \{\text{UCSB}, \text{UCLA}\}\}$，$|E| = 4$

除了上述的图示法和集合表示法外，也可以使用矩阵进行描述，行标和列标都表示节点。如果行标的节点和列标的节点间存在连边，则将相应位置的元素设置为1，其余位置设置为0，如表1.1所示。

写成矩阵形式为：$A = \begin{bmatrix} 0 & 1 & 1 & 1 \\ 1 & 0 & 0 & 0 \\ 1 & 0 & 0 & 1 \\ 1 & 0 & 1 & 0 \end{bmatrix}$。

综上，图的表示方式包括图示法（如图1.9所示）、集合法（节点集和边集）和邻接矩阵。

表 1.1　ARPANET 的矩阵表示

	SRI	UTAH	UCSB	UCLA
SRI	0	1	1	1
UTAH	1	0	0	0
UCSB	1	0	0	1
UCLA	1	0	1	0

利用 NetworkX 库实现图1.9。

```
1   import networkx as nx                                             #导入库
2   #构建图
3   arpanet = nx.Graph()                                             #创建图对象
4   arpanet.add_node("SRI")                                          #添加一个节点 SRI
5   arpanet.add_nodes_from(['UCLA','UCSB','UTAH'])                   #同时添加多个节点
6   arpanet.add_edge('SRI','UTAH')                                   #添加一条边
7   arpanet.add_edges_from([('UCSB','UCLA'),('UCSB','SRI'),('SRI','UCLA')])  #同时添加多条边
8   #查看图信息
9   print("节点数为：{}".format(arpanet.number_of_nodes()) )         #显示节点数量
10  print("节点序列为：{}".format(arpanet.nodes))                    #查看节点序列
11  print("边数为：{}".format(arpanet.number_of_edges()))            #显示边的数量
12  print("边序列为：{}".format(arpanet.edges))                      #查看边序列
```

运行结果如下：

```
节点数为：4
节点序列为：['SRI', 'UCLA', 'UCSB', 'UTAH']
边数为：4
边序列为：[('SRI', 'UTAH'), ('SRI', 'UCSB'), ('SRI', 'UCLA'), ('UCLA', 'UCSB')]
```

图是一种抽象的数学对象，在二维或三维空间中节点没有特定的坐标。这意味着无论何时想要可视化一个图形，就必须首先在二维或三维空间中找到一个从节点到坐标的映射，最好是用一种让人赏心悦目的方式。图论的一个独立分支，即图绘制，试图通过不同的图布局算法来解决这个问题。NetworkX 绘图默认使用弹簧布局（Spring Layout），其他布局方式还包括环形布局（Circular Layout）、随机布局（Random Layout）、分层布局（Shell Layout）、Kamada-Kawai 布局、谱布局（Spectral Layout）、平面布局（Planar Layout）、螺旋布局（Spiral Layout）和二分图布局（Bipartite Layout）等。简单绘图直接使用 nx. draw（arpanet, with_labels = True）命令即可，代码如下：

```
1   import matplotlib.pyplot as plt
2   fig, axes = plt.subplots(2, 2)
3
4   pos1 = nx.spring_layout(arpanet)        #弹簧布局
5   pos2 = nx.circular_layout(arpanet)      #环形布局
6   pos3 = nx.random_layout(arpanet)        #随机布局
7   pos4 = nx.spectral_layout(arpanet)      #谱布局
8   nx.draw(arpanet,ax = axes[0,0],pos = pos1,with_labels = True,node_color = 'y')
9   nx.draw(arpanet,ax = axes[0,1],pos = pos2,with_labels = True,node_color = 'y')
10  nx.draw(arpanet,ax = axes[1,0],pos = pos3,with_labels = True,node_color = 'y')
11  nx.draw(arpanet,ax = axes[1,1],pos = pos4,with_labels = True,node_color = 'y')
12  plt.tight_layout()
13  plt.show()
```

图 1.10 展示了不同布局下的 ARPANET 网络,依次为弹簧布局、环形布局、随机布局和谱布局。

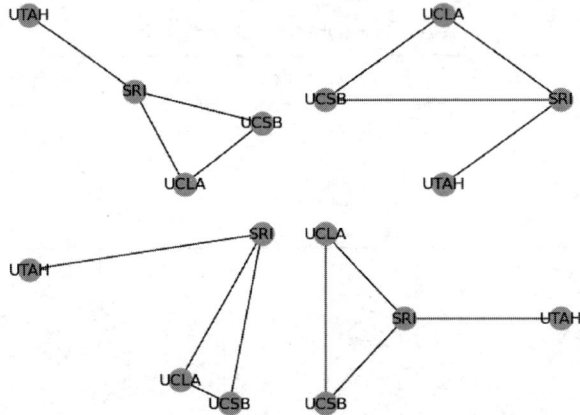

图 1.10   不同布局下的 ARPANET 网络的可视化

NetworkX 提供了可视化图形的基本功能,但它的主要功能是网络分析,若想获得更好的图像显示效果,可以借助专门的网络绘图软件,如 Gephi 和 Cytoscape 等。

NexworkX 提供的绘图函数大致可以分为以下三类。

(1) 综合绘图。

nx.draw(G,pos=None,ax=None, ** kwds)。

nx.draw_networkx(G,pos=None,arrows=None,with_labels=True, ** kwds)。

其中 kwds 是 keyword arguments 的缩写,表示关键字参数。 ** kwds 是把多个关键字参数打包成字典,常用的绘图参数如表 1.2 所示。

表 1.2   常用绘图参数

类　　型	参　　数	功　　能
图设置	pos	节点布局,默认使用 spring layout
	ax	坐标轴设置,指定画图位置
节点设置	node_size	节点大小设置,default=300
	node_color	节点颜色设置,default='#1f78b4'
	node_shape	节点形状设置,default='o'
节点标签设置	with_labels	是否显示标签,带标签使用 with_labels=True
	font_size	标签字体大小,节点 default=12,边 default=10
	font_color	标签颜色,default='k'
	font_weight	标签加粗,default='normal'
	font_family	标签字体,default='sans-serif'

续表

类　　型	参　　数	功　　能
边设置	style	线型,default＝solid line,可选设置'-','―','-.',':'
	width	线宽,default＝1.0
	edge_color	边的颜色,default＝'k'

（2）细分式绘图。

细分式绘图是指将图的绘制拆分为 4 个独立的过程,即节点绘制、边绘制、节点标签绘制和边标签绘制,分别通过以下 4 个函数加以实现:

nx. draw_networkx_nodes();

nx. draw_networkx_edges();

nx. draw_networkx_labels();

nx. draw_networkx_edge_labels()。

（3）依据节点布局绘图。

依据节点布局绘图如表 1.3 所示。

表 1.3　NetworkX 中使用布局函数绘图

布 局 函 数	等 价 写 法	布 局 类 型
nx. draw_circular(G, ** kwargs)	nx. draw(G,pos＝nx. circular_layout(G), ** kwargs)	环形布局
nx. draw_kamada_kawai (G, ** kwargs)	nx. draw(G,pos＝nx. kamada_kawai_layout (G), ** kwargs)	Kamada-Kawai 力导向布局
nx. draw_planar(G, ** kwargs)	nx. draw(G,pos＝nx. planar_layout(G), ** kwargs)	平面布局
nx. draw_random(G, ** kwargs)	nx. draw(G,pos＝nx. random_layout(G), ** kwargs)	随机布局
nx. draw_spectral(G, ** kwargs)	nx. draw(G,pos＝nx. spectral_layout(G), ** kwargs)	依据图的拉普拉斯矩阵的特征向量放置节点
nx. draw_spring(G, ** kwargs)	nx. draw(G,pos＝nx. spring_layout(G), ** kwargs)	Fruchterman-Reingold 力导向布局/弹簧布局
nx. draw_shell(G, nlist＝None, ** kwargs)	nx. draw(G,pos＝nx. shell_layout(G, nlist＝nlist), ** kwargs)	同心圆布局/分层布局

接下来,使用 igraph 库实现 ARPANET 网络的构建和可视化。

```
1   import igraph as ig                                          #导入库
2   #创建图
3   arpanet_ig = ig. Graph()                                     #创建图对象
4   arpanet_ig.add_vertex('SRI')                                 #添加一个节点
5   arpanet_ig.add_vertices(['UCLA','UCSB','UTAH'])              #添加多个节点
6   arpanet_ig.add_edge('SRI','UTAH')                            #添加一条边
7   arpanet_ig.add_edges([('UCSB','UCLA'),('UCSB','SRI'),('SRI','UCLA')])  #添加多条边
8   #查看图信息
9   print('{: * ^40}'. format("图信息"))
10  print(arpanet_ig)                                            #查看图的信息
11  print('{: * ^40}'. format("节点信息"))
12  print(arpanet_ig.get_vertex_dataframe())                     #获取节点的数据框
13  print('{: * ^40}'. format("边信息"))
14  print(arpanet_ig.get_edge_dataframe())                       #获取边的数据框
```

运行结果如下：

```
****************** 图信息 ******************
IGRAPH UN-- 4 4 --
+ attr: name (v)
+ edges (vertex names):
SRI--UTAH, UCLA--UCSB, SRI--UCSB, SRI--UCLA
****************** 节点信息 ******************
      name
vertex ID
0    SRI
1    UCLA
2    UCSB
3    UTAH
****************** 边信息 ******************
      source target
edge ID
0    0    3
1    1    2
2    0    2
3    0    1
```

查看节点和边的信息，代码如下：

```
1   print("节点数为：{}".format(arpanet_ig.vcount()))
2   print("边数为：{}".format(arpanet_ig.ecount()))              #显示边的数量
3   print("边序列为：{}".format(arpanet_ig.get_edgelist()))      #获取连边序列
```

运行结果如下：

```
节点数为：4
边数为：4
边序列为：[(0, 3), (1, 2), (0, 2), (0, 1)]
```

可视化代码如下：

```
1   import matplotlib.pyplot as plt
2   fig, ax = plt.subplots()
3   arpanet_ig.vs["label"] = arpanet_ig.vs["name"]
4   ig.plot(arpanet_ig, target = ax)
5   plt.show()
```

igraph 对 ARPANET 网络的可视化如图 1.11 所示。

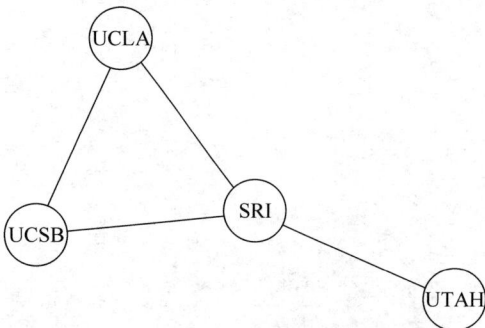

图 1.11 igraph 对 ARPANET 网络可视化

igraph 使用 ID 区分不同的节点和连边，这些 ID 是由 0 开始的连续整数，当我们删除节点和连边时，可能涉及其他节点/连边 ID 的变化。在构建的网络中，节点 ID 是由 0 开始的连续整数，添加连边时的编号对就对应着这些 ID。连边 ID 也是由 0 开始的连续整数。节点和连边 ID 的连续性不会改变，所以如果我们删除节点和连边，则可能会造成部分节点和连边 ID 的变化。

可以通过索引图的 vs 和 es 属性对图中的节点和边进行访问，代码如下：

```
1   >>> print(list(arpanet_ig.vs))
```

运行结果如下：

```
[igraph.Vertex(< igraph.Graph object at 0x000001F328F87C40 >, 0, {'name': 'SRI', 'label': 'SRI'}),
igraph.Vertex(< igraph.Graph object at 0x000001F328F87C40 >, 1, {'name': 'UCLA', 'label':
'UCLA'}), igraph.Vertex(< igraph.Graph object at 0x000001F328F87C40 >, 2, {'name': 'UCSB',
'label': 'UCSB'}), igraph.Vertex(< igraph.Graph object at 0x000001F328F87C40 >, 3, {'name':
'UTAH', 'label': 'UTAH'})]
```

通过索引访问节点及相应的属性：

```
1   print(arpanet_ig.vs[0])
2   print(arpanet_ig.vs[0]['name'])
3   print(arpanet_ig.vs['name'])
```

运行结果如下：

```
igraph.Vertex(< igraph.Graph object at 0x000001F328F87C40 >, 0, {'name': 'SRI', 'label': 'SRI'})
SRI
['SRI', 'UCLA', 'UCSB', 'UTAH']
```

输出边的信息：

```
1   >>> print(list(arpanet_ig.es))
```

运行结果如下：

```
[igraph.Edge(< igraph.Graph object at 0x000001F328F87C40 >, 0, {}),
igraph.Edge(< igraph.Graph object at 0x000001F328F87C40 >, 1, {}),
igraph.Edge(< igraph.Graph object at 0x000001F328F87C40 >, 2, {}),
igraph.Edge(< igraph.Graph object at 0x000001F328F87C40 >, 3, {})]
```

输出边的属性：

```
1   >>> print(arpanet_ig.es[0])
```

运行结果如下：

```
igraph.Edge(< igraph.Graph object at 0x000001F328F87C40 >,0,{})
```

NetworkX 和 igraph 的区别如下。

NetworkX 和 igraph 都是用于复杂网络分析的工具,但它们在设计目标、功能、性能以及使用语言方面存在明显的区别。

(1) 设计目标和功能。

NetworkX 是一个创建和操纵复杂网络,并对复杂网络的结构、功能和动力学进行研究的 Python 包。它提供了目前应用广泛的一些复杂网络分析算法,当然也包括基本的经典图论算法。NetworkX 的文档清晰易读,程序结构组织较好,适合熟悉 Python 语言的用户使用。

igraph 是一个开源的 C 程序库,用于建立和操纵无向图、有向图,包含经典图论里的各种算法以及最近的网络分析算法。igraph 还支持 R 语言和 Python 语言的接口,提供了简单图和经典复杂图的创建接口,以及一些标准图算法与分析接口,兼具网络可视化功能。

（2）性能。

在处理大规模网络时,igraph 通常比 NetworkX 更快。例如,在计算大规模网络所有节点对之间的最短距离时,igraph 的速度明显快于 NetworkX。此外,igraph 在计算平均最短路径长度等指标时也表现出更高的效率。

NetworkX 的执行效率多数情况下会比 igraph 要低,特别是在处理超大规模网络时,其关键指标的分析速度要慢于 igraph 库。

（3）使用语言。

NetworkX 目前只能在 Python 语言中使用,适合熟悉 Python 的用户使用。

igraph 支持 R、Python、Mathematica、C 和 C++ 等多种语言,提供了更广泛的使用场景和灵活性。

综上所述,NetworkX 适合需要清晰易读的文档和良好的 Python 集成环境的用户,而 igraph 则更适合处理大规模网络且对性能有较高要求的用户。两者各有优势,用户应根据自己的具体需求选择合适的工具。

在图论中,图可以分为四类:简单图（无环无重边）、带环图（允许节点与其自身的边）、多重图（两个不同节点之间有多条边连接,哥尼斯堡七桥问题获得的图为多重图）和伪图（允许有环和多重边存在）。特别地,没有边的图称为零图,只有一个节点的图称为平凡图。

思考题:画出具有 4 个节点的所有无向图。

1.2.2　有向图

定义 1.2.2 有向图

对于任意有向图 G,可以通过由节点集 V 和有向边集 A 构成的二元组表示,即 $D=(V,A)$。其中 V 为一个非空有限集合,V 中的元素称为 D 的顶点,$A\subseteq V\times V\backslash\{(u,u)\mid u\in V\}$,$V\times V$ 表示笛卡儿乘积（两个集合间所有可能有序对的集合）;\ 表示在集合中去掉某些元素,这里表示在笛卡儿乘积中去掉元素相同的有序对,即自环。A 中元素 (u,v) 称为 D 的从 u 到 v 的有向边,u 称为有向边的起点,v 称为有向边的终点。

【例 1-2】　图 1.12 为一个有向图,包含 4 个节点和 5 条有向边。

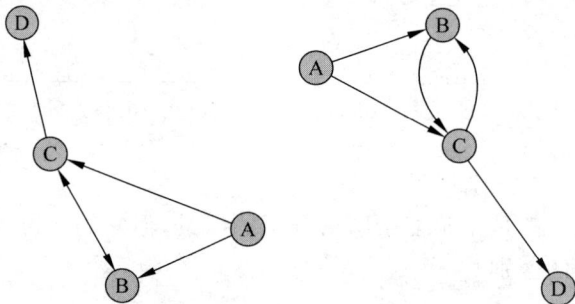

图 1.12　有向图(分别使用 NetworkX 和 igraph 绘制)

集合表示法:

$V=\{A,B,C,D\}$,$|V|=4$;

$E=\{(A,B),(A,C),(C,B),(B,C),(C,D)\}$,$|E|=4$。

用 NetworkX 实现图 1.12。

```
1   import networkx as nx
2   dg_nx = nx.DiGraph()                    ♯构建有向图对象
3   dg_nx.add_nodes_from(['A','B','C','D'])
4   dg_nx.add_edges_from([('A','B'),('A','C'),('C','B'),('B','C'),('C','D')])
5   nx.draw(dg_nx, with_labels = True,node_color = 'y',node_size = 600)
```

用 igraph 实现图 1.12。

```
1   import igraph as ig
2   dg_ig = ig.Graph(directed = True)
3   dg_ig.add_vertices(['A','B','C','D'])
4   dg_ig.add_edges([('A','B'),('A','C'),('C','B'),('B','C'),('C','D')])
```

可视化展示如下：

```
1   import matplotlib.pyplot as plt
2   fig,ax = plt.subplots()
3   dg_ig.vs["label"] = dg_ig.vs["name"]
4   ig.plot(dg_ig,target = ax)
5   plt.show()
```

思考题：画出具有 3 个节点的所有有向图。

1.2.3 加权图

定义 1.2.3 加权图

在图 $G=(V,E,W)$ 中，如果对 G 中每个节点 v 都定义了一个实函数 $f(v)$ 与之对应，则称 G 为节点带权图，实函数 $f(v)$ 称为节点 v 的权，$W=\{f(v)|v\in V\}$。

如果对 G 中每条边 e 都定义一个实函数 $w(e)$ 与之对应，则称 G 为边带权图，实函数 $w(e)$ 称为边 e 的权，$W=\{w(e)|e\in E\}$。

【例 1-3】 以 ARPANET 为例，分别讨论节点带权图和边带权图的实现，以节点所在的城市为属性构建节点带权图，节点属性如表 1.4 所示；以两个城市间的距离为权重构建边带权图；分别使用 NetworkX 和 igraph 对边加权网络进行可视化。

表 1.4 ARPANET 节点属性

节　　　点	简　　称	城　　市
Santa Barbara campuses of the University of California	UCSB	Santa Barbara
Los Angeles campuses of the University of California	UCLA	Los Angeles
Stanford Research Institute	SRI	Menlo Park
University of Utah	UTAH	Salt Lake City

1. NetworkX 实现

（1）以节点所在的城市为属性构建节点带权图。

```
1   import networkx as nx                                      ♯导入库
2   ♯构建图
3   arpanet_nw = nx.Graph()                                    ♯创建图对象
4   arpanet_nw.add_node("SRI",city = 'Menlo Park')            ♯添加一个节点 SRI
5   arpanet_nw.add_nodes_from([('UCLA', {'city': 'Los Angeles'}),'UCSB','UTAH'])  ♯同时添加多个节点
```

```
 6    arpanet_nw.nodes['UCSB']['city'] = 'Santa Barbara'
 7    arpanet_nw.nodes['UTAH']['city'] = 'Salt Lake City'
 8    arpanet_nw.add_edge('SRI','UTAH')                      #添加一条边
 9    arpanet_nw.add_edges_from([('UCSB','UCLA'),('UCSB','SRI'),('SRI','UCLA')])
10
11    list(arpanet_nw.nodes(data = True))
```

运行结果如下：

```
[('SRI', {'city': 'Menlo Park'}),
 ('UCLA', {'city': 'Los Angeles'}),
 ('UCSB', {'city': 'Santa Barbara'}),
 ('UTAH', {'city': 'Salt Lake City'})]
```

以上运行结果还可以通过以下两种形式得到：

list(arpanet_nw.nodes.data())

list(arpanet_nw.nodes.items())

若只想获得节点信息也可以通过 list(arpanet_nw.nodes.keys())得到,等价于 list(arpanet_nw.nodes)。若只想获得权重信息,可以使用命令 list(arpanet_nw.nodes.values())。

（2）以两个城市间的距离为权重构建边带权图。

```
 1    import networkx as nx                                  #导入库
 2
 3    arpanet_nw = nx.Graph()                                #创建图对象
 4    arpanet_nw.add_node("SRI",city = 'Menlo Park')         #添加一个节点 SRI
 5    arpanet_nw.add_nodes_from([('UCLA', {'city': 'Los Angeles'}),'UCSB','UTAH'])
 6    arpanet_nw.nodes['UCSB']['city'] = 'Santa Barbara'
 7    arpanet_nw.nodes['UTAH']['city'] = 'Salt Lake City'
 8    arpanet_nw.add_edge('SRI','UTAH',distance = 765)       #添加一条边
 9    arpanet_nw.add_edges_from([('UCSB','UCLA',{'distance':95}),('UCSB','SRI'),('SRI','UCLA')])
10    arpanet_nw.edges['UCSB','SRI']['distance'] = 298
11    arpanet_nw.edges['SRI','UCLA']['distance'] = 359
12
13    list(arpanet_nw.edges(data = True))
```

运行结果如下：

```
[('SRI', 'UTAH', {'distance': 765}),
 ('SRI', 'UCSB', {'distance': 298}),
 ('SRI', 'UCLA', {'distance': 359}),
 ('UCLA', 'UCSB', {'distance': 95})]
```

以上运行结果还可以通过以下两种形式得到：

list(arpanet_nw.edges.data())；list(arpanet_nw.edges.items())。

若只想获得节点信息,也可以通过 list(arpanet_nw.edges.keys())得到,等价于 list(arpanet_nw.edges)。若只想获得权重信息,可以使用命令 list(arpanet_nw.edges.values())。

（3）加权网络的可视化。

在 NetworkX 中可以使用细分式绘图,即将图的绘制拆分为 4 个独立的过程,先绘制节点,然后绘制边,最后绘制节点和边的标签。分别通过以下 4 个函数加以实现：nx.draw_networkx_nodes()、nx.draw_networkx_edges()、nx.draw_networkx_labels()、nx.draw_ networkx_edge_labels()。

加权 ARPANET 网络的可视化代码如下：

```
1   pos = nx.spring_layout(arpanet_nw)              #设置布局
2   #节点绘制
3   node_size = [10 ** j for i,j in arpanet_nw.degree()]
4   node_color = [j/3 for i,j in arpanet_nw.degree()]
5   nx.draw_networkx_nodes(arpanet_nw,pos = pos,node_size = node_size,node_color = node_color,
    cmap = 'winter')
6   #边绘制
7   width = [arpanet_nw.edges[i]['distance']/100 for i in arpanet_nw.edges]
8   nx.draw_networkx_edges(arpanet_nw,pos = pos,width = width)
9   #节点标签绘制
10  nx.draw_networkx_labels(arpanet_nw, pos,labels = None)
11  #边标签绘制
12  edge_labels = {(i,j):k['distance'] for i,j,k in arpanet_nw.edges.data()}
13  nx.draw_networkx_edge_labels(arpanet_nw, pos,edge_labels = edge_labels)
14  plt.show()
```

加权 ARPANET 网络的可视化如图 1.13 所示，节点的大小和颜色、边的粗细通过列表给定；节点和边的标签需要通过字典形式给定。节点的大小与度值成比例，边的粗细与距离成比例。

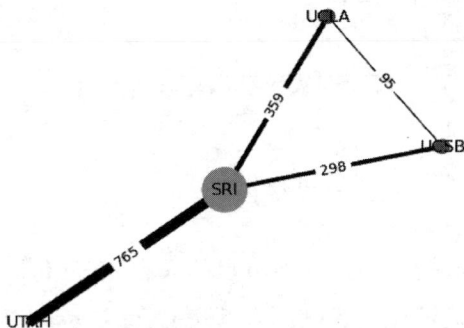

图 1.13 加权 ARPANET 网络的可视化

2. igraph 实现

（1）节点加权网络。

```
1   import igraph as ig                              #导入库
2   #创建图
3   arpanet_igw = ig.Graph()                         #创建图对象
4   arpanet_igw.add_vertices(['SRI','UCLA','UCSB','UTAH'])    #添加多个节点
5   arpanet_igw.add_edges([('SRI','UTAH'),('UCSB','UCLA'),('UCSB','SRI'),('SRI','UCLA')])
                                                     #添加多条边
6
7   arpanet_igw.vs['city'] = ['Menlo Park','Los Angeles','Santa Barbara','Salt Lake City']
8   arpanet_igw.get_vertex_dataframe()
```

运行结果如下：

name	city	
vertex ID		
0	SRI	Menlo Park
1	UCLA	Los Angeles
2	UCSB	Santa Barbara
3	UTAH	Salt Lake City

（2）边加权网络。

```
1   import igraph as ig                                          #导入库
2   #创建图
3   arpanet_igw = ig.Graph()                                     #创建图对象
4   arpanet_igw.add_vertices(['SRI','UCLA','UCSB','UTAH'])        #添加多个节点
5   arpanet_igw.add_edges([('SRI','UTAH'),('UCSB','UCLA'),('UCSB','SRI'),('SRI','UCLA')])
                                                                 #添加多条边
6
7   arpanet_igw.vs['city'] = ['Menlo Park','Los Angeles','Santa Barbara','Salt Lake City']
8   arpanet_igw.es['distance'] = [765,95,298,365]
9   arpanet_igw.get_edge_dataframe()
```

运行结果如下：

	source	target	distance
edge ID			
0	0	3	765
1	1	2	95
2	0	2	298
3	0	1	365

（3）使用 igraph 对边加权网络进行可视化。

igraph 提供两种方式对图像进行设置。

① 通过节点和边的特殊属性设置，即将节点的大小、颜色和标签设置为节点的"权重"。

```
1   arpanet_igw.vs["label"] = arpanet_igw.vs["name"]
2   arpanet_igw.vs["size"] = [i/10 for i in arpanet_igw.degree()]
3   arpanet_igw.vs["color"] = ['red','blue','black','yellow']
4   arpanet_igw.es["width"] = [i/100 for i in arpanet_igw.es["distance"]]
5   arpanet_igw.es["label"] = arpanet_igw.es["distance"]
6
7   ig.plot(arpanet_igw,edge_label = arpanet_igw.es["label"])
8   plt.show()
```

使用 igraph 对加权 ARPANET 网络的可视化如图 1.14 所示，节点的大小与度值成比例，边的粗细与距离成比例。igraph 库中对节点和边的设置如表 1.5 和表 1.6 所示。

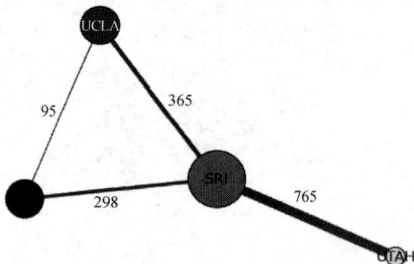

图 1.14　加权 ARPANET 网络的可视化

② 使用绘图参数传入需要的设置。

```
1  node_label = arpanet_igw.vs["name"]
2  node_size = [i/10 for i in arpanet_igw.degree()]
3  node_color = ['red','blue','black','yellow']
4  edge_width = [i/100 for i in arpanet_igw.es["distance"]]
5  edge_label = arpanet_igw.es["distance"]
6
7  ig.plot(arpanet_igw,vertex_color = node_color,
8          vertex_label = node_label,vertex_size = node_size,
9          edge_width = edge_width,edge_label = edge_label)
10 plt.show()
```

或者通过拆包字典形式设定如下：

```
1  visual_style = {}
2  visual_style['vertex_label'] = arpanet_igw.vs["name"]
3  visual_style['vertex_size'] = [i/10 for i in arpanet_igw.degree()]
4  visual_style['vertex_color'] = ['red','blue','black','yellow']
5  visual_style['edge_width'] = [i/100 for i in arpanet_igw.es["distance"]]
6  visual_style['edge_label'] = arpanet_igw.es["distance"]
7
8  ig.plot(arpanet_igw, ** visual_style)
9  plt.show()
```

表 1.5　igraph 节点属性设置

属 性 名 称	关键词参数	功　能
color	vertex_color	节点颜色设置
font	vertex_font	节点字体设置
label	vertex_label	节点标签
label_angle	vertex_label_angle	节点标签相对于节点的角度
label_color	vertex_label_color	节点标签颜色
label_dist	vertex_label_dist	标签距离节点的距离
label_size	vertex_label_size	节点标签的字体大小
order	vertex_order	节点的绘制顺序
shape	vertex_shape	节点的形状、如方形、圆形、三角形等
size	vertex_size	节点的大小

表 1.6　igraph 边属性设置

属 性 名 称	关键词参数	功　能
curved	edge_curved	边的弯曲,正数：逆时针,负数：顺时针,零表示直线,True 表示 0.5, False 表示 0
font	edge_font	边的字体
arrow_size	edge_arrow_size	有向边箭头的大小(长度)
arrow_width	edge_arrow_width	有向边箭头的宽度
loop_size	edge_loop_size	自环的大小
width	edge_width	边的宽度
label	edge_label	如果指定,它将为边增加标签
background	edge_background	如果指定,它将在边标签周围添加一个指定颜色的矩形框(仅限 Matplotlib)
align_label	edge_align_label	如果为 True,旋转边标签,使其与边方向对齐。将被颠倒的标签翻转(仅限 Matplotlib)

无自环和重边的简单图可细分为无权无向图、无权有向图、有权无向图和有权有向图。NetworkX 提供的四类图包括 Graph——包含自环的无向图；DiGraph——包含自环的有向图；MultiGraph——包含自环和重边的无向图；MultiDiGraph——包含自环和重边的有向图。igraph 不严格区分是否包含自环和重边，仅通过 directed 参数区分有向图和无向图。

1.2.4　图间的关系

定义 1.2.4 子图

设 $G=(V,E)$ 是一个图，图 $H=(V_1,E_1)$ 称为 G 的一个子图，其中 V_1 是 V 的非空子集且 E_1 是 E 的子集。

定义 1.2.5 生成子图

设 $G=(V,E)$ 是一个图。如果 $F\subseteq E$，则称 G 的子图 $H=(V,F)$ 为 G 的生成子图。

生成子图是包含所有节点的子图，可以认为是从原图中删除边后得到的图。

定义 1.2.6 导出子图

设 S 为图 $G=(V,E)$ 的节点集的非空子集，则 G 的以 S 为节点集的极大子图称为由 S 导出的导出子图，记为 $\langle S \rangle$。

包含图 G 中以 S 为节点的所有边，可以认为是从原图中删除节点后得到的图。

【例 1-4】 图 1.15(b) 和图 1.15(c) 是图 1.15(a) 的两个导出子图，代码如下：

```
1   house = nx.house_graph()
2   pos = [(0,0),(2,0),(0,1),(2,1),(1,2)]
3   plt.figure(figsize = (8,3))
4   plt.subplot(1,3,1)
5   nx.draw(house,pos = pos,with_labels = True,node_color = 'y')
6   plt.subplot(1,3,2)
7   nx.draw(nx.subgraph(house,[2,3,4]),pos = pos,with_labels = True,node_color = 'y')
8   plt.subplot(1,3,3)
9   nx.draw(nx.induced_subgraph(house,[0,1,2,3]),pos = pos,with_labels = True,node_color = 'y')
10  plt.show()
```

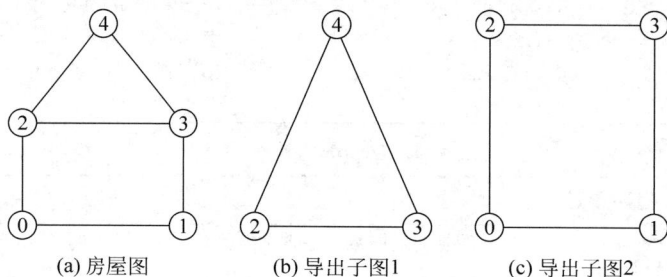

(a) 房屋图　　　　(b) 导出子图1　　　　(c) 导出子图2

图 1.15　导出子图

定义 1.2.7 图的同构

设 $G=(V,E)$，$H=(U,F)$ 是两个无向图，如果存在一个一一对应的映射 $f:V\rightarrow U$，使得 $uv\in E$ 当且仅当 $f(u)f(v)\in F$，则称 G 与 H 同构，记为 $G\cong H$。同构的图必有相同的节点数和边数。

【例 1-5】 图 1.16 所示的两个图同构，绘图代码如下：

```
1   plt.subplot(1,2,1)
2   g1 = nx.Graph()
3   g1.add_edges_from([(1,2),(2,3),(3,4),(4,1)])
```

```
4  pos = {1:(0,0),2:(1,0),3:(1,1),4:(0,1)}
5  nx.draw(g1,pos = pos,with_labels = True,node_color = 'y')
6  plt.subplot(1,2,2)
7  g2 = nx.Graph()
8  g2.add_edges_from([('A','B'),('C','D'),('A','D'),('B','C')])
9  pos = {'C':(0,0),'D':(1,0),'B':(1,1),'A':(0,1)}
10 nx.draw(g2,pos = pos,with_labels = True,node_color = 'y')
11 plt.show()
```

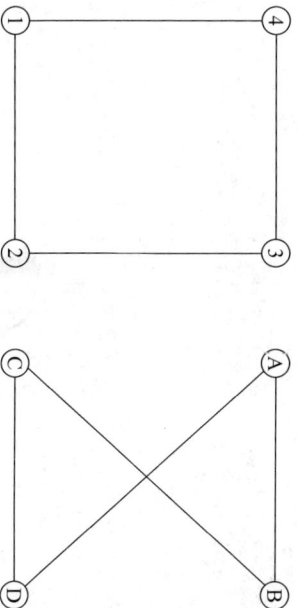

图 1.16 图的同构 (1)

判断两个图是否同构，代码如下：

```
1 >>> nx.is_isomorphic(g1,g2)    # 判断两个图是否同构
```

运行结果如下：

True

【例 1-6】 图 1.17 的两个图同构，绘图代码如下：

```
1  plt.subplot(1,2,1)
2  g1 = nx.complete_graph(6)
3  g1.remove_edges_from([(0,4),(0,2),(1,3),(1,5),(2,4),(3,5)])
4  pos = nx.circular_layout(g1)
5  nx.draw(g1,pos = pos,with_labels = True,node_color = 'y')
6  plt.subplot(1,2,2)
7  g2 = nx.bipartite.complete_bipartite_graph(3,3)
8  pos = nx.bipartite_layout(g2,list(g2.nodes)[0:3])
9  nx.draw(g2,pos = pos,with_labels = True,node_color = 'y')
10 plt.show()
```

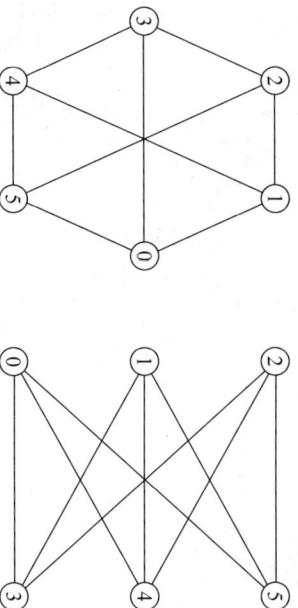

图 1.17 图的同构 (2)

判断是否同构,代码如下:

```
1  >>> nx.is_isomorphic(g1,g2)
```

运行结果如下:

```
True
```

输出两个图的节点信息,代码如下:

```
1  >>> g2.nodes.data()
```

运行结果如下:

```
NodeDataView({0: {'bipartite': 0}, 1: {'bipartite': 0}, 2: {'bipartite': 0}, 3: {'bipartite': 0},
4: {'bipartite': 1}, 5: {'bipartite': 1}})
```

定义 1.2.8 补图

设 $G=(V,E)$ 是一个图,图 $G^c=(V,\{\{u,v\}|u,v\in V,u\neq v\}\backslash E)$ 称为 G 的补图。如果 G 与 G^c 同构,则称图 G 是自补图。两个节点 u 与 v 在 G^c 中邻接,当且仅当 u 与 v 在 G 中不邻接。

【例 1-7】 图 1.18 的两个图互为自补图,绘图代码如下:

```
1   g1 = nx.circulant_graph(5,[1])
2   non_edges_list = nx.non_edges(g1)
3   g2 = nx.Graph()
4   g2.add_edges_from(non_edges_list)
5
6   plt.figure(figsize=(8,4))
7   plt.subplot(1,2,1)
8   pos = nx.circular_layout(g1)
9   nx.draw(g1,pos=pos,with_labels=True,node_color='y')
10  plt.subplot(1,2,2)
11  nx.draw(g2,pos=pos,with_labels=True,node_color='y')
12  plt.show()
```

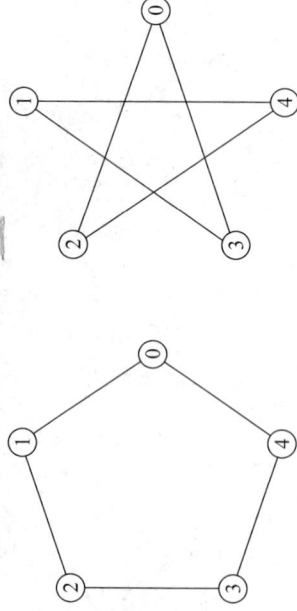

图 1.18　自补图

可以看到以上两图互为补图,两图的边合起来可构成完全图,可以验证以上两图同构。

1.2.5　特殊图

定义 1.2.9 正则图

图 G 称为 r 度正则图,如果 $\Delta(G)=\delta(G)=r$,即 G 的每个节点的度(与该节点关联的边的数量)等于 r。其中 $\Delta(G)=\max\{k_v\}$ 表示图中节点的最大度,$\delta(G)=\min\{k_v\}$ 表示图中节

点的最小度，k_v 表示节点 v 的度值（与 v 关联的边的数量）。

【例 1-8】　图 1.19 依次为 r 等于 2、4、6、8 的正则图。

```
1   g1 = nx.circulant_graph(9,[1])
2   g2 = nx.circulant_graph(9,[1,2])
3   g3 = nx.circulant_graph(9,[1,2,3])
4   g4 = nx.circulant_graph(9,[1,2,3,4])
5
6   plt.figure(figsize = (8,8))
7   pos = nx.circular_layout(g1)
8   plt.subplot(2,2,1)
9   nx.draw(g1,pos = pos,with_labels = True,node_color = 'y')
10  plt.subplot(2,2,2)
11  nx.draw(g2,pos = pos,with_labels = True,node_color = 'y')
12  plt.subplot(2,2,3)
13  nx.draw(g3,pos = pos,with_labels = True,node_color = 'y')
14  plt.subplot(2,2,4)
15  nx.draw(g4,pos = pos,with_labels = True,node_color = 'y')
16  plt.show()
```

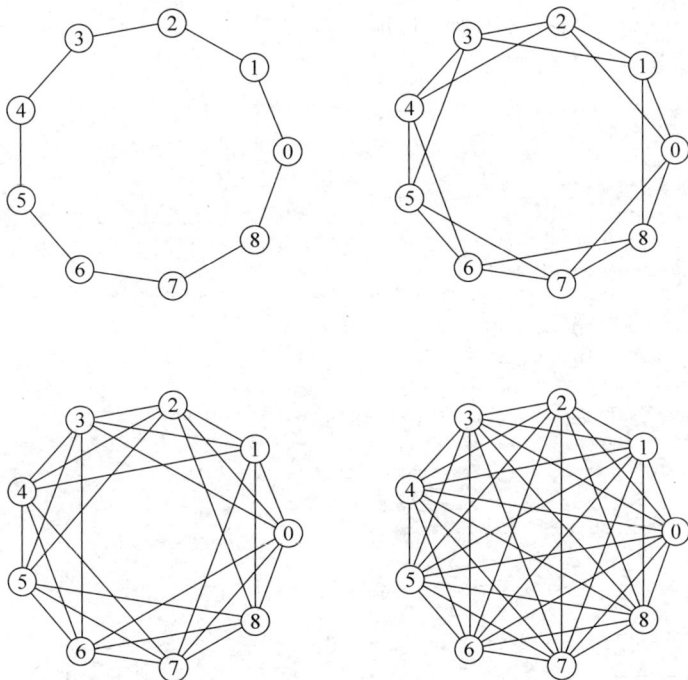

图 1.19　r 的值分别为 2、4、6、8 的正则图

定义 1.2.10 完全图

一个具有 N 个节点的 $N-1$ 度正则图称为 N 个节点的完全图，记为 K_N。在 K_N 中，每个节点与其余各节点均邻接。显然，K_N 有 $N(N-1)/2$ 条边且每个节点的度值都为 $N-1$。

下面介绍几种常见图并对其进行可视化，如图 1.20 所示。

零图（zero graph）：只包含节点，边数为零。

线状图（path graph）：用一根线将所有节点串起来。

星状图（star graph）：中心一个节点与外围多个节点相连。

环状图（ring graph）：线状图首尾相连。

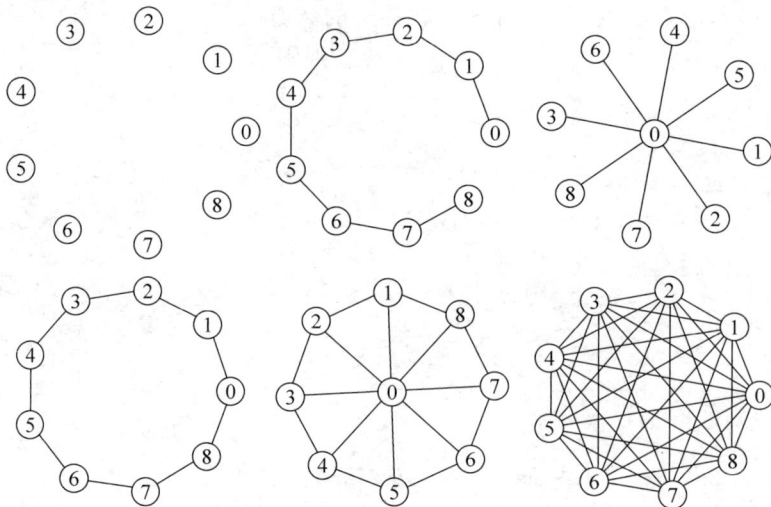

图 1.20　常见图(依次为零图、线状图、星状图、环状图、车轮图和完全图)

车轮图(wheel graph)：星状图与环状图的结合。

完全图(complete graph)：包含所有可能连边的图。

【例 1-9】　几种常见图的可视化。

```
 1  g1 = nx.empty_graph(9)
 2  g2 = nx.path_graph(9)
 3  g3 = nx.star_graph(8)
 4  g4 = nx.cycle_graph(9)
 5  g5 = nx.wheel_graph(9)
 6  g6 = nx.complete_graph(9)
 7
 8  plt.figure(figsize = (8,8))
 9  pos = nx.circular_layout(g1)
10  plt.subplot(3,3,1)
11  nx.draw(g1,pos = pos,with_labels = True,node_color = 'y')
12  plt.subplot(3,3,2)
13  nx.draw(g2,pos = pos,with_labels = True,node_color = 'y')
14  plt.subplot(3,3,3)
15  nx.draw(g3,with_labels = True,node_color = 'y')
16  plt.subplot(3,3,4)
17  nx.draw(g4,pos = pos,with_labels = True,node_color = 'y')
18  plt.subplot(3,3,5)
19  nx.draw(g5,with_labels = True,node_color = 'y')
20  plt.subplot(3,3,6)
21  nx.draw(g6,pos = pos,with_labels = True,node_color = 'y')
22  plt.tight_layout()
23  plt.show()
```

NetworkX 库中还包含以下常见图,如图 1.21 所示。

nx.barbell_graph(m1,m2[,create_using])：杠铃图(通过一条边连接的两个完全图)。

nx.circulant_graph(n,offsets[,create_using])：最近邻耦合图。

nx.lollipop_graph(m,n[,create_using])：棒棒糖图,m 个节点的完全图与 n 个节点的线图相连。

nx.tadpole_graph(m,n[,create_using])：蝌蚪图,m 个节点的环与 n 个节点的线图相连。

nx.bull_graph([create_using])：牛头图。

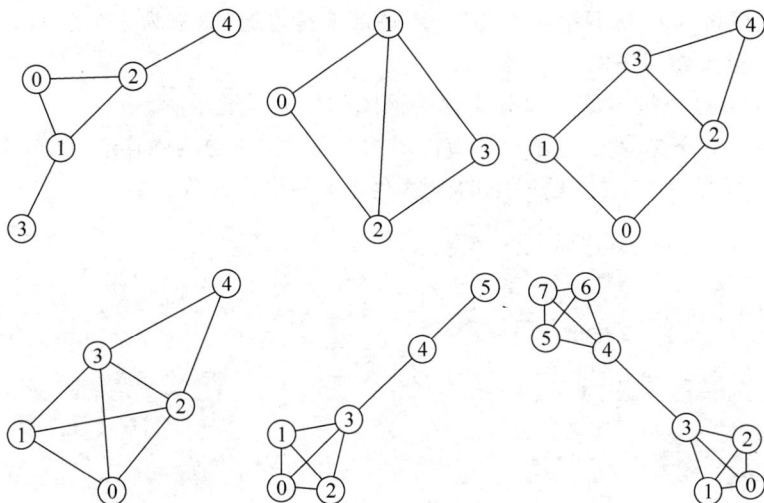

图 1.21 常见图（依次为牛头图、钻石图、房屋图、X 房屋图、棒棒糖图和杠铃图）

nx. diamond_graph([create_using])：钻石图。

nx. house_graph([create_using])：房屋图（方格子上面加三角）。

nx. house_x_graph([create_using])：方格子里加斜线的 X 房屋图。

nx. krackhardt_kite_graph([create_using])：返回 Krackhardt 风筝社交网络。

注：传入参数中的[，]表示可选参数。

1.3 图的路和连通性

1.3.1 通道、迹和路

定义 1.3.1 通道

设 $G=(V,E)$ 是一个图，G 的一条通道是 G 的一个节点序列 $v_0,v_1,v_2,\cdots,v_{n-1},v_n$，其中每一对相邻的节点 v_{i-1} 和 $v_i(i=1,2,\cdots,n)$ 之间都有一条边。n 称为通道的长，即这条通道所包含的边的数目，这样的通道称为 v_0-v_n 通道，并简记为 $v_0v_1\cdots v_n$。当 $v_0=v_n$ 时，则称此通道为闭通道。在通道上，节点和边均可重复出现。

定义 1.3.2 迹

如果图中一条通道上的各边互不相同，则称此通道为图的迹。如果一条闭通道上的各边互不相同，则此通道称为闭迹。

定义 1.3.3 路

如果一条通道上的各节点互不相同，则称此通道为路。如果闭通道上各节点互不相同，则称此闭通道为圈或回路。显然，圈上至少有 3 个节点，圈的长度至少为 3。通道、路和迹之间的关系如图 1.22 所示。

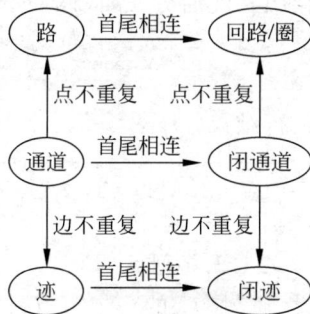

图 1.22 通道、路和迹之间的关系

1.3.2 连通性

定义 1.3.4 连通图

设 $G=(V,E)$ 是图，如果 G 中任意两个不同节点间至少有一条路连接，则称 G 是一个连通图。

一个不连通的图包括互不相连的几部分,每部分是连通的,称为一个连通分支或支。

定义 1.3.5 极大连通子图

图 G 中包含节点数最多的连通分支称为该图的极大连通子图。

连通图只有一个分支,就是它本身。有向图的连通性可细分为强连通、单向连通和弱连通。

【例 1-10】 判断图 1.23 所给网络的连通性并求各个连通分支。

```
1   import matplotlib.pyplot as plt
2   G = nx.Graph()
3   G.add_node(0)
4   G.add_edge(1,2)
5   G.add_edges_from([(3,4),(4,5),(5,6),(4,6),(3,6),(6,7)])
6   plt.figure(figsize = (8,4))
7   pos = nx.spring_layout(G,k = 8)
8   nx.draw(G,pos = pos,with_labels = True,node_color = 'yellow')
```

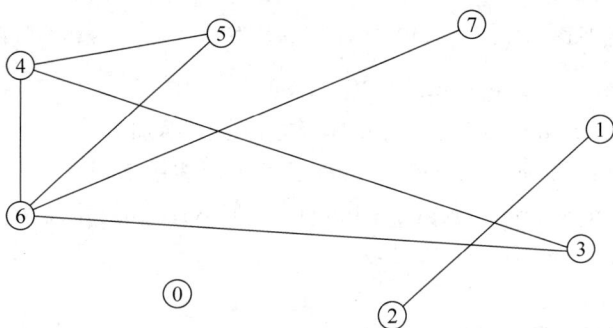

图 1.23 图的连通性

显然图 1.23 不连通,包含 3 个连通分支,极大连通分支为 5。判断连通性,代码如下:

```
1   >>> nx.is_connected(G)
```

运行结果如下:

```
False
```

输出各连通分支,代码如下:

```
1   >>> list(nx.connected_components(G))
```

运行结果如下:

```
[{0},{1,2},{3,4,5,6,7}]
```

定义 1.3.6 割点

设 v 是图 G 的一个节点。如果 $G-v$(在图 G 中去掉节点 v)的支数大于 G 的支数,则称节点 v 为图的一个割点。

每个非平凡的连通图至少有两个节点不是割点。

定义 1.3.7 桥

图 G 的一条边 x 称为 G 的一座桥,如果 $G-x$(在图 G 中去掉边 x)的支数大于 G 的支数。如果 uv 是 G 的桥且 $k_u \geqslant 2$,则 u 是 G 的一个割点。

定义 1.3.8 割集

设 $G=(V,E)$ 是图，$S \subseteq E$。如果从 G 中去掉 S 中的所有边得到的图 $G-S$ 的支数大于 G 的支数，而去掉 S 的任一真子集中的边得到的图的支数不大于 G 的支数，则称 S 为 G 的一个割集。

【例 1-11】 求图 1.24 中网络的割点和桥。

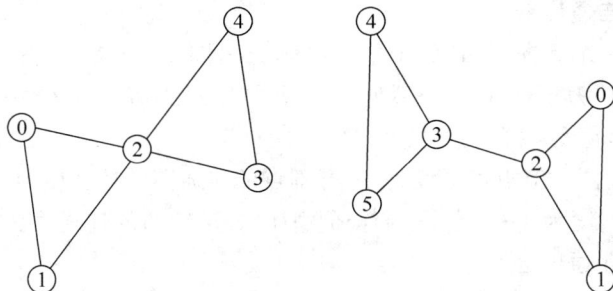

图 1.24　割点和桥

割点和桥如图 1.24 所示，左图中节点 2 是割点，没有桥，右图中边 $(2,3)$ 是桥，节点 2 和节点 3 是割点。

```
1   import networkx as nx
2   import matplotlib.pyplot as plt
3   g1 = nx.Graph()
4   g1.add_edges_from([(0,1),(1,2),(2,0),(2,3),(2,4),(3,4)])
5   g2 = nx.barbell_graph(3,0)
6
7   plt.figure(figsize = (8,4))
8   plt.subplot(1,2,1)
9   nx.draw(g1,with_labels = True,node_color = 'y')
10  plt.subplot(1,2,2)
11  nx.draw(g2,with_labels = True,node_color = 'y')
```

（1）返回图中的割点。

```
1   >>> list(nx.all_node_cuts(g1)),list(nx.all_node_cuts(g2))
```

运行结果如下：

```
([{2}], [{2}, {3}])
```

（2）判断图中是否有桥。

```
1   >>> nx.has_bridges(g1),nx.has_bridges(g2)
```

运行结果如下：

```
(False, True)
```

（3）返回图中的桥。

```
1   >>> list(nx.bridges(g1)),list(nx.bridges(g2))
```

运行结果如下：

```
([], [(2, 3)])
```

NetworkX 中相关函数如下。

nx. all_node_cuts(G[,k,flow_func])：返回无向图 G 的所有最小 k 割集。

nx. bridges(G[,root])：返回图中所有的桥。

nx. has_bridges(G[,root])：判断图中是否有桥。

定义 1.3.9 节点连通度

设 $G=(V,E)$ 是一个无向图，V 的子集 S 称为分离图 G，如果 $G-S$ 是不连通的。图 G 的节点连通度 $\kappa=\kappa(G)$ 是为了产生一个不连通图或平凡图所需要从 G 中去掉的最少节点数。图 G 的"节点连通度"，简称 G 的"连通度"。

【例 1-12】 不连通图的节点连通度为 0；有割点的连通图的连通度为 1；零图的连通度为 0；线状图和星状图的连通度为 1；环状图的连通度为 2；车轮图的连通度为 3；完全图 K_N 的连通度为 $N-1$；K_1 的连通度为 0。

定义 1.3.10 边连通度

图 G 的边连通度 $\lambda=\lambda(G)$ 是为了从 G 中产生不连通图或平凡图所需从 G 中去掉的最少边数。

【例 1-13】 $\lambda(K_1)=0$；当 $N\geqslant1$ 时，$\lambda(K_N)=N-1$；非平凡树的边连通度为 1；有桥的连通图的边连通度为 1；零图的边连通度为 0；线状图和星状图的边连通度为 1；环状图的边连通度为 2；车轮图的边连通度为 3。

定义 1.3.11 n 连通图

设 G 是一个图，如有 $\kappa(G)\geqslant n$，则称 G 是 n-节点连通的，简称 n-连通；如果 $\lambda(G)\geqslant n$，则称 G 是 n-边连通的。

【例 1-14】 环状图是 2 连通图，车轮图是 3 连通图。

设 $G=(V,E)$ 是 N 个节点的图，则 G 是 2 连通的，当且仅当 G 的任意两个不同节点在 G 的同一个圈上。

NetworkX 中相关函数如下。

nx. k_edge_components(G,k)：在 G 中每个最大 k 边连通分量中生成节点。

nx. k_edge_subgraphs(G,k)：产生图 G 的 k 边连通子图，即 G 中节点的最大集合，使得由这些节点定义的 G 的子图具有至少 k 的边连通性。

nx. bridge_components(G)：图 G 中所有的桥连通分量，即 2 边连通分量。

nx. k_components(G[,flow_func])：返回图 G 的 k 连通结构。

1.3.3　节点间的距离

定义 1.3.12 两节点间的距离

设 $G=(V,E)$ 是一个图，u 和 v 是 G 的节点，连接 u 和 v 的最短路的长称为 u 和 v 之间的距离，并记为 $d(u,v)$。如果 u 和 v 之间在 G 中没有路，则定义 $d(u,v)=\infty$。

定义 1.3.13 偏心率，半径，中心点

设 $G=(V,E)$ 是连通图，$v\in V$，数 $e(v)=\max\{d(v,u)\}$，其中 $u\in V$，称为 v 在 G 中的偏心率。数 $r(G)=\min\{e(v)\}$ 称为 G 的半径。满足 $r(G)=e(v)$ 的节点 v 称为 G 的中心点。G 的所有中心点组成的集合称为 G 的中心，记为 $C(G)$。

偏心率是某个节点到网络中其余节点距离的最大值，半径是最小偏心率，直径是最大偏心率。

【例 1-15】 求图 1.25 所示网络中节点间的距离、节点的偏心率和网络的半径。

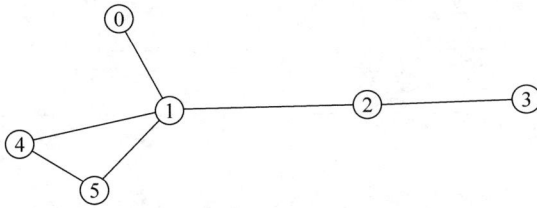

图 1.25 距离、偏心率和半径

$d(0,1)=1, d(0,2)=d(0,4)=d(0,5)=2, d(0,3)=3$
$e(0)=e(3)=e(4)=e(5)=3, e(1)=e(2)=2$
$r(G)=2$

G 的中心点包括 1 和 2，$C(G)=\{1,2\}$。

（1）建网和可视化。

```
1   plt.figure(figsize = (6,2))
2   g = nx.path_graph(4)
3   g.add_edges_from([(1,4),(4,5),(5,1)])
4   nx.draw(g,with_labels = True,node_color = 'y')
```

（2）节点 0 到其他节点的最短路径。

```
1   nx.shortest_path(g,source = 0)
```

运行结果如下：

```
{0: [0], 1: [0, 1], 2: [0, 1, 2], 4: [0, 1, 4], 5: [0, 1, 5], 3: [0, 1, 2, 3]}
```

（3）最短路径长度。

```
1   list(nx.shortest_path_length(g))
```

运行结果如下：

```
[(0, {0: 0, 1: 1, 2: 2, 4: 2, 5: 2, 3: 3}),
 (1, {1: 0, 0: 1, 2: 1, 4: 1, 5: 1, 3: 2}),
 (2, {2: 0, 1: 1, 3: 1, 0: 2, 4: 2, 5: 2}),
 (3, {3: 0, 2: 1, 1: 2, 0: 3, 4: 3, 5: 3}),
 (4, {4: 0, 1: 1, 5: 1, 0: 2, 2: 2, 3: 3}),
 (5, {5: 0, 4: 1, 1: 1, 0: 2, 2: 2, 3: 3})]
```

（4）网络中各节点的偏心率。

```
1   nx.eccentricity(g)
```

运行结果如下：

```
{0: 3, 1: 2, 2: 2, 3: 3, 4: 3, 5: 3}
```

（5）网络的半径。

```
1   nx.radius(g)
```

运行结果如下：

```
2
```

（6）图的中心点。

```
1  nx.center(g)
```

运行结果如下：

```
[1, 2]
```

（7）图的直径。

```
1  nx.diameter(g)
```

运行结果如下：

```
3
```

NetworkX 中相关函数如下。

nx. shortest_path(G[,source,target,weight,…])：计算两节点间的最短路径。

nx. shortest_path_length(G[,source,target,…])：计算两节点间的最短路径长度。

nx. eccentricity(G[,v,sp,weight])：返回图 G 中节点的偏心率。

nx. radius(G[,e,usebounds,weight])：返回图 G 的半径。

nx. center(G[,e,usebounds,weight])：返回图 G 的中心点。

nx. diameter(G[,e,usebounds,weight])：返回图 G 的直径。

定义 1.3.14 加权网络的最短路

设 $G=(V,E,W)$ 是一个边带权图，每条边 $\{v_i,v_j\}$ 的权记为 $w(v_i,v_j)$；如果节点 v_i 与 v_j 之间无边时，令 $w(v_i,v_j)=+\infty$。

设 $G=(V,E,W)$ 是一个边带权图，路 P 中所有边对应的权之和称为路 P 的长度，记为 $w(P)$。节点 v_i 与 v_j 间长度最短的路称为 v_i 与 v_j 的最短路，该路的长度称为节点 v_i 与 v_j 的距离，记作 $d(v_i,v_j)$，即

$$d(v_i,v_j)=\begin{cases}0, & v_i=v_j\\ \min\{w(P)\mid P \text{ 为 } v_i \text{ 与 } v_j \text{ 间的路}\}, & v_i \text{ 与 } v_j \text{ 间有路}\\ +\infty, & v_i \text{ 与 } v_j \text{ 间没有路}\end{cases} \quad (1\text{-}1)$$

所谓最短路问题就是在一个边带权图中，找一条从节点 a（称为源点）到另一个节点 b（称为终点）权重最小路。

【例 1-16】 求图 1.26 所示加权网络的最短路径长度。

```
1  g = nx.Graph()
2  g.add_nodes_from(range(9))
3  g.add_weighted_edges_from([(0,1,4),(1,2,8),(2,3,7),(3,4,9),(4,5,10),(5,6,2),(6,7,1),\
4  (7,8,7),(0,7,8),(1,7,11),(2,8,2),(2,5,4),(3,5,14),(6,8,6)])
5
```

```
6  plt.figure(figsize = (10,4))
7  pos = [(0,1),(1,2),(2,2),(3,2),(4,1),(3,0),(2,0),(1,0),(2,1)]
8  nx.draw(g,pos = pos,with_labels = True,node_color = 'y',node_size = 1000,font_size = 24)
9  edge_labels = nx.get_edge_attributes(g, 'weight')
10 nx.draw_networkx_edge_labels(g, pos, edge_labels = edge_labels,font_size = 20)
11 plt.show()
```

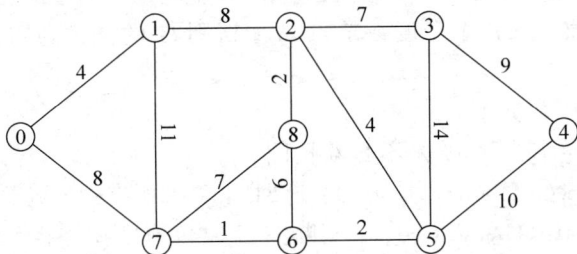

图 1.26 加权图

求解加权图最短路径的经典算法包括迪杰斯特拉(Dijkstra)算法和贝尔曼-福特(Bellman-Ford)算法等,此处不作详细介绍,感兴趣的读者可参考数据结构或离散数学相关教材。

用迪杰斯特拉算法求节点 0 到节点 4 的最短路径,代码如下:

```
1  >>> nx.dijkstra_path(g,0,4)
```

运行结果如下:

```
[0, 7, 6, 5, 4]
```

用贝尔曼-福特算法求节点 0 到节点 4 的最短路径,代码如下:

```
1  >>> nx.bellman_ford_path(g,0,4)
```

运行结果如下:

```
[0, 7, 6, 5, 4]
```

NetworkX 中相关函数如下。

nx.dijkstra_path(G,source,target[,weight])。

nx.dijkstra_path_length(G,source,target[,weight])。

nx.bellman_ford_path(G,source,target[,weight])。

nx.bellman_ford_path_length(G,source,target)。

1.3.4 欧拉图和哈密顿图

定义 1.3.15 欧拉图和欧拉迹

包含图的所有边的闭迹称为欧拉闭迹。存在一条欧拉闭迹的图称为欧拉图,可看作边的遍历(经过每条边一次)。包含图的所有边的迹称为欧拉迹。

定理 1.3.1 判定欧拉图的充要条件

图 G 是欧拉图,当且仅当 G 是连通的且每个节点的度都是偶数。

哥尼斯堡七桥问题每个节点的度值都是奇数,所以不是欧拉图。

推论 1.3.1

图 G 有一条欧拉迹,当且仅当 G 是连通的且恰有两个奇度节点。

相应的哥尼斯堡七桥问题也不是欧拉迹。

思考题:如果一个连通图 G 的奇度节点的个数不是 0 或 2,那么这个图就不能一笔画成。于是,便产生了一个问题,即这时最少要多少笔才能画成呢?

定理 1.3.2

设 G 是连通图,G 恰有 $2n$ 个奇度数节点,$n \geqslant 1$,则 G 的全部边可以排成 n 条开迹,而且至少有 n 条开迹。

NetworkX 中相关函数如下。

nx.is_eulerian(G):判断图 G 是不是欧拉图。

nx.eulerian_circuit(G[,source,keys]):返回图 G 中所有的欧拉回路。

nx.has_eulerian_path(G[,source]):判断图 G 有没有欧拉路径。

nx.eulerian_path(G[,source,keys]):返回所有的欧拉路径。

定义 1.3.16 哈密顿图

图 G 的一条生成路称为 G 的哈密顿路。所谓 G 的生成路就是包含 G 的所有节点的路。G 的一个包含所有节点的圈称为 G 的一个哈密顿圈。具有哈密顿圈的图称为哈密顿图,可看作节点的遍历(经过每个节点一次)。

迄今为止并未找到确定哈密顿圈存在的简单充要条件,仅找到了几个简单的必要条件以及若干充分条件。

思考题:

存在既是欧拉图又是哈密顿图的图吗?

存在既不是欧拉图又不是哈密顿图的图吗?

存在不是欧拉图但却是哈密顿图的图吗?

存在不是哈密顿图但却是欧拉图的图吗?

【例 1-17】 判断图 1.27 所示网络是否为欧拉图或者哈密顿图。

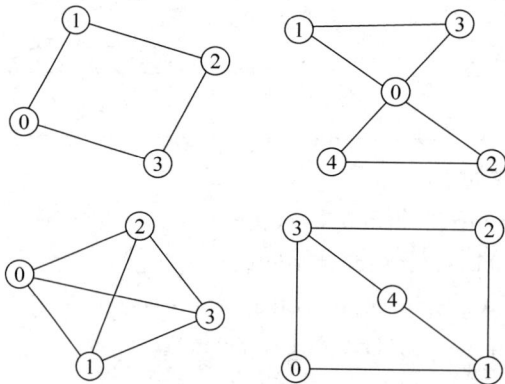

图 1.27　欧拉图和哈密顿图

第一个图既是欧拉图又是哈密顿图;第二个图是欧拉图不是哈密顿图;第三个图是哈密顿图不是欧拉图;第四个图既不是欧拉图又不是哈密顿图。

1.4　树与生成树

定义 1.4.1 树和森林

连通且无圈的无向图称为无向树,简称树,图 1.28 所示的网络即为一棵树。

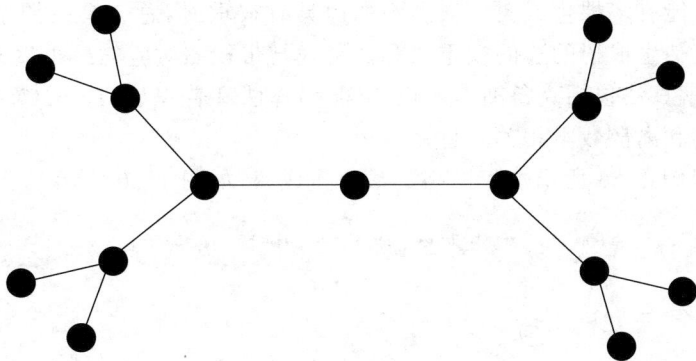

图 1.28 树

一个没有圈的无向图称为无向森林,简称森林。

森林的每个分支都是树,森林就是由若干棵树组成的图。

仅有一个节点的树称为平凡树。

定理 1.4.1

设 $G=(V,E)$ 是一个 (N,M) 图(包含 N 个节点和 M 条边),则下列各命题等价:

G 是树;

G 是无圈的连通图;

G 是连通图且 $N=M+1$(节点数=边数+1);

G 是无圈图且 $N=M+1$;

G 是无圈图,且在 G 的任意两个不邻接的节点之间添加一条边,得到一个有唯一圈的图;

G 是连通图,但删去任意一条边后,便不连通;

G 的每对节点之间有一条且仅有一条路。

定义 1.4.2 极小连通图

连通图 G 称为极小连通图,如果去掉 G 的任意一条边后得到一个不连通的图。

推论 1.4.1

图 G 是树当且仅当 G 是极小连通图。

定义 1.4.3 生成树

设 $G=(V,E)$ 是一个图,G 的一个生成子图 $T=(V,F)$ 如果是树,则称 T 是 G 的生成树。

【例 1-18】 图 1.29 中后三个图为第一个图的生成树。

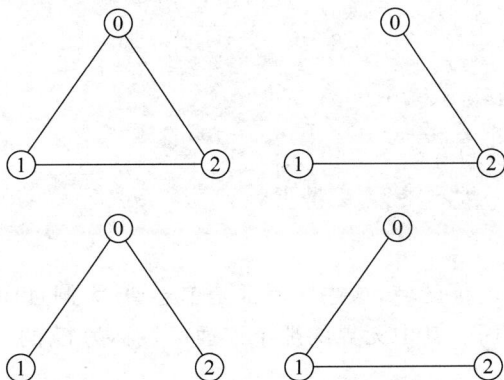

图 1.29 生成树(后面 3 个图是第一个图的生成树,3 棵生成树同构)

一个连通图可能有多棵生成树。当图中的边具有权重时,总会有一棵生成树的边的权重之和小于或等于其他生成树的边的权重之和。寻找与带权图对应的最小生成树是图论里的经典问题,计算机求解算法包括克鲁斯卡尔(Kruskal)算法和普里姆(Prim)算法,感兴趣的读者可以参考数据结构和离散数学相关教材。

【**例 1-19**】 求图 1.26 所示加权网络的最小生成树,如图 1.30 所示。

```
1  >>> nx.draw(nx.minimum_spanning_tree(g),with_labels = True,node_color = 'y')
```

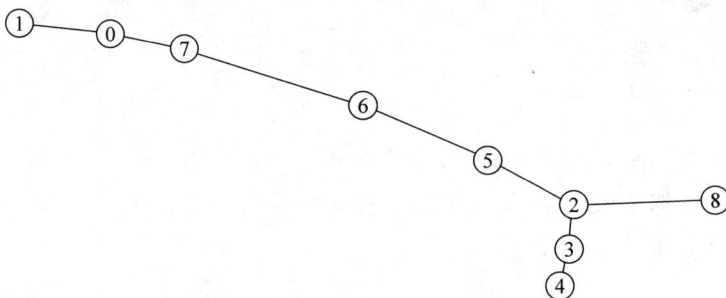

图 1.30　图 1.26 的最小生成树

NetworkX 中相关函数如下。

nx.is_tree(G):判断图 G 是不是树。

nx.is_forest(G):判断图 G 是不是森林。

nx.minimum_spanning_tree(G[,weight,…]):返回无向图 G 上的最小生成树或最小生成森林。

1.5　平面图及其欧拉公式

定义 1.5.1 平面图

图 G 称为被嵌入平(曲)面 S 内,如果 G 的图解已画在 S 上,而且任何两条边均不相交(除可能在端点相交外)。已嵌入平面的图称为平面图。如果一个图可以嵌入平面,则称此图是可平面的。

【**例 1-20**】 图 1.31 所示的两个网络同构,但第一个图的画法是非平面化的,第二个图的画法是平面化的。

```
1  plt.figure(figsize = (8,4))
2  g = nx.complete_graph(4)
3  plt.subplot(1,2,1)
4  nx.draw(g,with_labels = True,node_color = 'y')
5  plt.subplot(1,2,2)
6  pos = nx.planar_layout(g)
7  nx.draw(g,pos = pos,with_labels = True,node_color = 'y')
```

定义 1.5.2

平面图 G 把平面分成若干区域,这些区域都是单连通(无洞且闭合路径可收缩,如无孔洞的平面区域)的,称为 G 的面。其中无界的那个连通区域称为 G 的外部面,其余的单连通区域称为 G 的内部面。

平面图的每个内部面都是 G 的某个圈围成的单连通区域。

一个平面图可以没有内部面,但必有外部面。例如,树作为平面图就没有内部面。

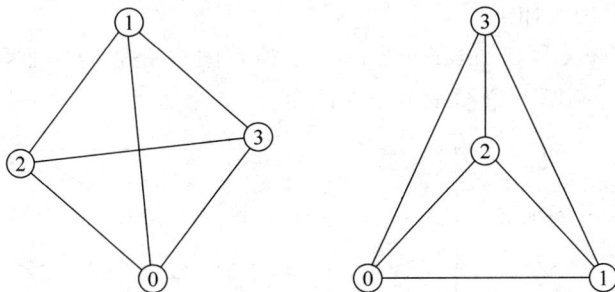

图 1.31 平面嵌入(第一个图是非平面嵌入,第二个图是平面嵌入)

【例 1-21】 图 1.31 的第二个图包含 3 个内部面(021,123,023)和一个外部面(013)。

如果把多面体的顶点视为一个图的节点,棱视为图的边,但它的边不再是刚性的,可以自由弯曲和伸缩,则多面体图都是平面图。

可以把多面体套在一个球面上,使它的各边缩紧而紧紧贴在球面上,形成多面体图的一个球面嵌入。

定理 1.5.1

图 G 可平面嵌入的充分必要条件是 G 可以球面嵌入。

【例 1-22】 图 1.32 表示正六面体和它的平面嵌入。

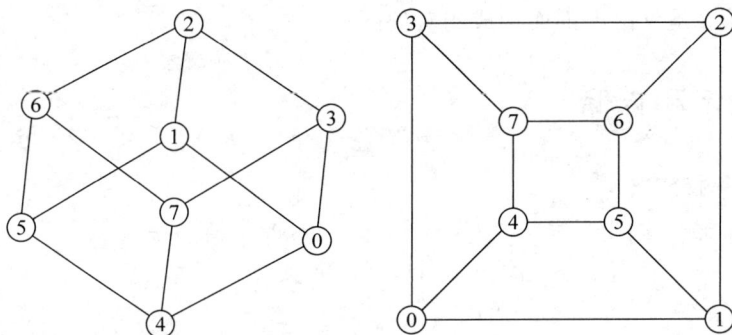

图 1.32 正六面体和它的平面嵌入

定理 1.5.2 欧拉公式

如果 N 个节点 M 条边的平面连通图 G 有 f 个面,则 $N-M+f=2$,是欧拉凸多面体公式的推广。

多面体欧拉定理:一个具有 V 个顶点 E 条棱和 F 个面的球形多面体中有关系式 $V-E+F=2$。

【例 1-23】 可使用前面两例验证上面公式,对于 K_4 的平面嵌入包含 3 个内部面和一个外部面,故 $4-6+4=2$;正六面体的平面嵌入包含 5 个内部面和一个外部面,此时 $8-12+6=2$。

推论 1.5.1

K_5 和 $K_{3,3}$ 都不是可平面图。

定理 1.5.3

一个图是可平面的充分必要条件是它没有同胚于 K_5 和 $K_{3,3}$ 的子图。

定理 1.5.4

一个图是可平面的当且仅当它没有一个可收缩到 K_5 和 $K_{3,3}$ 的子图。

【例 1-24】 在纸上绘制图 1.33 所示的 K_5 和 $K_{3,3}$,观察它们是否可以平面化。

NetworkX 中相关函数如下。

nx.check_planarity(G[,counterexample])：检查图 G 是否为平面图并返回反例或嵌入。

nx.is_planar(G)：判断一个图是不是平面图。

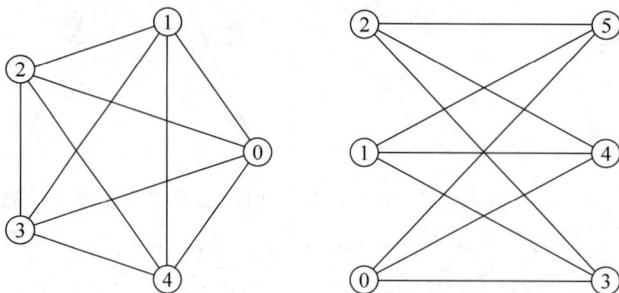

图 1.33　两个不能平面嵌入的图 K_5 和 $K_{3,3}$

定义 1.5.3

设 $G=(V,E)$ 是一个平面图,由 G 按如下方法构造一个图 G^*,G^* 称为 G 的对偶图：对 G 的每一个面 f 对应地有 G^* 的一个节点 f^*；对 G 的每条边 e 对应地有 G^* 的一条边 e^*；G^* 的两个节点 f^* 和 g^* 由边 e^* 连接,当且仅当 G 中与节点 f^* 和 g^* 对应的面 f 和 g 有公共边 e,如果某条边 x 仅在一个面中出现而不是两个面的公共边,则在 G^* 中这个面对应的节点是一个环,图 1.6 是仅由内部面构成的对偶图。

1.6　图的表示和存储

定义 1.6.1 邻接矩阵

设 $G=(V,E)$ 是一个图,$V=\{v_1,v_2,\cdots,v_p\}$。$N\times N$ 矩阵 $\boldsymbol{A}=(a_{ij})$ 称为 G 的邻接矩阵,其中

$$a_{ij}=\begin{cases}1,&v_iv_j\in E\\0,&v_iv_j\notin E\end{cases}\tag{1-2}$$

图 G 的邻接矩阵包含了图 G 的全部信息。G 的节点数 N 就是 G 的邻接矩阵 $\boldsymbol{A}$ 的阶。G 的边数 M 就是 G 的邻接矩阵 $\boldsymbol{A}$ 中 1 的个数的一半。G 的节点 v_i 的度 k_{vi} 等于 G 的邻接矩阵 $\boldsymbol{A}$ 的第 v_i 行或第 v_i 列上 1 的个数。G 的邻接矩阵 $\boldsymbol{A}$ 是对称的且对角线上的全部元素为 0。

【例 1-25】 以加权 ARPANET 网络(即例 1-3 所述的加权网络)为例,说明图数据的存储(读和写)以及常用的存储格式。

1. 相关读写函数

(1) NetworkX。

```
1  nx.write_adjlist(arpanet_nw, './data/nx_w_adjlist.txt')
2  nx.write_edgelist(arpanet_nw, './data/nx_w_edgelist.txt')
3  nx.write_pajek(arpanet_nw, './data/nx_w_pajek.net')
4  nx.write_gml(arpanet_nw, './data/nx_w_gml.gml')
5  nx.write_graphml(arpanet_nw, './data/nx_w_graphml.graphml')
```

注：邻接矩阵的形式未给出,可先通过 nx.to_numpy_array(arpanet_nx)或者 nx.adjacency_matrix(arpanet_nx)获得邻接矩阵后再存储。

相应的读入函数包括：nx.read_adjlist()、nx.read_edgelist()、nx.read_pajek()、nx.read_ gml()、nx. read_graphml()。

（2）igraph。

```
1  arpanet_igw.write_adjacency('./data/ig_w_adjmat.txt')          #邻接矩阵
2  arpanet_igw.write_lgl('./data/ig_w_adjlist.txt')               #邻接表
3  arpanet_igw.write_edgelist('./data/ig_w_edgelist.txt')         #边列表
4  arpanet_igw.write_ncol('./data/ig_w_edgelist_label.txt')       #带标签的边列表
5  arpanet_igw.write_pajek("./data/ig_w_pajek.net")
6  arpanet_igw.write_gml('./data/ig_w_gml.gml')
7  arpanet_igw.write_graphml('./data/ig_w_graphml.graphml')
```

相应的读入函数包括：Graph. Read_Adjacency()、Graph. Read_Lgl()、Graph. Read_Edgelist()、Graph. Read_Ncol()、Graph. Read_Pajek()、Graph. Read_GML()、Graph. Read_GraphML()。

2. 常用的存储格式

常用的存储格式包括边列表、邻接矩阵、邻接表、GML 格式、GRAPHML 和 NET。

（1）边列表。

```
#C:\ProgramData\Anaconda3\lib\site-packages\ipykernel_launcher. py -f
C:\Users\Lenovo\AppData\Roaming\jupyter\runtime\kernel-77de045a-8b0a-44df-961e-b3b20dc67ed4.json
# GMT Tue Jul 16 01:42:58 2024
#
SRI UTAH UCSB UCLA
UCLA UCSB
UCSB
UTAH
```

（2）邻接矩阵。

```
0 1 1 1
1 0 1 0
1 1 0 0
1 0 0 0
```

（3）邻接表。

```
SRI UTAH {'distance': 765}
SRI UCSB {'distance': 298}
SRI UCLA {'distance': 359}
UCLA UCSB {'distance': 95}
```

（4）GML 文件由层次键值列表组成。

```
graph [
  node [
    id 0
    label "SRI"
    city "Menlo Park"
  ]
  node [
    id 1
    label "UCLA"
    city "Los Angeles"
  ]
  node [
    id 2
```

```
        label "UCSB"
        city "Santa Barbara"
    ]
    node [
        id 3
        label "UTAH"
        city "Salt Lake City"
    ]
    edge [
        source 0
        target 3
        distance 765
    ]
    edge [
        source 0
        target 2
        distance 298
    ]
    edge [
        source 0
        target 1
        distance 359
    ]
    edge [
        source 1
        target 2
        distance 95
    ]
]
```

（5）GRAPHML 格式，基于 XML，由标签对形式构成。

```
<?xml version='1.0' encoding='utf-8'?>
<graphml xmlns="http://graphml.graphdrawing.org/xmlns" xmlns:xsi="http://www.w3.org/
2001/XMLSchema-instance" xsi:schemaLocation="http://graphml.graphdrawing.org/xmlns
http://graphml.graphdrawing.org/xmlns/1.0/graphml.xsd"><key id="d1" for="edge" attr.name=
"distance" attr.type="long"/>
<key id="d0" for="node" attr.name="city" attr.type="string"/>
<graph edgedefault="undirected"><node id="SRI">
  <data key="d0">Menlo Park</data>
</node>
<node id="UCLA">
  <data key="d0">Los Angeles</data>
</node>
<node id="UCSB">
  <data key="d0">Santa Barbara</data>
</node>
<node id="UTAH">
  <data key="d0">Salt Lake City</data>
</node>
<edge source="SRI" target="UTAH">
  <data key="d1">765</data>
</edge>
<edge source="SRI" target="UCSB">
  <data key="d1">298</data>
</edge>
<edge source="SRI" target="UCLA">
  <data key="d1">359</data>
```

```
</edge>
<edge source="UCLA" target="UCSB">
  <data key="d1"> 95 </data>
</edge>
</graph></graphml>
```

（6）NET 格式。

```
* vertices 4
1 SRI 0.0 0.0 ellipse city "Menlo Park"
2 UCLA 0.0 0.0 ellipse city "Los Angeles"
3 UCSB 0.0 0.0 ellipse city "Santa Barbara"
4 UTAH 0.0 0.0 ellipse city "Salt Lake City"
* edges
1 4 1.0
1 3 1.0
1 2 1.0
2 3 1.0
```

第 2 章

思想引领

网络基本拓扑特性

在对某个数据集进行分析时,首先要了解数据的统计特性。类似地,当某个实际问题被建模为网络后,首先要了解网络的基本拓扑特性,如网络分析中的小世界效应、长尾分布、同配和异配等。本章将由浅入深依次介绍网络的稀疏性和连通性;度、度分布和度相关性;平均路径长度和网络效率;聚类系数和圈系数;网络中的子结构(k-clique、环和模体)等。

2.1 稀疏性和连通性

2.1.1 网络基本信息

思考题:N 个节点的无向网络最大可能边数?N 个节点的有向网络最大可能边数?N 个节点一共能构造多少个无向图?N 个节点一共能构造多少个有向图?

$$C_N^2 = \frac{1}{2}N(N-1), \quad 2C_N^2 = N(N-1), \quad 2^{C_N^2} = 2^{\frac{1}{2}N(N-1)}, \quad 4^{C_N^2} = 4^{\frac{1}{2}N(N-1)}$$

【例 2-1】 查看图 2.1 所示房屋图和 X 房屋图的基本信息。

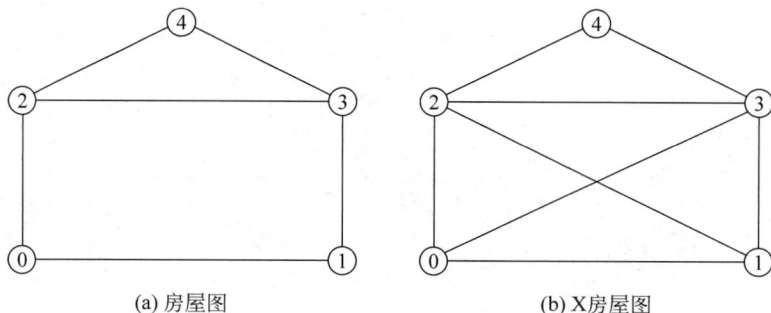

(a) 房屋图　　　　　　　　　　(b) X房屋图

图 2.1 查看两种房屋图的基本信息

```
1   import networkx as nx
2   house = nx.house_graph()  #图 2.1(b)使用 housex = nx.house_x_graph()
3   pos = [(0,0),(2,0),(0,2),(2,2),(1,3)]
4   nx.draw(house,pos = pos,with_labels = True,node_color = 'yellow')
```

(1)获取节点序列的几种方式。

```
1   >>> house.nodes,house.nodes(),nx.nodes(house)
```

运行结果如下：

```
(NodeView((0, 1, 2, 3, 4)), NodeView((0, 1, 2, 3, 4)), NodeView((0, 1, 2, 3, 4)))
```

它们分别使用了对象属性、对象方法和库函数。

（2）获取边序列的几种方式。

```
1  >>> house.edges, house.edges(), nx.edges(house)
```

运行结果如下：

```
(EdgeView([(0, 1), (0, 2), (1, 3), (2, 3), (2, 4), (3, 4)]),
 EdgeView([(0, 1), (0, 2), (1, 3), (2, 3), (2, 4), (3, 4)]),
 EdgeView([(0, 1), (0, 2), (1, 3), (2, 3), (2, 4), (3, 4)]))
```

（3）获取网络的节点数。

```
1  >>> house.number_of_nodes()
```

运行结果如下：

```
5
```

（4）获取网络的边数。

```
1  >>> house.number_of_edges()
```

运行结果如下：

```
6
```

NetworkX 相关函数如下。

G. nodes、G. nodes()或 nx. nodes(G)：返回图 G 的节点序列。

number_of_nodes(G)：返回图 G 的节点数量，也可以使用 G. order()。

nx. edges(G[,nbunch])：返回与 nbunch 中节点相关的边的边视图。

number_of_edges(G)：返回图 G 中边的数量，也可以使用 G. size()。

2.1.2　网络密度

当给定一个网络后，首先应该获知网络中节点和边的数量，一个包含 N 个节点的网络的密度 ρ 定义为网络中实际存在的边数 M 与最大可能的边数（完全图对应的边数 $C_N^2 = N(N-1)/2$）之比。无向网络为

$$\rho = \frac{2M}{N(N-1)} \tag{2-1}$$

有向网络为

$$\rho = \frac{M}{N(N-1)} \tag{2-2}$$

对大量实际网络的研究显示，网络中实际存在的边数远小于最大可能边数，基于此给出稠密网络和稀疏网络的定义。

稠密网络：$M \sim N^2$，当 $N \to \infty$ 时，ρ 趋于非零常数；

稀疏网络：$M \sim N$，当 $N \to \infty$ 时，ρ 趋于零。

NetworkX 相关函数如下。

nx.density(G)：返回图 G 的密度。

【例 2-2】　图 2.2 依次为 10 个点的零图、最近邻耦合图（耦合范围依次增大）、全连通图，计算相应的边数和密度值。

```
1  g = nx.circulant_graph(10,[1,2,3,4])
2  nx.draw_circular(g)
3  print('边:{},密度:{}'.format(g.number_of_edges(),nx.density(g)))
```

零图使用 g＝nx.empty_graph(10)命令生成，其余图修改上述命令即可。

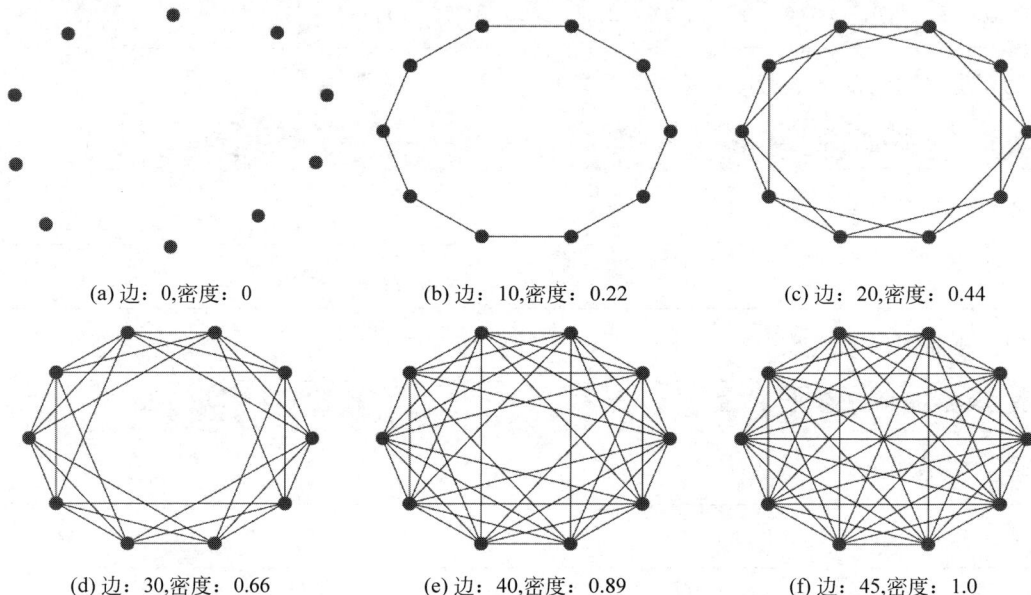

(a) 边：0,密度：0　　　　　(b) 边：10,密度：0.22　　　　　(c) 边：20,密度：0.44

(d) 边：30,密度：0.66　　　　　(e) 边：40,密度：0.89　　　　　(f) 边：45,密度：1.0

图 2.2　图的密度

2.1.3　网络连通性

分析完网络的稀疏性后，通常需要考查网络的连通性，如果网络不连通则需要进一步分析网络中连通片的数量，最大连通片中节点的数量和占比等信息。

【例 2-3】　判断图 2.3 所示网络连通性，连通片的数量和各个连通片中的节点集。

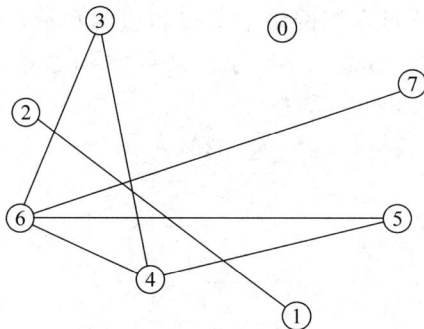

图 2.3　网络连通性

```
1   >>> nx.is_connected(G)                              #判断图是否连通
```

运行结果如下：

```
False
```

```
1   >>> nx.number_connected_components(G)               #求连通片的数量
```

运行结果如下：

```
3
```

```
1   >>> list(nx.connected_components(G))                #返回每个连通片的构成
```

运行结果如下：

```
[{0}, {1, 2}, {3, 4, 5, 6, 7}]
```

如果需要依据连通片中节点的数量进行排序或返回最大连通子图可以参考以下命令。

```
1   >>> sorted(list(nx.connected_components(G)),key = lambda x:len(x),reverse = True)
```

运行结果如下：

```
[{3, 4, 5, 6, 7}, {1, 2}, {0}]
```

NetworkX 相关函数如下。

nx.is_connected(G)：判断网络 G 是否连通。

nx.number_connected_components(G)：网络 G 中连通片的数量。

nx.connected_components(G)：获得网络 G 中所有的连通片。

nx.node_connected_component(G,n)：获取节点 n 所在连通片的所有节点集合。

2.2 度、度分布和度相关性

2.2.1 度

定义 2.2.1 度

设 i 为图 $G=(V,E)$ 的任一节点，G 中与 i 关联的边的数目称为节点 i 的度，记为 k_i。在社交网络里表示 i 的朋友的个数。

定理 2.2.1 握手定理

设 $G=(V,E)$ 是一个具有 N 个节点 M 条边的图，则 G 中每个节点度的和等于边的条数 M 的两倍（每条边贡献两个度值），即

$$\sum_i k_i = 2M \qquad (2\text{-}3)$$

推论 2.2.1

任一图中，度为奇数的节点的数目必为偶数。

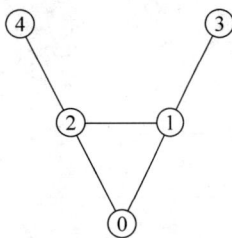

图 2.4 牛头图

【例 2-4】 求图 2.4 所示牛头图各节点的度值。

$$k_0 = 2, \quad k_1 = k_2 = 3, \quad k_3 = k_4 = 1$$

如果使用邻接矩阵,则

$$A = \begin{bmatrix} 0 & 1 & 1 & 0 & 0 \\ 1 & 0 & 1 & 1 & 0 \\ 1 & 1 & 0 & 0 & 1 \\ 0 & 1 & 0 & 0 & 0 \\ 0 & 0 & 1 & 0 & 0 \end{bmatrix}$$

可以使用邻接矩阵表示度和平均度,关系式如下:

$$k_i = \sum_{j=1}^{N} a_{ij} = \sum_{j=1}^{N} a_{ji} \tag{2-4}$$

$$\langle k \rangle = \frac{1}{N} \sum_{j=1}^{N} k_j = \frac{1}{N} \sum_{i,j=1}^{N} a_{ij} \tag{2-5}$$

$$2M = N\langle k \rangle = \sum_{i=1}^{N} k_i = \sum_{i,j=1}^{N} a_{ij} \tag{2-6}$$

$$\langle k \rangle = \frac{2M}{N} \tag{2-7}$$

有向网络包括入度和出度,入度是指从其他节点出发指向节点 i 的边数,出度是指从 i 点出发指向其他节点的边数。

$$k_i^{\text{out}} = \sum_{j=1}^{N} a_{ij}, \quad k_i^{\text{in}} = \sum_{j=1}^{N} a_{ji} \tag{2-8}$$

$$\langle k^{\text{out}} \rangle = \langle k^{\text{in}} \rangle = \frac{1}{N} \sum_{i,j=1}^{N} a_{ij} \tag{2-9}$$

加权无向网络的加权度定义为,与节点 i 相关联的边的权重之和。表达式为

$$s_i = \sum_{j=1}^{N} w_{ij} \tag{2-10}$$

类似的加权有向网络的度值包含加权入度和加权出度,是在有向网络的基础上对边的权重求和,无权的有向网络可以认为是所有边的权重都为 1 的加权有向网络。表达式为

$$s_i^{\text{out}} = \sum_{j=1}^{N} w_{ij} \tag{2-11}$$

$$s_i^{\text{in}} = \sum_{j=1}^{N} w_{ji} \tag{2-12}$$

2.2.2 度分布

当网络的节点数较多时,仅仅分析各个节点的度值是不够的,需要考虑网络的度分布。度分布是网络的重要特征,也是传统图论过渡到网络的重要标识量。

度分布 $P(k)$ 是指度为 k 的节点占整个网络节点数的比例或者也可以理解为是网络中一个随机选择的节点的度为 k 的概率。其表达式为

$$P(k) = N_k / N \tag{2-13}$$

其中,N_k 表示网络中度值为 k 的节点数。

【例2-5】 求牛头图的度分布。

k	1	2	3
$P(k)$	2/5	1/5	2/5

同理,有向网络的度分布包含出度分布和入度分布。

出度分布 $P(k^{out})$:网络中随机选取一个节点的出度为 k^{out} 的概率;入度分布 $P(k^{in})$:网络中随机选取一个节点的入度为 k^{in} 的概率。

【例2-6】 获取房屋图的度序列。

```
1  >>> house.degree(),nx.degree(house)        #返回房屋图各节点的度值
```

运行结果如下:

```
(DegreeView({0: 2, 1: 2, 2: 3, 3: 3, 4: 2}),
 DegreeView({0: 2, 1: 2, 2: 3, 3: 3, 4: 2}))
```

```
1  >>> house.degree(2),nx.degree(house,2)      #返回节点2的度值
```

运行结果如下:

```
(3, 3)
```

```
1  >>> nx.degree_histogram(house)
```

运行结果如下:

```
[0, 0, 3, 2]
```

以上结果表示该图度为0和1的节点数为0,度为2的节点数为3,度为3的节点数为2。类似地:

```
1  >>> nx.degree_histogram(housex)
```

运行结果如下:

```
[0, 0, 1, 2, 2]
```

若想自己编写代码求图的度分布可以参照以下代码:

```
1  degree_hist = {}
2  for i in dict(house.degree()).values():
3    degree_hist[i] = degree_hist.get(i,0) + 1
4  print(degree_hist)
```

运行结果如下:

```
{2: 3, 3: 2}
```

2.2.3 幂律分布

在对很多实际网络的分析中发现,大量网络的度分布并不是均匀的泊松分布,而是具有无

标度特性的幂律分布(具有长尾特性)。与正态分布存在明显的特征标度(均值和方差)不同,幂律分布往往不存在单一的特征标度,因此也称为无标度分布或长尾分布。研究发现幂律分布是唯一一种具有无标度特性的长尾分布。1999 年 9 月,Barabasi 小组在 *Nature* 杂志上发表论文指出 WWW 的出度分布和入度分布都不具有正态分布特性,而是服从幂律分布。一个月之后,该小组又在 *Science* 杂志上发表文章指出,包括电影演员网络和电力网络在内的其他许多实际网络的度分布也都服从与泊松分布有很大差异的幂律分布,并给出了产生幂律度分布的两个基本机理(增长和优先连接),建立了相应的无标度网络模型,将在本书 6.3 节详细介绍。幂律分布的表达式为

$$P(k) \sim k^{-\gamma} \tag{2-14}$$

其中,$\gamma > 0$,称为幂指数,通常取值 $2 \sim 3$。在幂律的研究中,还包含帕累托分布和齐夫定律(Zipf's law)等,感兴趣的读者可参考其他相关书籍。

在对幂律分布进行可视化或者求幂指数时,通常使用双对数曲线。

假设度分布满足如下幂律关系:

$$P(k) = Ck^{-\gamma} \tag{2-15}$$

其中,C 为归一化常数,其表达式为

$$C = \frac{1}{\sum\limits_{k=k_{\min}}^{\infty} k^{-\gamma}} \simeq \frac{1}{\int_{k_{\min}}^{\infty} k^{-\gamma} \mathrm{d}k} = (\gamma - 1)(k_{\min})^{\gamma-1} \tag{2-16}$$

对式(2-15)两边取对数可得

$$\ln P(k) = \ln C - \gamma \ln k \tag{2-17}$$

这一结果说明 $\ln P(k)$ 是 $\ln k$ 的线性函数,斜率为 $-\gamma$,截距为 $\ln C$。

【例 2-7】 绘制 $P(k) = Ck^{-2}$ 幂律分布的函数曲线。

```
1    import numpy as np
2    import matplotlib.pyplot as plt
3    import matplotlib as mpl
4
5    mpl.rcParams['font.family'] = 'Times New Roman'
6    mpl.rcParams['font.size'] = 16
7    mpl.rcParams['text.usetex'] = True
8    gama = 2
9    k = np.logspace(0,4,31)
10   pk = np.power(k, - gama)
11   plt.subplot(2,2,1)
12   plt.plot(k,pk,marker = 'o')
13   plt.xlabel('$ k $')
14   plt.ylabel('$ P(k) $')
15   plt.title('(a)')
16   plt.subplot(2,2,2)
17   plt.plot(k,pk,marker = 'o')
18   plt.xscale('log')
19   plt.xlabel('$ \ln k $')
20   plt.ylabel('$ P(k) $')
21   plt.title('(b)')
22   plt.subplot(2,2,3)
23   plt.plot(k,pk,marker = 'o')
24   plt.yscale('log')
25   plt.xlabel('$ k $')
26   plt.ylabel('$ \ln {P(k)} $')
27   plt.title('(c)')
```

```
28    plt.subplot(2,2,4)
29    plt.plot(k,pk,marker = 'o')
30    plt.xscale('log')
31    plt.yscale('log')
32    plt.xlabel('$\ln k$')
33    plt.ylabel('$\ln {P(k)}$')
34    plt.title('(d)')
35    plt.tight_layout()
36    plt.show()
```

幂指数为 2 的幂律分布如图 2.5 所示，图 2.5(a) 为正常坐标下的曲线，图 2.5(b) 和图 2.5(c) 为单对数下的曲线，图 2.5(d) 为双对数下的曲线。显然双对数下是一条直线。

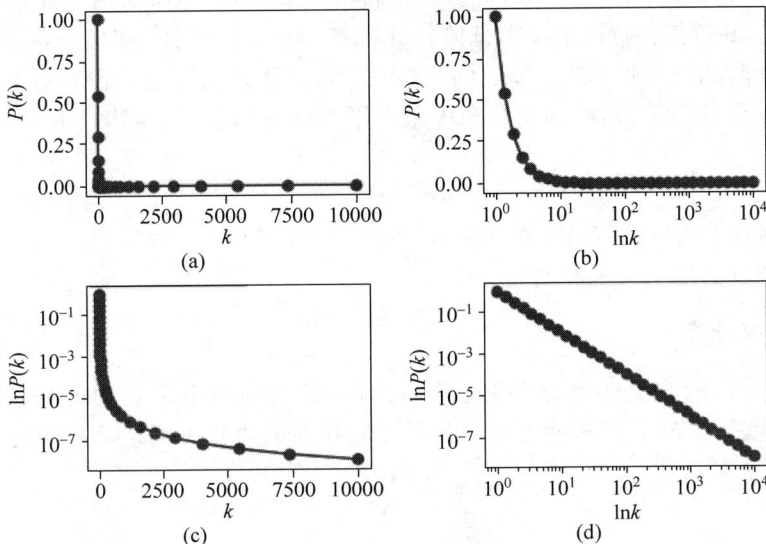

图 2.5　幂律分布

有时讨论幂律分布的累积度分布更为方便，这里给出累积度分布的定义：度不小于 k 的节点在整个网络中所占的比例，也就是网络中随机选取的一个节点的度不小于 k 的概率，即

$$P_k = \sum_{k'=k}^{\infty} P(k') = C \sum_{k'=k}^{\infty} k'^{-\gamma} \simeq C \int_k^{\infty} k'^{-\gamma} \mathrm{d}k' = \frac{C}{\gamma-1} k^{-(\gamma-1)} \tag{2-18}$$

从式 (2-18) 可以看出，如果一个网络的度分布为幂律分布，那么累积度分布近似符合幂指数为 $\gamma-1$ 的幂律。累积度分布不仅能够较好地避免度分布中出现的扰动，而且易于计算，但改变了相邻节点间的独立性，因此不适合使用最小二乘法拟合直线。有时也把度小于 k 的节点在整个网络中所占的比例 $1-P_k$ 称为累积度分布。这种定义更有利于讨论小度的累积过程。

2.2.4　度相关性和同配性

度分布不能唯一地刻画一个网络，因为具有相同度分布的两个网络可能具有非常不同的其他性质或行为。如图 2.6 所示的两个网络，度序列相同，但拓扑结构相差较大，右图为连通图而左图包含两个连通片。

为了进一步刻画网络的拓扑结构，需要考虑包含更多结构信息的高阶拓扑特性，包括度相关性、联合概率分布、条件概率、余平均度、同配系数等。

即使是联合概率分布也仍然不能完全刻画网络拓扑。一个典型例子是复杂网络的社团结构：实际网络往往可以视为是由若干社团构成的，每个社团内部的节点之间的连接相对较为紧密，但是各个社团之间的连接相对比较稀疏。

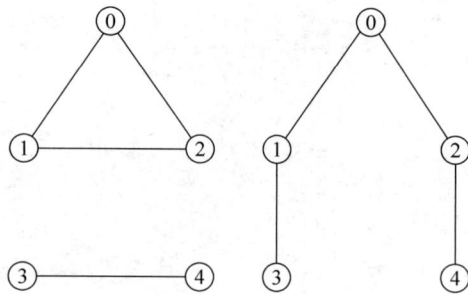

图 2.6　相同平均度和度分布的图

与高阶拓扑特性对应的是网络的低阶拓扑特性。显然,随着阶次的增加,对网络的描述也逐渐精细。此外,高阶拓扑特性应涵盖低阶拓扑特性。在低阶拓扑特性中,平均度 $\langle k \rangle = 2M/N$ 被称为网络的 0 阶拓扑特性,度分布 $P(k) = N_k/N$ 被称为网络的一阶拓扑特性。网络的高一阶特性可以表示低一阶特性,即度分布中包含平均度的信息,其表达式为

$$\langle k \rangle = \sum_{k=0}^{\infty} k P(k) \tag{2-19}$$

思考题:具有平均度和度分布就可以确定一个网络吗?

接下来介绍网络的二阶拓扑特性。

1. 联合概率分布

联合概率 $P(j,k)$ 定义为网络中随机选取的一条边的两个端点的度分别为 j 和 k 的概率,即为网络中度为 j 的节点和度为 k 的节点之间存在的边数占网络总边数的比例:

$$P(j,k) = \frac{m(j,k)}{2M} \quad (j \neq k) \tag{2-20}$$

$$P(j,j) = \frac{m(j,j)}{M} \tag{2-21}$$

将以式(2-20)和式(2-21)综合在一起,可以写为

$$P(j,k) = \frac{m(j,k)\mu(j,k)}{2M} \tag{2-22}$$

$$\sum_{j,k} m(j,k)\mu(j,k) = 2M \tag{2-23}$$

其中,$m(j,k)$ 是度为 j 的节点和度为 k 的节点之间的连边数,$j = k$ 时,$\mu(j,k) = 2$,否则 $\mu(j,k) = 1$。联合概率分布 $P(j,k)$ 满足以下性质:

(1) 非负性

$$P(j,k) \geqslant 0$$

(2) 归一化,即

$$\sum_{j,k} P(j,k) = 1 \tag{2-24}$$

(3) 对称性,即

$$P(j,k) = P(k,j) \tag{2-25}$$

2. 余度分布

余度分布(excess degree distribution)定义为

$$P_n(k) = \sum_{j=k_{\min}}^{k_{\max}} P(j,k) \tag{2-26}$$

$P_n(k)$ 表示网络中随机选取一个节点后再随机选取它的一个邻居节点的度为 k 的概率。也就是说,在网络中随机选取一个节点,然后再从该节点出发随机地沿着一条连边到达一个邻居节点,该邻居节点的度为 k 的概率即为 $P_n(k)$。带入联合概率分布的表达式可以得到二阶拓扑特性与一阶度分布特性间的关系:

$$P_n(k) = \sum_{j=k_{\min}}^{k_{\max}} \frac{m(j,k)\mu(j,k)}{2M} = \frac{N_k k}{2M} = \frac{N_k}{N}\frac{Nk}{2M} = P(k)\frac{k}{\langle k \rangle} \qquad (2\text{-}27)$$

为了后续的表示和推导方便,引入新记号 $p_k \overset{\triangle}{=} P(k), q_k \overset{\triangle}{=} P_n(k), e_{jk} \overset{\triangle}{=} P(j,k)$。从而

$$p_k = \frac{\langle k \rangle}{k}\sum_{j=k_{\min}}^{k_{\max}} e_{jk} = \frac{\langle k \rangle}{k}q_k \qquad (2\text{-}28)$$

【例 2-8】 求图 2.7 中网络的度分布、度相关性、余度分布。

$$N = 7, \quad M = 8$$

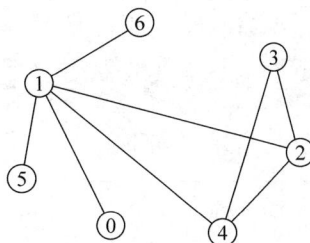

图 2.7　图的相关性

度分布:

k	1	2	3	5
$P(k)$	3/7	1/7	2/7	1/7

联合概率:

$P(j,k)$	1	2	3	5
1	0	0	0	3/16
2	0	0	2/16	0
3	0	2/16	1/8	2/16
5	3/16	0	2/16	0

整理非零项得到度相关性:

(j,k)	(1,5)/(5,1)	(2,3)/(3,2)	(3,3)	(3,5)/(5,3)
$P(j,k)$	3/16	2/16	1/8	2/16

余度分布:

k	1	2	3	5
$P_n(k)$	3/16	2/16	6/16	5/16

编程实现上例。

建网:

```
1  gt = nx.Graph()
2  gt.add_edges_from([(0,1),(1,2),(2,4),(1,4),(1,5),(3,4),(2,3),(1,6)])
3  pos = nx.spring_layout(gt,k = 8,seed = 60)
4  nx.draw(gt,pos = pos,with_labels = True,node_color = 'yellow',node_size = 1000)
```

度分布:

```
1  >>> nx.degree_histogram(gt)
```

运行结果如下:

```
[0, 3, 1, 2, 0, 1]
```

依次表示度为 0～5 的节点数量,可通过以下代码建立节点编号与度值间的映射关系:

```
1   >>> dict(enumerate(nx.degree_histogram(gt)))
```

运行结果如下:

```
{0: 0, 1: 3, 2: 1, 3: 2, 4: 0, 5: 1}
```

联合概率分布:

```
1   >>> nx.degree_mixing_matrix(gt)
```

运行结果如下:

```
array([[0. , 0. , 0. , 0.1875],
       [0. , 0. , 0.125 , 0. ],
       [0. , 0.125 , 0.125 , 0.125 ],
       [0.1875, 0. , 0.125 , 0. ]])
```

行表示关联边的某一节点的度值,列表示关联边的另一节点的度值。如果希望每个可能的度都显示为一行,即使没有节点具有该度值,可以使用以下映射加以实现。

```
1   max_degree = max(deg for n, deg in gt.degree)
2   mapping = {x: x for x in range(max_degree + 1)}            # identity mapping
3   mix_mat = nx.degree_mixing_matrix(gt, mapping = mapping)
4   mix_mat
```

运行结果如下:

```
array([[0. , 0. , 0. , 0. , 0. , 0. ],
       [0. , 0. , 0. , 0. , 0. , 0.1875],
       [0. , 0. , 0. , 0.125 , 0. , 0. ],
       [0. , 0. , 0.125 , 0.125 , 0. , 0.125 ],
       [0. , 0. , 0. , 0. , 0. , 0. ],
       [0. , 0.1875, 0. , 0.125 , 0. , 0. ]])
```

若只想得到非零的度相关性可以使用以下代码:

```
1   >>> nx.degree_mixing_dict(gt)
```

运行结果如下:

```
{1: {5: 3}, 5: {1: 3, 3: 2}, 3: {5: 2, 3: 2, 2: 2}, 2: {3: 2}}
```

3. 度相关性

如果网络中两个节点之间是否有边相连与这两个节点的度值无关,即

$$P(j,k) = P_n(j)P_n(k) \tag{2-29}$$

也可以表示为 $e_{jk} = q_j q_k$。此时称网络不具有度相关性(中性的),否则就称网络具有度相关性(正相关或负相关)。

中性(度无关):随机选择的一条边的两个端点的度是完全随机的,如 ER 随机网络。

同配(度正相关):度大的节点倾向于连接度大的节点,如社交网络。

异配(度负相关)：度大的节点倾向于连接度小的节点，如一些生物和技术网络。

图 2.8 所示网络依次为同配、中性和异配。

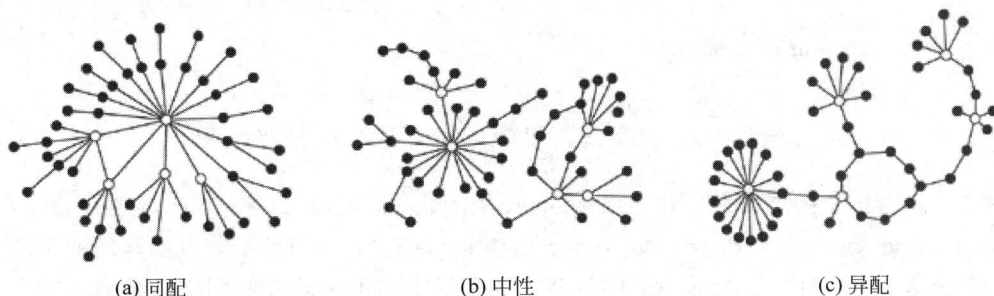

(a) 同配   (b) 中性   (c) 异配

图 2.8 同配、中性和异配

nx. degree_mixing_matrix(G[,x,y,weight,…])：度混合矩阵。

nx. average_degree_connectivity(G[,source,…])：度为 k 的节点的平均最近邻度。

2.2.5 判断网络同配性的方法

1. 联合概率分布 $P(j,k)$

联合概率分布可以表示为 $k_{\max} \times k_{\max}$ 的矩阵，如果网络同配，则大 j 大 k 对应着较大的 $P(j,k)$；如果网络异配，则大 j 小 k 对应着较大的 $P(j,k)$ 或小 j 大 k 对应着较大的 $P(j,k)$。虽然度相关矩阵包含了丰富的度相关信息，但要通过观察 e_{jk} 来研究度相关性存在以下缺点：很难从矩阵的可视化表达中提取信息；无法定量估计度相关性，从而很难在度相关性不同的网络中进行比较；度相关矩阵包含大约 $k_{\max}^2/2$ 个独立变量，其中蕴含了大量信息，难以通过解析计算和模拟来建模。因此，需要一个更简洁的方法来定义度相关性。

2. 条件概率

条件概率 $P_c(k'|k)$ 定义为网络中随机选取的一个度为 k 的节点的一个邻居的度为 k' 的概率，它与联合概率 $P(k',k)$ 之间具有如下关系：

$$P_c(k' \mid k) = \frac{P(k',k)}{P_n(k)} \tag{2-30}$$

如果条件概率 $P_c(k'|k)$ 与 k 有关，则说明节点度之间具有相关性；如果条件概率 $P_c(k'|k)$ 与 k 无关，说明节点度之间没有相关性。若网络是中性的，则

$$P_c(k' \mid k) = P_n(k') = \frac{k'P(k')}{\langle k \rangle} \tag{2-31}$$

3. 余平均度(邻居节点的平均度)

度为 k 的节点的余平均度记为 $k_{nn}(k)$。假设节点 i 的 k_i 个邻居节点的度为 k_{ij}，$j=1,2,\cdots,k_i$。我们可以计算节点 i 的余平均度，即节点 i 的 k_i 个邻居节点的平均度 $\langle k_{nn} \rangle_i$ 为

$$\langle k_{nn} \rangle_i = \frac{1}{k_i} \sum_{j=1}^{k_i} k_{ij} \tag{2-32}$$

假设网络中度为 k 的节点为 $v_1,v_2,\cdots,v_{ik}$，那么度为 k 的节点的余平均度定义为

$$\langle k_{nn} \rangle(k) = \frac{1}{i_k} \sum_{i=1}^{i_k} \langle k_{nn} \rangle_{v_i} \tag{2-33}$$

$k_{nn}(k)$与条件概率和联合概率具有如下关系：

$$\langle k_{nn}\rangle(k)=\sum_{k'}k'P(k'\mid k)=\frac{1}{q_k}\sum_{k'}k'e_{kk'} \tag{2-34}$$

如果网络不具有度相关性，则：

$$k_{nn}(k)=\frac{\sum\limits_{k'}k'q_kq_{k'}}{q_k}=\sum_{k'}k'q_{k'}=\sum_{k'}k'\frac{k'p(k')}{\langle k\rangle}=\frac{\langle k^2\rangle}{\langle k\rangle} \tag{2-35}$$

通过$\langle k_{nn}\rangle(k)$的单调性可以判断同配和异配，增函数→同配，减函数→异配，常数→度不相关。

nx.average_neighbor_degree(G[,source,target,…])：返回每个节点的邻居的平均度。

【例2-9】　计算图2.7所示网络中各节点的邻居节点的平均度和网络的余平均度。

节点i的邻居节点的平均度如下表：

i	0	1	2	3	4	5	6
$\langle k_{nn}\rangle_i$	5	9/5	10/3	3	10/3	5	5

余平均度，节点0、节点5、节点6的度值为1，则$\langle k_{nn}\rangle(1)=\frac{1}{3}(5+5+5)=5$；节点3的度值为2，则$\langle k_{nn}\rangle(2)=3$；节点2和节点4的度值为3，则$\langle k_{nn}\rangle(3)=\frac{1}{2}\left(\frac{10}{3}+\frac{10}{3}\right)=\frac{10}{3}$；节点1的度值为5，则$\langle k_{nn}\rangle(5)=\frac{9}{5}$。

余平均度如下表：

k	1	2	3	5
$\langle k_{nn}\rangle$	5	3	$\frac{10}{3}$	$\frac{9}{5}$

代码实现如下：

每个节点的邻居节点的平均度如下：

```
1  >>> nx.average_neighbor_degree(gt)
```

运行结果如下：

```
{0: 5.0,
 1: 1.8,
 2: 3.3333333333333335,
 4: 3.3333333333333335,
 5: 5.0,
 3: 3.0,
 6: 5.0}
```

余平均度，度为k的节点的邻居的平均度如下：

```
1  >>> nx.average_degree_connectivity(gt)
```

运行结果如下：

```
{1: 5.0, 5: 1.8, 3: 3.3333333333333335, 2: 3.0}
```

4. 同配系数(类比皮尔逊相关系数)

由前面的讨论知道,度相关网络:$e_{jk} \neq q_j q_k$。类比概率论中协方差定义,可定义度相关函数为

$$\langle jk \rangle - \langle j \rangle \langle k \rangle = \sum_{j,k} jk(e_{jk} - q_j q_k) \tag{2-36}$$

式(2-36)运算结果为正表示同配网络,为负表示异配网络,零表示中性网络。为了比较不同规模网络的同配或异配程度,需要进行归一化。

在一个完全同配网络中,每个节点只连接到度相同的其他节点,因此 $e_{jk} = q_k \delta_{jk}$。此时,矩阵 e_{jk} 的所有非对角元素为零。从而网络的同配系数定义为

$$r = \frac{\sum_{jk} jk(e_{jk} - q_j q_k)}{\sigma_q^2} \tag{2-37}$$

其中,$\sigma_q^2 = \max \sum_{jk} jk(e_{jk} - q_j q_k) = \sum_{jk} jk(q_k \delta_{jk} - q_j q_k) = \sum_k k^2 q_k^2 - \left[\sum_k k q_k \right]^2$。

显然 $-1 \leqslant r \leqslant 1$,如果 $r > 0$,那么网络是同配的,且 r 值接近1,同配性越高;如果 $r < 0$,那么网络是异配的,r 值越接近 -1,异配性越强;如果 $r = 0$,网络是中性的。

【例 2-10】 判断图 2.9 所示两个网络的同配和异配。

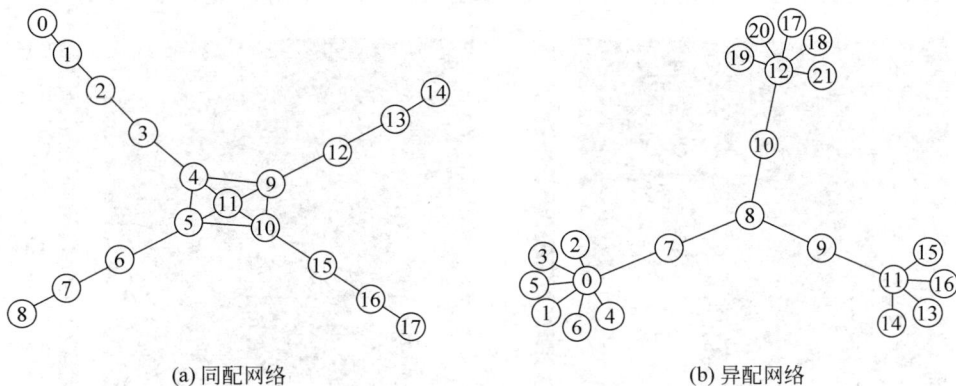

(a) 同配网络 (b) 异配网络

图 2.9 两个网络的同配和异配

建网,同配网络代码如下:

```
1  assortative_network = nx.path_graph(9)
2  assortative_network.add_edges_from([(4,9),(4,11),(5,10),(5,11),(9,10),(9,11),(10,11),
   (9,12),(12,13),(13,14),(10,15),(15,16),(16,17)])
3  pos = nx.spring_layout(assortative_network, seed = 20)
4  nx.draw(assortative_network, pos = pos, with_labels = True, node_color = 'yellow')
```

异配网络代码如下:

```
1  disassortative_network = nx.star_graph(7)
2  disassortative_network.add_edges_from([(7,8),(8,9),(9,11),(8,10),(10,12),(11,13),(11,
   14),(11,15),(11,16),(12,17),(12,18),(12,19),(12,20),(12,21)])
3  nx.draw(disassortative_network, with_labels = True, node_color = 'yellow')
```

(1)计算同配系数。

同配网络代码如下:

```
1  >>> nx.degree_assortativity_coefficient(assortative_network)
```

运行结果如下：

```
0.6236559139784947
```

异配网络代码如下：

```
1  >>> nx.degree_assortativity_coefficient(disassortative_network)
```

运行结果如下：

```
—0.8888452474469756
```

显然，图 2.9(a)具有同配性，图 2.9(b)具有异配性。
（2）可视化联合概率。

```
1  plt.imshow(nx.degree_mixing_matrix(assortative_network))
2  plt.colorbar()
3  plt.axis('off')
4  plt.show()
```

图的联合分布如图 2.10 所示，图 2.10(a)最大值位于对角线上，所以图 2.9(a)具有同配性，图 2.10(b)最大值位于右上角和左下角，所以图 2.9(b)具有异配性。

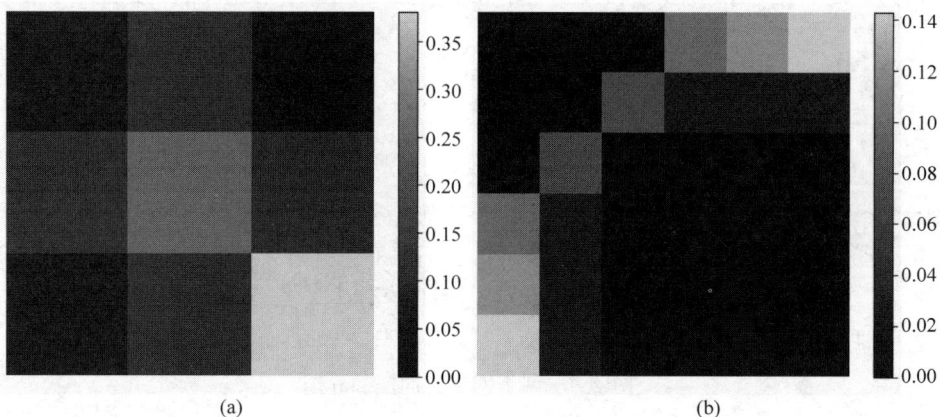

(a)　　　　　(b)

图 2.10　图的联合分布

（3）可视化余平均度。

```
1   import numpy as np
2   import matplotlib as mpl
3
4   mpl.rcParams['font.family'] = 'Times New Roman'
5   mpl.rcParams['font.size'] = 16
6   mpl.rcParams['text.usetex'] = True
7   deg_ner = np.array(list(nx.average_degree_connectivity(assortative_network).items()))
8   plt.scatter(deg_ner[:,0],deg_ner[:,1])
9   plt.xscale('log')
10  plt.yscale('log')
11  plt.xlabel('$k$')
12  plt.ylabel('$k_{nn}>$')
13  plt.show()
```

图 2.9 所示的两个网络的余平均度可视化如图 2.11 所示，图 2.11(a)散点位于 $y=x$ 附近，所以图 2.9(a)具有同配性；图 2.11(b)散点位于 $y=-x$ 附近，所以图 2.9(b)具有异配性。

nx.degree_assortativity_coefficient(G[,x,y,⋯])：计算图的度同配性。

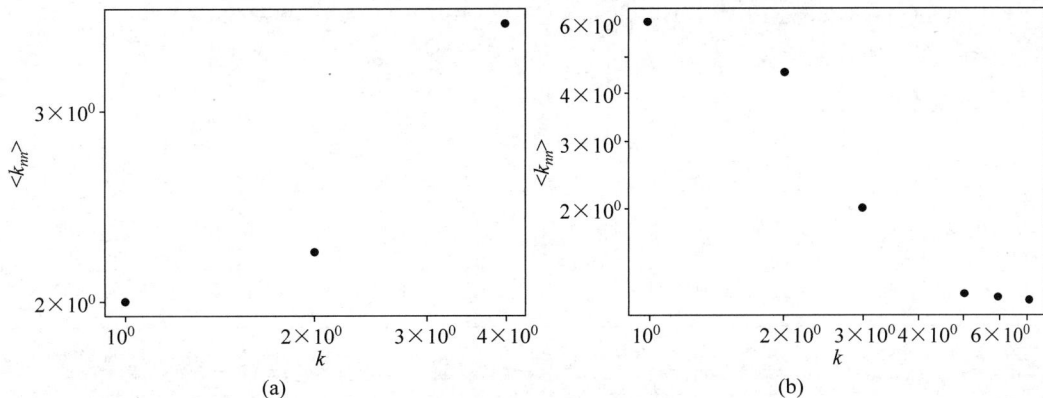

图 2.11　图的余平均度

2.3　平均路径长度和网络效率

2.3.1　平均路径长度

网络中两个节点 i 和 j 之间的距离 d_{ij} 定义为连接这两个节点的最短路径上的边的数目，也称为两个节点之间的测地距离或跳跃距离。

网络的平均路径长度 L 定义为任意两个节点之间的距离的平均值，即

$$L = \frac{2}{N(N-1)} \sum_{i \geqslant j} d_{ij} \tag{2-38}$$

其中，N 为网络节点数。网络的平均路径长度也称为网络的特征路径长度或平均距离。

社会学中有名的六度分隔(Six Degrees of Separation)理论指的就是社交网络的平均路径长度不超过六。它表示："你和任何一个陌生人之间所间隔的人不会超六个，也就是说，最多通过六个人你就能够认识任何一个陌生人。"

在不连通网络中，分别从属于两个连通片的节点间距离为无穷大，没办法直接使用式(2-38)进行求解，必须对公式进行修正，以下给出三种不同的修正。

(1) 只考虑最大连通片。

(2) 只考虑连通的节点对。

(3) 引入网络的简谐平均长度 L_h，定义为

$$L_h = \frac{1}{GE} \tag{2-39}$$

其中，GE(Global efficiency)称为网络的全局效率，它描述了网络中信息传递的平均效率，值越大网络效率越高。其表达式为 $GE = \dfrac{1}{\frac{1}{2}N(N-1)} \sum_{i>j} \dfrac{1}{d_{ij}}$；$N$ 表示网络中的节点数

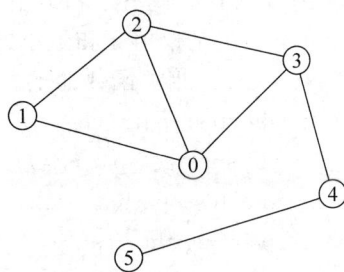

量，d_{ij} 是节点 i 与节点 j 间的最短路径长度。

【例 2-11】　计算图 2.12 所示网络的平均路径长度。

建网和可视化如下：

图 2.12　平均路径长度

```
1  g1 = nx.lollipop_graph(4,2)
2  g1.remove_edge(1,3)
```

```
3    pos = nx.spring_layout(gl,k = 2,seed = 50)
4    nx.draw(gl,pos = pos,with_labels = True,node_size = 1000,node_color = 'y')
5    print(nx.shortest_path(gl))                    #返回最短路径
```

运行结果如下：

```
{0:{0:[0],1:[0,1],2:[0,2],3:[0,3],4:[0,3,4],5:[0,3,4,5]},1:{1:[1],0:[1,0],
2:[1,2],3:[1,0,3],4:[1,0,3,4],5:[1,0,3,4,5]},2:{2:[2],0:[2,0],1:[2,1],
3:[2,3],4:[2,3,4],5:[2,3,4,5]},3:{3:[3],0:[3,0],2:[3,2],4:[3,4],1:[3,0,1],
5:[3,4,5]},4:{4:[4],5:[4,5],3:[4,3],0:[4,3,0],2:[4,3,2],1:[4,3,0,1]},
5:{5:[5],4:[5,4],3:[5,4,3],0:[5,4,3,0],2:[5,4,3,2],1:[5,4,3,0,1]}}
```

```
1    >>> list(nx.all_shortest_paths(gl,1,4))        #返回节点 1 到节点 4 的所有最短路径
```

运行结果如下：

```
[[1, 0, 3, 4], [1, 2, 3, 4]]
```

```
1    >>> list(nx.shortest_path_length(gl))          #返回最短路径长度
```

运行结果如下：

```
[(0, {0: 0, 1: 1, 2: 1, 3: 1, 4: 2, 5: 3}),
 (1, {1: 0, 0: 1, 2: 1, 3: 2, 4: 3, 5: 4}),
 (2, {2: 0, 0: 1, 1: 1, 3: 1, 4: 2, 5: 3}),
 (3, {3: 0, 0: 1, 2: 1, 4: 1, 1: 2, 5: 2}),
 (4, {4: 0, 5: 1, 3: 1, 0: 2, 2: 2, 1: 3}),
 (5, {5: 0, 4: 1, 3: 2, 0: 3, 2: 3, 1: 4})]
```

```
1    >>> nx.average_shortest_path_length(gl)         #返回整个图的平均路径长度
```

运行结果如下：

```
1.8666666666666667
```

最短路径的概念可进一步推广到有向网络和加权网络。在加权无向网络中，两个节点之间的最短路径定义为连接这两个节点的边的权值之和最小的路径。两个节点之间的最短路径即为最短路径上边的权值之和。在加权有向网络中，从节点 A 到节点 B 的最短路径是指从节点 A 到节点 B 的权值之和最小的有向路径。注意：在加权网络中，两个节点之间边数最少的路径并不一定是权值之和最小的路径。

NetworkX 相关函数如下。

nx.shortest_path(G[,source,target,weight,…])：计算图中的最短路径。

nx.all_shortest_paths(G,source,target[,…])：计算所有的最短路径。

nx.shortest_path_length(G[,source,target,…])：计算最短路径长度。

nx.average_shortest_path_length(G[,weight,method])：计算平均最短路径长度。

nx.has_path(G,source,target)：判断从源节点到目标节点间是否存在路径。

2.3.2　网络直径

网络中任意两个节点之间的距离的最大值称为网络的直径(Diameter)，记为

$$D = \max_{i,j}\{d_{ij}\} \tag{2-40}$$

通常是指任意两个存在有限距离的节点(也称为连通的节点对)之间的距离的最大值。在有些网络中,直径的鲁棒性表现并不理想,因此研究者提出有效直径的概念。

首先,类比度分布和累积度分布可以定义距离相关的概率密度函数 $f(d)$ 和分布函数 $g(d)$,其中,$f(d)$ 定义为距离为 d 的连通节点对的数量占整个网络中连通节点对的比例;$g(d)$ 定义为距离不超过 d 的连通节点对的数量占整个网络中连通节点对数量的比例。

在距离分布函数 $g(d)$ 的基础上给出网络的有效直径的定义。一般地,如果整数 D 满足:

$$g(D-1) < 0.9, \quad g(D) \geqslant 0.9 \tag{2-41}$$

则称 D 为网络的有效直径。即,D 是使得至少 90% 的连通节点对可以互相到达的最小步数。研究表明,许多实际网络的直径和有效直径都呈现越来越小的趋势,也称为直径收缩。

【例 2-12】 计算图 2.12 中网络的直径。

```
1  >>> nx.diameter(gl)
```

运行结果如下:

```
4
```

2.3.3 网络效率

一对节点间的效率定义为节点间最短路径的倒数,表示网络中节点对间平均到达的容易程度。表达式为

$$E^d = \frac{2}{N(N-1)} \sum_{i \geqslant j} \frac{1}{d_{ij}} \tag{2-42}$$

基于网络效率研究者还提出了脆弱性的概念。一个节点 i 的脆弱性定义为 $V_i^d = (E^d - E_i^d)/E^d$,其中 E_i^d 为从网络中去掉节点 i 之后的网络效率。整个网络的脆弱性定义为 $V^d = \max\{V_i^d\}$,即为各节点脆弱性的最大值。

【例 2-13】 计算图 2.12 中网络的效率。

节点 1 到节点 4 的效率为:

```
1  >>> nx.efficiency(gl,1,4)
```

运行结果如下:

```
0.3333333333333333
```

网络的平均效率为:

```
1  >>> nx.global_efficiency(gl)
```

运行结果如下:

```
0.6833333333333332
```

NetworkX 相关函数如下。

nx.efficiency(G,u,v):返回图中一对节点间的效率。

nx. local_efficiency(G)：返回图的平均局部效率。

nx. global_efficiency(G)：返回图的全局平均效率。

2.4　聚类系数和圈系数

2.4.1　聚类系数

聚类系数用于描述"朋友的朋友还是不是朋友""某人的两个朋友是不是也互为朋友"这类问题。它描述了网络中节点之间聚集程度或集团化倾向的特征，可作为衡量网络小世界效应和模块化结构的指标。

网络中一个度为 k_i 的节点 i 的聚类系数 C_i 定义为

$$C_i = \frac{E_i}{(k_i(k_i-1))/2} \tag{2-43}$$

其中，E_i 是节点 i 的 k_i 个邻居节点之间实际存在的边数，即节点 i 的 k_i 个邻居节点之间实际存在的邻居对的数目。分母描述了 k_i 个邻居节点间最多可能存在的边的数量。约定：节点 i 只有一个邻居节点或者没有邻居节点时，$C_i=0$。显然 $0 \leqslant C_i \leqslant 1$，星状图中节点的聚类系数都为零，完全图中聚类系数为1。

聚类系数的几何意义，将 E_i 看作以节点 i 为顶点之一的三角形的数目。则节点 i 的聚类系数也可以定义为

$$C_i = \frac{包含节点 i 的三角形的数目}{以节点 i 为中心的连通三元组的数目} \tag{2-44}$$

显然三元组的数目为 $k_i(k_i-1)/2$。

网络的聚类系数 C 定义为网络中所有节点聚类系数的平均值，即

$$C = \langle C_i \rangle = \frac{1}{N} \sum_i C_i \tag{2-45}$$

思考题：已知邻接矩阵如何求聚类系数？

【例 2-14】　计算图 2.4 所示牛头图的聚类系数。

$$C_0 = \frac{2E_1}{k_1(k_1-1)} = \frac{2}{2} = 1$$

$$C_1 = C_2 = \frac{2E_1}{k_1(k_1-1)} = \frac{2}{6} = \frac{1}{3}$$

$$C_3 = C_4 = 0$$

平均聚类系数：

$$C = \frac{1}{5} \sum_{i=0}^{4} C_i = \frac{1}{3}$$

建网和可视化如下：

```
1  bull = nx.bull_graph()
2  pos = [(0,0),(1,1),(-1,1),(2,2),(-2,2)]
3  nx.draw(bull,pos = pos,with_labels = True,node_color = 'yellow',node_size = 1000)
```

计算聚类系数：

```
1  >>> nx.clustering(bull)
```

运行结果如下：

```
{0: 1.0, 1: 0.3333333333333333, 2: 0.3333333333333333, 3: 0, 4: 0}
```

计算平均聚类系数：

```
1  >>> nx.average_clustering(bull)
```

运行结果如下：

```
0.3333333333333333
```

【例 2-15】 求 4 节点连通图不同结构下的聚类系数，如图 2.13 所示。

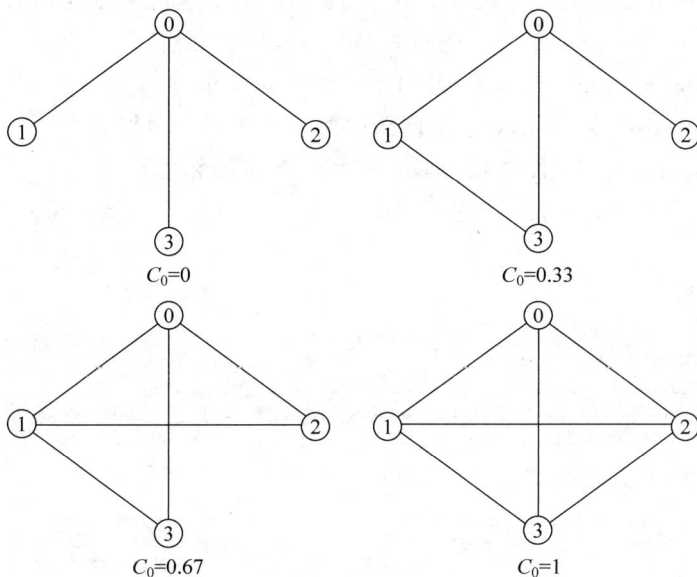

图 2.13 聚类系数

参考代码如下：

```
1   gc = nx.Graph()
2   gc.add_nodes_from(list(range(4)))
3   #gc.add_edges_from([(0,1),(0,2),(0,3)])
4   #gc.add_edges_from([(0,1),(0,2),(0,3),(1,3)])
5   #gc.add_edges_from([(0,1),(0,2),(0,3),(1,3),(1,2)])
6   gc.add_edges_from([(0,1),(0,2),(0,3),(1,3),(1,2),(2,3)])
7
8   pos = [(0,2),(-1,1),(1,1),(0,0)]
9   node_color = ['red','yellow','yellow','yellow']
10  nx.draw(gc,pos = pos,node_color = node_color,with_labels = True,node_size = 1000)
11  nx.clustering(gc,0)
```

2.4.2 圈系数

聚类系数描述了邻居节点间联系的紧密程度，可以看成是对网络中三角形的统计。圈系数可以看作是聚类系数的推广，它着眼于邻居节点是否共圈（三角形是最小的圈）。定义节点 i 的圈系数为

$$\Theta_i = \frac{2}{k_i(k_i-1)} \sum_{(j,k)} \frac{1}{S_{ijk}} a_{ij} a_{ik} \tag{2-46}$$

其中，S_{ijk} 表示经过节点 i、j、k 的最小圈所含的边数（若节点 j、k 邻接，则 S_{ijk} 为 3，若节点 i、j、k 不由任何一个圈连接，则 $S_{ijk}\rightarrow\infty$），$k_i(k_i-1)/2$ 表示需要判断的共圈 3 元组的数量。圈系数大致表示经过节点 i 的圈多少，但圈越大，对圈系数的贡献越小。

整个网络的圈系数为

$$\Theta=\frac{1}{N}\sum_i\Theta_i \tag{2-47}$$

其中，N 表示网络节点总数。

NetworkX 中相关函数如下。

nx. clustering(G)：计算图 G 中各节点的聚类系数。

nx. average_clustering(G)：计算图 G 的平均聚类系数。

Graph. neighbors(n)或 nx. neighbors(G,n)：返回一个遍历节点 n 所有邻居的迭代器。

nx. all_neighbors(graph,node)：返回图中节点的所有邻居。

nx. non_neighbors(graph,node)：返回图中节点的非邻居。

nx. common_neighbors(G,u,v)：返回图中两个节点的共同邻居。

G. adj or G. adjacency()：图邻接对象保存每个节点的邻居。

【例 2-16】 综合练习，分析天体物理学家合作网络（APN）和蛋白质相互作用网络（PPI）的拓扑特性。

（1）数据的读取。

```
1  import networkx as nx
2  astro_ph = nx.read_gml('./data/Newman_data/astro-ph.gml')
3  ppi = nx.read_edgelist('./data/Barabasi_networks/protein.edgelist.txt')
```

（2）查看网络的基本信息、节点数、边数。

```
1  >>> astro_ph.number_of_nodes(),astro_ph.number_of_edges()
```

运行结果如下：

```
(16706, 121251)
```

```
1  >>> ppi.number_of_nodes(),ppi.number_of_edges()
```

运行结果如下：

```
(2018, 2930)
```

（3）网络的连通性分析。

```
1  >>> nx.is_connected(astro_ph),nx.is_connected(ppi)
```

运行结果如下：

```
(False, False)
```

```
1  >>> nx.number_connected_components(astro_ph), nx.number_connected_components(ppi)
```

运行结果如下：

```
(1029, 185)
```

两个网络都不连通，需要进一步讨论连通片的大小分布并提取最大连通子图。

```
1  cc_size_astro = [len(i) for i in nx.connected_components(astro_ph)]
2  max(cc_size_astro)            #最大连通片的大小
```

运行结果如下：

```
14845
```

```
1  cc_size_ppi = [len(i) for i in nx.connected_components(ppi)]
2  max(cc_size_ppi)
```

运行结果如下：

```
1647
```

连通片大小的分布。

```
1  cc_size_astro_hist = {}
2  for i in cc_size_astro:
3    cc_size_astro_hist[i] = cc_size_astro_hist.get(i,0) + 1
4  plt.scatter([i for i,j in cc_size_astro_hist.items()], [j for i,j in cc_size_astro_hist.items()])
5  plt.xscale('log')
6  plt.yscale('log')
7  plt.xlabel('size of connected components')
8  plt.ylabel('frequency')
9  plt.show()
```

连通片的大小分布如图 2.14 所示，从图中可以看出，两个网络都包含一个超大连通子图，其他连通子图大小则相对较小。接下来，将提取最大连通子图进行研究。

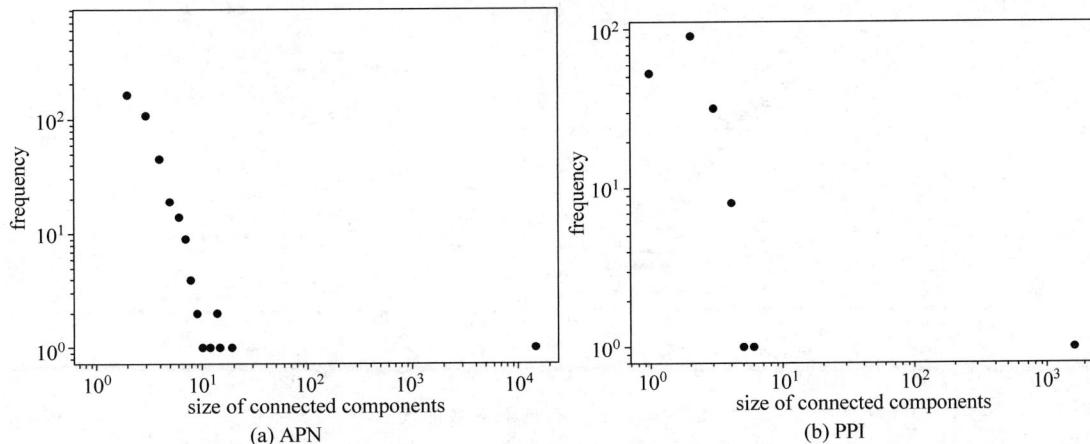

图 2.14 连通片的大小分布

```
1  index_astro = cc_size_astro.index(max(cc_size_astro))
2  astro_ph_max = nx.subgraph(astro_ph,list(nx.connected_components(astro_ph))[index_astro])
3  astro_ph_max.number_of_nodes(),astro_ph_max.number_of_edges()
```

运行结果如下:

```
(14845, 119652)
```

同理对于 PPI 网络结果为:

```
(1647,2682)
```

最大连通子图中节点数和边数占比为:

```
1  >>> astro_ph_max.number_of_nodes()/astro_ph.number_of_nodes(),astro_ph_max.number_of_
edges()/astro_ph.number_of_edges()
```

运行结果如下:

```
(0.888602897162696, 0.986812479897073)
```

同理对于 PPI 网络结果为:(0.8161546085232904,0.9153583617747441),可以看到最大连通子图的节点数和边数占比都达到原网络的 80% 以上。

(4) 网络的度分布。

```
1  dh_astro = nx.degree_histogram(astro_ph)
2  plt.scatter(range(len(dh_astro)),dh_astro)
3  plt.xscale('log')
4  plt.yscale('log')
5  plt.xlabel('degree')
6  plt.ylabel('number of nodes')
7  plt.show()
```

度分布的双对数曲线如图 2.15 所示,可以看出,度分布具有幂律特性,蛋白质相互作用网络的幂律特性较为显著,而天体物理学家合作网络没有表现出一致的幂律特性,可以将度分布曲线分成两段后,分别讨论其幂律特性。幂指数的测定将在 6.3 节详细介绍。此外,对程序稍加修改即可得到最大连通子图的度分布,因曲线趋势接近,此处不再重复展示。

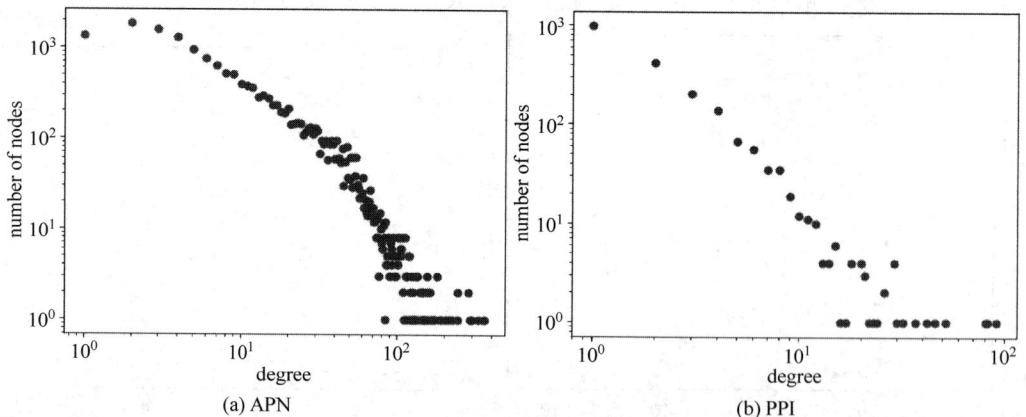

(a) APN   (b) PPI

图 2.15　度分布的双对数曲线

(5) 聚类系数的分布和平均路径长度。

聚类系数的分布。

```
1  plt.hist(dict(nx.clustering(astro_ph)).values(),bins = 50)
2  plt.show()
```

聚类系数的分布如图2.16所示,可以看到两种网络有着不同的聚类系数分布特性,科学家合作网络聚类系数大的占比大,而PPI网络聚类系数小的占比大。可以进一步获取网络的平均聚类系数。

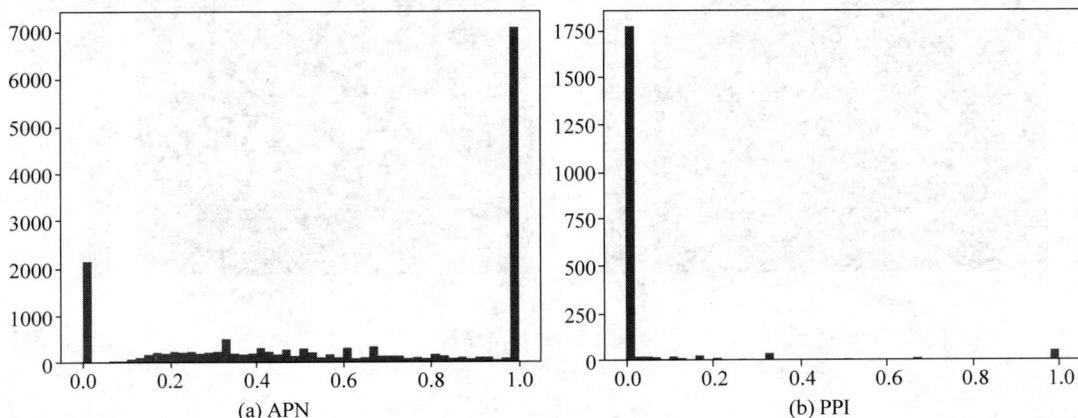

图2.16 聚类系数的分布

天体物理学家合作网和它的最大连通子图的平均聚类系数可通过以下代码求得。

```
1   >>> nx.average_clustering(astro_ph),nx.average_clustering(astro_ph_max)
```

运行结果如下:

```
(0.6387806769887955, 0.6696181468821558)
```

类似的可以得到PPI网络的结果为:

```
(0.046194001297365166, 0.05659957171711166)
```

显然,二者差异较大。考虑到网络非连通,仅对最大连通分支求平均路径长度:

```
1   >>> nx.average_shortest_path_length(astro_ph_max)
```

运行结果如下:

```
4.79802666718945
```

同理可得PPI网络最大连通子图的平均路径长度为5.611747416599716,显然两个网络的最短路径长度都不大。

(6) 网络的同配性和异配性分析。

① 度相关矩阵。

```
1   plt.imshow(nx.degree_mixing_matrix(astro_ph),cmap = 'pink')
2   plt.colorbar()
3   plt.axis('off')
4   plt.show()
```

两个网络的度相关矩阵如图2.17所示,图2.17(a)的极大值出现在对角线附近,而图2.17(b)的极大值较为分散,左下角和右上角也有部分分布。

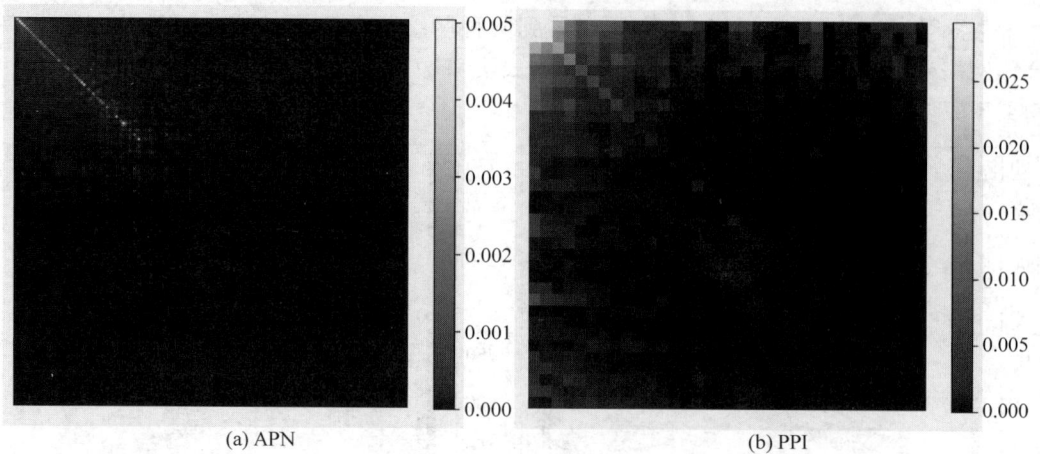

(a) APN (b) PPI

图 2.17　度相关矩阵

② 余平均度。

```
1   import numpy as np
2   import matplotlib as mpl
3
4   mpl.rcParams['font.family'] = 'Times New Roman'
5   mpl.rcParams['font.size'] = 16
6   mpl.rcParams['text.usetex'] = True
7   deg_ner = np.array(list(nx.average_degree_connectivity(astro_ph).items()))
8   plt.scatter(deg_ner[:,0],deg_ner[:,1])
9   plt.xscale('log')
10  plt.yscale('log')
11  plt.xlabel('$k$')
12  plt.ylabel('$k_{nn}>$')
13  plt.show()
```

两个网络的余平均度如图 2.18 所示，可以看到，科学家合作网络具有显著的同配性，而 PPI 网络略显异配。

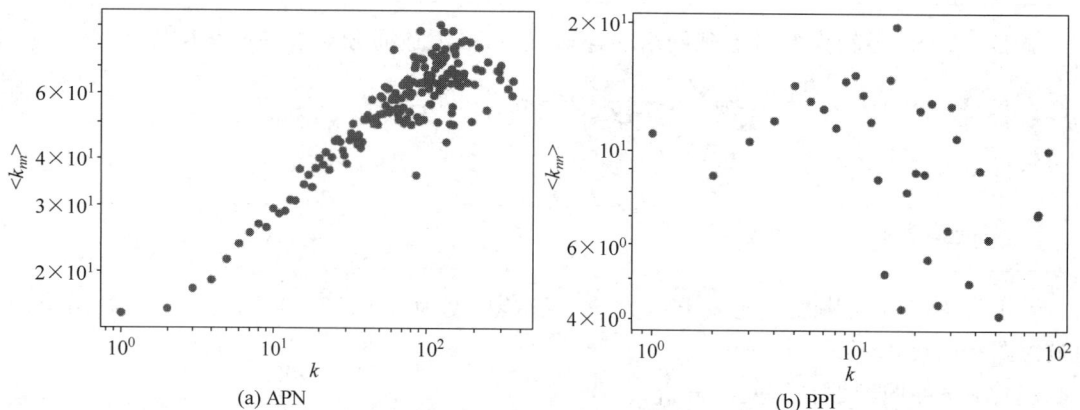

(a) APN (b) PPI

图 2.18　余平均度

③ 同配系数。

```
1   >>> nx.degree_assortativity_coefficient(astro_ph)
```

运行结果如下：

```
0.23546196391382354
```

同理可得 PPI 的同配系数为 -0.05507810934225171,可以看出天体物理学家合作网络具有明显的同配特性而蛋白质相互作用网络具有异配特性。

2.5 网络子结构: k-clique、环和模体

网络中经常包含某些特殊的子结构,这些子结构会影响网络的功能和特性。本部分将简要介绍 k-clique、环和模体三种子结构。

2.5.1 k-clique

派系/完全图(k-clique)是网络中的完全图,1-clique 是网络中的节点,2-clique 是网络中的边,3-clique 是网络中的三角形,4-clique 是 K_4 完全图,依次类推 k-clique 是网络中 K_k 完全图。

【例 2-17】 以图 2.19 所示的 X 房屋图和风筝图为例求两个图中的 k-clique。

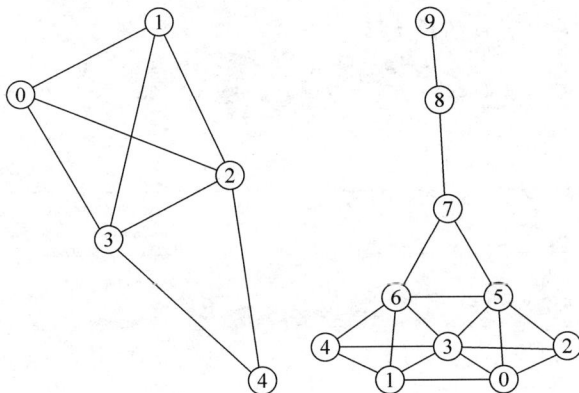

图 2.19 X 房屋图和风筝图

网络初始化:

```
import networkx as nx
house_x = nx.house_x_graph()
kite = nx.krackhardt_kite_graph()
```

(1) 枚举图中所有的 k-clique。

```
1  >>> print(list(nx.enumerate_all_cliques(house_x)))
```

运行结果如下:

```
[[0], [1], [2], [3], [4], [0, 1], [0, 2], [0, 3], [1, 2], [1, 3], [2, 3], [2, 4], [3, 4], [0, 1,
2], [0, 1, 3], [0, 2, 3], [1, 2, 3], [2, 3, 4], [0, 1, 2, 3]]
```

```
1  >>> print(list(nx.enumerate_all_cliques(kite)))
```

运行结果如下:

```
[[0], [1], [2], [3], [4], [5], [6], [7], [8], [9], [0, 1], [0, 2], [0, 3], [0, 5], [1, 3], [1,
4], [1, 6], [2, 3], [2, 5], [3, 4], [3, 5], [3, 6], [4, 6], [5, 6], [5, 7], [6, 7], [7, 8], [8,
9], [0, 1, 3], [0, 2, 3], [0, 2, 5], [0, 3, 5], [1, 3, 4], [1, 3, 6], [1, 4, 6], [2, 3, 5], [3, 4,
6], [3, 5, 6], [5, 6, 7], [0, 2, 3, 5], [1, 3, 4, 6]]
```

（2）筛选满足特定条件的 k-clique。筛选 $k \geqslant 3$ 的 k-clique：

```
1  >>> [i for i in list(nx.enumerate_all_cliques(house_x)) if len(i)>=3]
```

运行结果如下：

```
[[0, 1, 2], [0, 1, 3], [0, 2, 3], [1, 2, 3], [2, 3, 4], [0, 1, 2, 3]]
```

筛选 $k = 4$ 的 k-clique：

```
1  >>> [i for i in list(nx.enumerate_all_cliques(house_x)) if len(i) == 4]
```

运行结果如下：

```
[[0, 1, 2, 3]]
```

（3）返回一个无向图中所有的最大团。

```
1  >>> list(nx.find_cliques(house_x))
```

运行结果如下：

```
[[2, 3, 0, 1], [2, 3, 4]]
```

```
1  >>> list(nx.find_cliques(kite))
```

运行结果如下：

```
[[8, 9], [8, 7], [3, 0, 1], [3, 0, 2, 5], [3, 4, 1, 6], [3, 6, 5], [7, 5, 6]]
```

（4）每个节点含最大 k-clique 的数量。

```
1  >>> nx.number_of_cliques(kite)
```

运行结果如下：

```
{0: 2, 1: 2, 2: 1, 3: 4, 4: 1, 5: 3, 6: 3, 7: 2, 8: 2, 9: 1}
```

（5）每个节点包含的最大团的大小。

```
1  >>> nx.node_clique_number(kite)
```

运行结果如下：

```
defaultdict(int, {8: 2, 9: 2, 7: 3, 3: 4, 0: 4, 1: 4, 2: 4, 5: 4, 4: 4, 6: 4})
```

2.5.2　环

环（Cycle）是网络的特殊子图，每个节点的度值都为偶数，常用环包含的边数表示环的长度。本节主要讨论简单环（环中的节点只出现一次）。图中所有的环构成图的环空间，表示这个环空间需要的最少环数称为环空间的维度，一组可以表示环空间的线性无关的最大环集称为环基,如果网络为加权网络则称为最小环基。环空间的维度等于 $M-N+k(G)$,其中 N 和 M 分别是网络中节点和边的数量,$k(G)$ 表示网络中连通片的数量。

【例 2-18】 以 X 房屋图和风筝图为例求两个图中的环。

(1) 枚举图中所有的简单环。

```
1  >>> print(list(nx.simple_cycles(house_x)))
```

运行结果如下:

```
[[0, 1, 3], [0, 1, 3, 2], [0, 1, 3, 4, 2], [0, 1, 2], [0, 1, 2, 3], [0, 1, 2, 4, 3], [0, 2, 1, 3],
[0, 2, 3], [0, 2, 4, 3], [1, 3, 2], [1, 3, 4, 2], [2, 3, 4]]
```

```
1  >>> print(len(list(nx.simple_cycles(kite))))
```

运行结果如下:

```
122
```

(2) 组成图 G 的一组环基(一个环列表)。

```
1  >>> nx.cycle_basis(house_x)
```

运行结果如下:

```
[[2, 3, 4], [1, 0, 3], [2, 0, 3], [2, 1, 3]]
```

```
1  >>> nx.minimum_cycle_basis(house_x)
```

运行结果如下:

```
[[2, 3, 4], [1, 0, 3], [2, 0, 3], [2, 1, 3]]
```

```
1  >>> print(nx.cycle_basis(kite))
```

运行结果如下:

```
[[5, 6, 7], [1, 4, 6], [3, 4, 6], [1, 3, 6], [5, 3, 6], [0, 2, 3], [5, 2, 3], [1, 0, 3], [5, 0, 3]]
```

(3) 验证最小环基的维度。

```
1  >>> house_x.number_of_edges() - house_x.number_of_nodes() + nx.number_connected _components
(house_x)
```

运行结果如下:

```
4
```

```
1  >>> kite.number_of_edges() - kite.number_of_nodes() + nx.number_connected_ components(kite)
```

运行结果如下：

```
9
```

2.5.3　模体

模体（Motif）是在真实网络中反复出现的相互作用的基本模式，其出现的频率远高于在具有相同节点和连边数的随机网络中出现的频率。本节使用 igraph 库研究无权无向图中节点为 3 和 4 的模体。

（1）3 节点模体。

```
1   import igraph as ig
2   import matplotlib.pyplot as plt
3
4   fig,ax = plt.subplots(2,2)
5   for i in range(2):
6     for j in range(2):
7       g = ig.Graph.Isoclass(3,2 * i + j)
8       ig.plot(g,target = ax[i,j],vertex_label = range(g.vcount()))
9   plt.tight_layout()
10  plt.show()
```

3 节点模体图（共 4 个）如图 2.20 所示，前两个不连通，后两个为连通图。

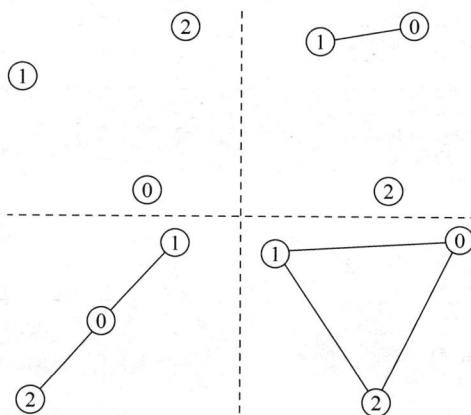

图 2.20　3 节点模体图（共 4 个）

```
1   >>> house_x.motifs_randesu(size = 3)
```

运行结果如下：

```
[nan, nan, 4, 5]
```

```
1   >>> kite.motifs_randesu(size = 3)
```

运行结果如下：

```
[nan, nan, 24, 11]
```

（2）4 节点模体。

4 节点模体图（共 11 个）如图 2.21 所示，5,7,8,9,10,11 为连通图，其余模体非连通。

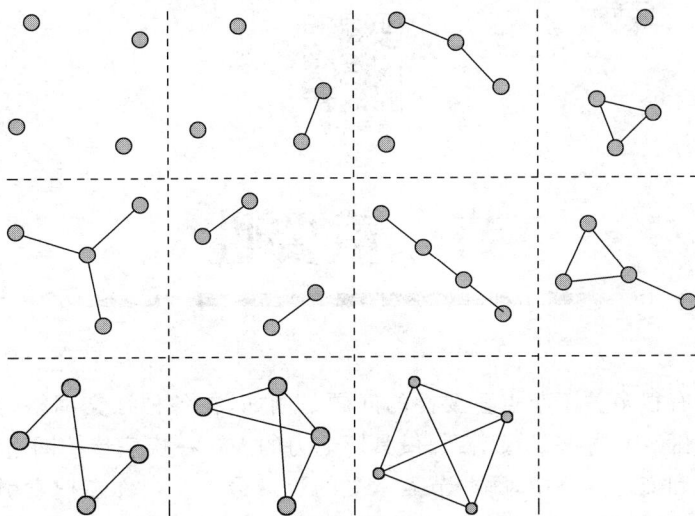

图 2.21　4 节点模体图（共 11 个）

```
1  >>> house_x.motifs_randesu(size = 4)
```

运行结果如下：

```
[nan, nan, nan, nan, 0, nan, 0, 2, 0, 2, 1]
```

```
1  >>> kite.motifs_randesu(size = 4)
```

运行结果如下：

```
[nan, nan, nan, nan, 0, nan, 20, 25, 1, 9, 2]
```

从结果可以看出，非连通模体的结果为 nan，连通模体的结果都通过数字表述。

第 3 章

思想引领

节点重要性

在实际应用中有很多关于节点重要性的问题。例如,在各种社交网络(如微信朋友圈、知乎和微博等在线社区)中,哪些是最活跃、最具影响力的人? 在疾病传播网络中,哪些是超级传播者? 在通信网络和交通网络中,哪些节点承受的流量最大? 当你在搜索引擎中输入一个关键词后,搜索引擎如何知道哪些页面对你是最重要的? 在论文引用网络中,哪些论文是重要的? 如何衡量论文的重要性?

复杂网络的重要节点是指相比网络其他节点而言,能够在更大程度上影响网络的结构与功能的一些特殊节点。网络结构涉及度分布、平均距离、连通性、聚类系数、度相关性等,网络功能涉及网络的抗毁性、传播、同步、控制等。本章首先介绍无向网络中节点的重要性指标,然后介绍有向网络中节点的重要性指标。在众多节点重要性指标中究竟谁好谁劣,如何选择? 科研中,如果自己提出一个指标,如何评价它? 为了回答这些问题,3.3 节将给出节点重要性的衡量标准。

3.1 无向网络节点重要性指标

3.1.1 度中心性

网络中心性最直接的度量是度中心性(Degree Centrality),即一个节点的度越大就意味着这个节点越重要。在一个包含 N 个节点的网络中,节点最大可能的度值为 $N-1$,通常为便于比较而对中心性指标作归一化处理,度为 k_i 的节点的归一化度中心性值定义为

$$\mathrm{DC}_i = \frac{k_i}{N-1} \tag{3-1}$$

【例 3-1】 计算图 3.1 所示线状图、星状图和杠铃图的度中心性。

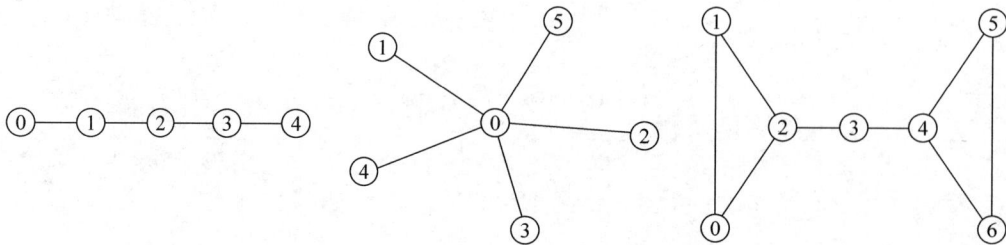

图 3.1 线状图、星状图和杠铃图

（1）线状图中，除两端节点度值为 1 外，中间节点的度值都为 2，从而度中心性依次为
$1/4,2/4,2/4,2/4,1/4$。

```
1  path = nx.path_graph(5)
2  dc = nx.degree_centrality(path)              #度中心性
3  #cc = nx.closeness_centrality(path)          #接近度中心性
4  #bc = nx.betweenness_centrality(path)        #介数中心性
5  #ec = nx.eigenvector_centrality(path)        #特征向量中心性
6  print(dc)
7  #可视化
8  plt.figure(figsize = (4,3))
9  pos = [(0,0),(1,0),(2,0),(3,0),(4,0)]
10 node_size = [100 * 100 ** i for i in dc.values()]
11 nx.draw(path,pos = pos,with_labels = True,node_color = 'y',node_size = node_size)
```

运行结果如下：

```
{0: 0.25, 1: 0.5, 2: 0.5, 3: 0.5, 4: 0.25}
```

（2）星状图，除中心节点度为 5 外，其余节点度值都为 1。

```
1  star = nx.star_graph(5)
2  dc = nx.degree_centrality(star)              #度中心性
3  #cc = nx.closeness_centrality(path)          #接近度中心性
4  #bc = nx.betweenness_centrality(path)        #介数中心性
5  #ec = nx.eigenvector_centrality(path)        #特征向量中心性
6  print(dc)
7
8  plt.figure(figsize = (4,3))
9  pos = nx.spring_layout(star,seed = 60)
10 node_size = [500 * 10 ** i for i in dc.values()]
11 nx.draw(star,pos = pos,with_labels = True,node_color = 'y',node_size = node_size)
```

运行结果如下：

```
{0: 1.0, 1: 0.2, 2: 0.2, 3: 0.2, 4: 0.2, 5: 0.2}
```

（3）杠铃图，该图是由一个中间节点连接的两个 3 节点完全图。

```
1  barbell = nx.barbell_graph(3,1)
2  dc = nx.degree_centrality(barbell)           #度中心性
3  #cc = nx.closeness_centrality(barbell)       #接近度中心性
4  #bc = nx.betweenness_centrality(barbell)     #介数中心性
5  #ec = nx.eigenvector_centrality(barbell)     #特征向量中心性
6  print(dc)
7
8  plt.figure(figsize = (4,3))
9  pos = [(0,-1),(0,1),(1,0),(2,0),(3,0),(4,1),(4,-1)]
10 node_size = [100 * 100 ** i for i in dc.values()]
11 nx.draw(barbell,pos = pos,with_labels = True,node_color = 'y',node_size = node_size)
```

运行结果如下：

```
{0: 0.3333333333333333, 1: 0.3333333333333333, 2: 0.5, 4: 0.5, 5: 0.3333333333333333,
6: 0.3333333333333333, 3: 0.3333333333333333}
```

度中心性如图 3.2 所示。

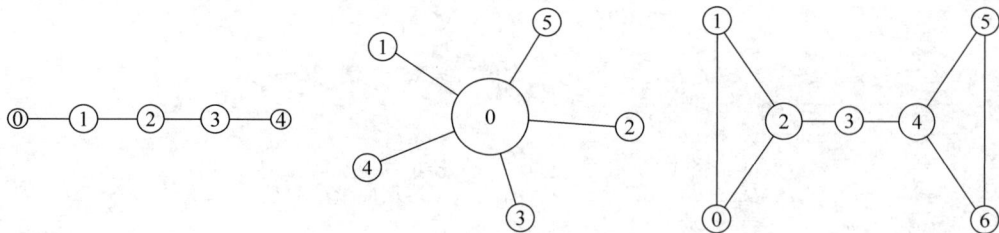

图 3.2　度中心性

nx. degree_centrality(G)：计算节点的度中心性。

nx. in_degree_centrality(G)：计算节点的入度中心性。

nx. out_degree_centrality(G)：计算节点的出度中心性。

3.1.2　接近度中心性

对于网络中的每个节点 i，可以计算该节点到网络中所有节点的距离的平均值，记为 d_i。

$$d_i = \frac{1}{N}\sum_{j=1}^{N} d_{ij} \quad \text{或} \quad d_i = \frac{1}{N-1}\sum_{j=1}^{N} d_{ij} \tag{3-2}$$

其中，d_{ij} 是节点 i 到节点 j 的距离，分母取 N 可认作是包含 $d_{ii}=0$ 的归一化结果，取 $N-1$ 则认作不包含 d_{ii}。这样，就得到网络平均路径长度的另一种计算公式：

$$L = \frac{1}{N}\sum_{i=1}^{N} d_i \tag{3-3}$$

d_i 值的相对大小也在某种程度上反映了节点 i 在网络中的相对重要性：d_i 值越小意味着节点 i 更接近其他节点。把 d_i 的倒数定义为节点 i 的接近中心性（Closeness Centrality），简称接近数，用记号 CC_i 来表示：

$$CC_i = \frac{1}{d_i} \tag{3-4}$$

接近度中心性的缺点：取值范围较小，区分性不大。在大部分网络中，节点之间的距离一般都比较小（小世界），并且随着网络规模的增长，该值以对数级速度缓慢增长。这意味着很难通过接近度中心性显著的区分节点的重要性。

【例 3-2】　计算图 3.3 所示线状图、星状图和杠铃图的接近度中心性。

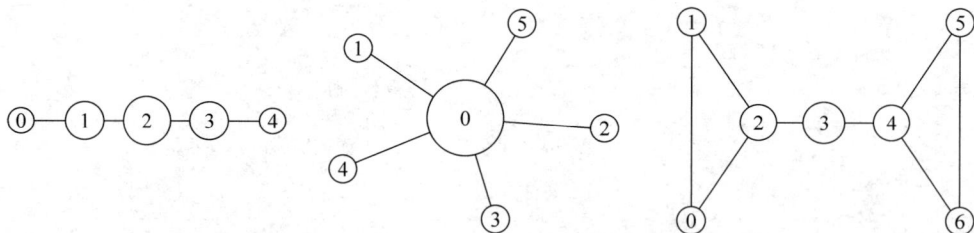

图 3.3　接近度中心性

线状图：{0:0.4,1:0.5714285714285714,2:0.6666666666666666,3:0.5714285714285714,4:0.4}。

星状图：{0:1.0,1:0.5555555555555556,2:0.5555555555555556,3:0.5555555555555556,4:0.5555555555555556,5:0.5555555555555556}。

杠铃图：{0:0.4,1:0.4,2:0.5454545454545454,4:0.5454545454545454,5:0.4,6:0.4,3:0.6}。

nx. closeness_centrality(G[,u,distance,…])：计算节点的接近度中心性。

3.1.3 介数中心性

介数中心性最早由 Freeman 于 1977 年给出,它刻画了节点 i 对于网络中节点对之间沿着最短路径传输信息的控制能力。以经过某个节点的最短路径的数目来刻画节点重要性的指标就称为介数中心性(Betweeness Centrality),简称介数(BC)。

节点 i 的介数定义为

$$BC_i = \sum_{s \neq i \neq t} \frac{n_{st}^i}{g_{st}} \tag{3-5}$$

其中,g_{st} 为从节点 s 到节点 t 的最短路径的数目,n_{st}^i 为从节点 s 到节点 t 的 g_{st} 条最短路径中经过节点 i 的最短路径的数目。

对于一个包含 N 个节点的连通网络,节点度的最大可能值为 $N-1$,节点介数的最大可能值是星状网络中的中心节点的介数值;因为所有其他节点对之间的最短路径是唯一的并且都会经过该中心节点,所以该节点的介数就是这些最短路径的数目,即为

$$C_{N-1}^2 = \frac{(N-1)(N-2)}{2} \tag{3-6}$$

因此,一个包含 N 个节点的网络中的节点 i 的归一化介数定义为

$$BC_i = \frac{1}{(N-1)(N-2)/2} \sum_{s,t} \frac{n_{st}^i}{g_{st}} \tag{3-7}$$

从控制信息传输的角度而言,介数越高的节点其重要性也越大,去除这些节点后对网络传输的影响也越人。介数最高的节点对于网络中信息的流动具有最人的控制力,而接近数最人的节点则对于信息的流动具有最佳的观察视野。一般而言,介数最大的节点并不一定就是接近数最大的节点。

介数中心性的优点:介数的值分布在很大范围内;星状图拥有最大的介数中心性;介数中心性得到的结果比接近度中心性得到的结果更稳定。

【例 3-3】 计算图 3.1 所示线状图、星状图和杠铃图的介数中心性,如图 3.4 所示。

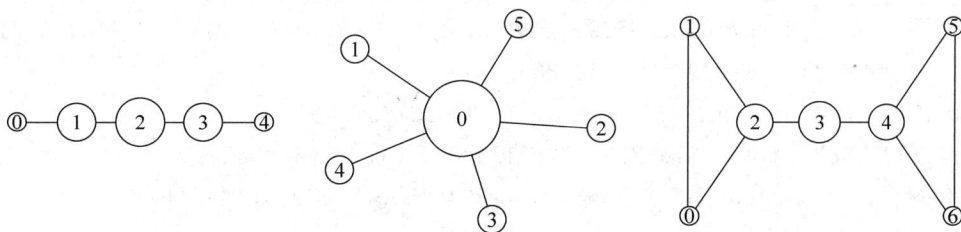

图 3.4 介数中心性

线状图:{0:0.0,1:0.5,2:0.6666666666666666,3:0.5,4:0.0}。

星状图:{0:1.0,1:0.0,2:0.0,3:0.0,4:0.0,5:0.0}。

杠铃图:{0:0.0,1:0.0,2:0.5333333333333333,4:0.5333333333333333,5:0.0,6:0.0,3:0.6}。

nx. betweenness_centrality(G[,k,normalized,…]):计算节点的介数中心性。

nx. edge_betweenness_centrality(G[,k,…]):计算边介数中心性。

3.1.4 特征向量中心性

特征向量中心性(Eigenvector Centrality)的基本想法是:一个节点的重要性既取决于其

邻居节点的数量(即该节点的度),也取决于其邻居节点的重要性。记 x_i 为节点 i 的重要性度量值,那么,应该有

$$x_i = c\sum_{j=1}^{N} a_{ij}x_j \qquad (3\text{-}8)$$

其中,c 为比例常数,$\boldsymbol{A}=(a_{ij})$ 是网络的邻接矩阵。记 $\boldsymbol{x}=[x_1,x_2,\cdots,x_N]^{\mathrm{T}}$,则可写成如下矩阵形式:

$$\boldsymbol{x}=c\boldsymbol{A}\boldsymbol{x} \qquad (3\text{-}9)$$

相应的可以改写为

$$\boldsymbol{A}\boldsymbol{x}=\frac{1}{c}\boldsymbol{x} \qquad (3\text{-}10)$$

$$\boldsymbol{A}\boldsymbol{x}=\lambda\boldsymbol{x} \qquad (3\text{-}11)$$

$$x_i = \frac{1}{\lambda_1}\sum_{j=1}^{N} a_{ij}x_j \qquad (3\text{-}12)$$

对比度中心性仅考虑邻居的数量,特征向量中心性描述一个节点的重要性既取决于邻居的数量也取决于邻居的质量。

有两种方法可用于计算节点的特征向量中心性:①迭代法 $\boldsymbol{x}(k)=c\boldsymbol{A}\boldsymbol{x}(k-1),k=1,2,\cdots,$ 初值 $x(0)$ 可随机选择。②矩阵的最大特征值对应的特征向量。

【例 3-4】 计算图 3.1 所示线状图、星状图和杠铃图的特征向量中心性,如图 3.5 所示。

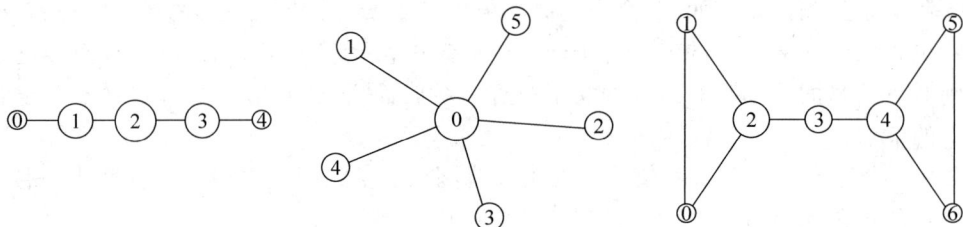

图 3.5 特征向量中心性

线状图:{0:0.2886760320285294,1:0.49999999508235304,2:0.5773493802714443,3:0.4999999950823529,4:0.2886760320285293}。

星状图:{0:0.7071064011232681,1:0.3162279359862123,2:0.3162279359862123,3:0.3162279359862123,4:0.3162279359862123,5:0.3162279359862123}。

杠铃图:{0:0.3348059077247065,1:0.3348059077247065,2:0.44961739431203446,4:0.44961739431203446,5:0.3348059077247065,6:0.3348059077247065,3:0.3838077827176706}。

nx. eigenvector_centrality(G[,max_iter,tol,⋯]):计算图 G 的特征向量中心性。

nx. eigenvector_centrality_numpy(G[,weight,⋯]):计算图 G 的特征向量中心性。

【例 3-5】 综合练习,使用度中心性、接近度中心性、介数中心性和特征向量中心性分析图 3.6 所示风筝网络的节点中心性。

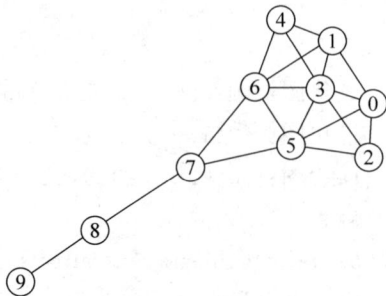

图 3.6 风筝网络

```
 1  kite = nx.krackhardt_kite_graph()
 2  dc = nx.degree_centrality(kite)              #度中心性
 3  #cc = nx.closeness_centrality(kite)          #接近度中心性
 4  #bc = nx.betweenness_centrality(kite)        #介数中心性
 5  #ec = nx.eigenvector_centrality(kite)        #特征向量中心性
 6  print(dc)
 7
 8  plt.figure(figsize = (4,3))
 9  pos = nx.spring_layout(kite,seed = 40)
10  node_size = [100 * 100 ** i for i in dc.values()]
11  nx.draw(kite,pos = pos,with_labels = True,node_color = 'y',node_size = node_size)
```

表 3.1 显示节点 3 的度中心性最大,节点 5 和节点 6 的接近度中心性最大,节点 7 的介数中心性最大,节点 3 的特征向量中心性最大,如图 3.7 所示。

表 3.1　风筝网络不同节点重要性指标比较

	度中心性	接近度中心性	介数中心性	特征向量中心性
0	0.44	0.53	0.02	0.35
1	0.44	0.53	0.02	0.35
2	0.33	0.5	0.0	0.29
3	**0.67**	0.6	0.1	**0.48**
4	0.33	0.5	0.0	0.29
5	0.56	**0.64**	0.23	0.4
6	0.56	**0.64**	0.23	0.4
7	0.33	0.6	**0.39**	0.2
8	0.22	0.43	0.22	0.05
9	0.11	0.31	0	0.01

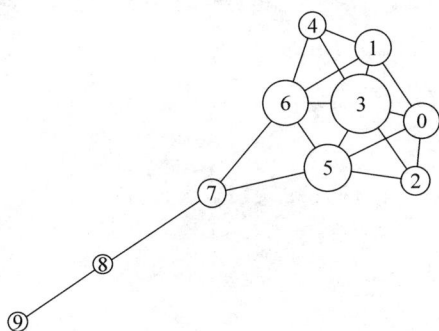

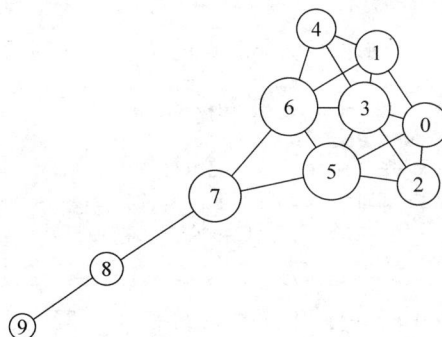

(a) 度中心性　　　　　　　　　　　　　(b) 接近度中心性

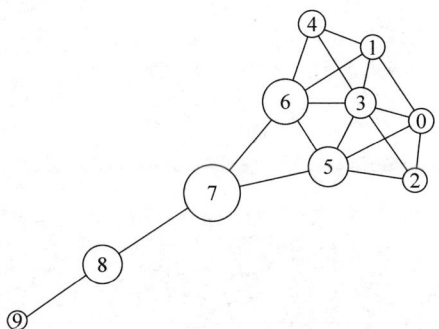

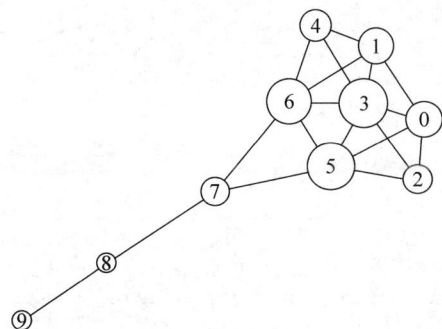

(c) 介数中心性　　　　　　　　　　　　(d) 特征向量中心性

图 3.7　依次为度中心性、接近度中心性、介数中心性和特征向量中心性

nx. eigenvector_centrality(G[,max_iter,tol,⋯])：计算图 G 的特征向量中心性。

nx. eigenvector_centrality_numpy(G[,weight,⋯])：计算图 G 的特征向量中心性。

3.1.5　H 指数

信息计量学中用 H 指数衡量学者的贡献：如果一个人在其所有学术文章中最多有 n 篇论文分别被引用了至少 n 次，它的 H 指数就是 n。网络上的 H 指数是指：如果该节点的邻居中最多有 n 个邻居且这些邻居的度至少为 n。也可以定义为满足以下条件的最大 n 值，节点有至少 n 个邻居并且这 n 个邻居的度值都大于或等于 n。

先判断一个序列中任意的 n 是否满足值大于或等于 n 的元素的个数也大于 n。

```
1   def H_index_n(l,n):
2     n_temp = 0
3     for i in l:
4       if i > = n:
5         n_temp += 1
6     if n_temp > = n:
7       return True
8     else:
9       return False
```

寻找满足条件的 n 的最大值如下所示。

```
1   def H_index_list(l):
2     results = []
3     for n in range(len(l)):
4       results.append(H_index_n(l,n))
5     return sum(results) − 1
```

求一个网络中每个节点的 H 指数如下所示。

```
1   def H_index_network(network):
2     score = {}
3     for k in network.nodes:
4       degree_list = [j for i,j in network.degree(list(network.neighbors(k)))]
5       score[k] = H_index(degree_list)
6     return score
```

【例 3-6】　使用 H 指数分析风筝网络中节点的中心性，如图 3.8 所示。

```
1   kite = nx.krackhardt_kite_graph()
2   print(H_index_network(kite))
```

运行结果如下：

```
{0: 3, 1: 3, 2: 2, 3: 4, 4: 2, 5: 3, 6: 3, 7: 2, 8: 1, 9: 0}
```

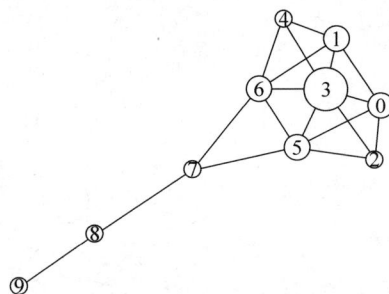

图 3.8　H 指数中心性

```
1   # 使用 H 指数进行可视化
2   import matplotlib.pyplot as plt
3   plt.figure(figsize = (4,3))
4   pos = nx.spring_layout(kite,seed = 40)
```

```
5  node_size = [10 * 3 ** i for i in list(H_index_network(kite).values())]
6  nx.draw(kite,pos = pos,with_labels = True,node_size = node_size,node_color = 'y')
```

3.1.6 *k*-壳分解

    k-壳分解可类比剥洋葱,逐渐剥去外部每一层壳。假设网络中不存在度值为 0 的孤立节点。这样从度中心性的角度看,度为 1 的节点就是网络中最不重要的节点。所以该方法先把所有度值为 1 的节点以及与这些节点相连的边都去掉,这时网络中可能又会出现一些新的度值为 1 的节点,我们就再把这些节点及其相连的边去掉,重复这种操作,直至网络中不再有度值为 1 的节点为止,如图 3.9 所示。

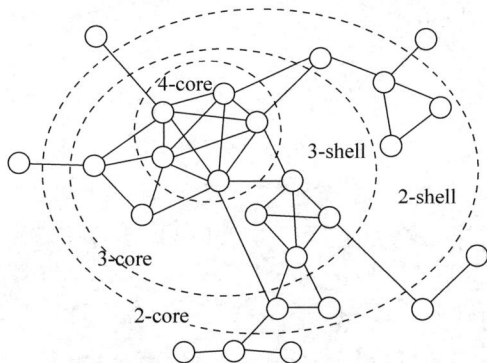

图 3.9 *k*-核和 *k*-壳

    以此类推,按照同样的方法再去掉网络中度值为 2 的节点,一直进行下去,直到所有节点都被去除。为了更好地描述这一过程,引入 *k*-壳、*k*-核和 *k*-皮的概念。

    0-壳(0-shell):网络中度为 0 的孤立节点。

    1-壳(1-shell):所有被去除的度为 1 的节点以及它们之间的连边。

    2-壳(2-shell):重复把网络中度值为 2 的节点及其相连的边去掉直至不再有度值为 2 的节点为止。

    以此类推,可以进一步得到指标更高的壳,直至网络中的每个节点最后都被划分到相应的 *k*-壳中,就得到了网络的 *k*-壳分解。

    网络中的每个节点对应唯一的 *k*-壳指标 k_s,并且 k_s 壳中所包含的节点的度值必然满足 $k \geqslant k_s$。

    在得到一个网络的 *k*-壳分解之后,我们把所有 $k_s \geqslant k$ 的 *k*-壳的并集称为网络的 *k*-核(*k*-core),把指标 $k_s \leqslant k$ 的 *k*-壳的并集称为网络的 *k*-皮(*k*-crust)。

    k-核的一个等价定义是:它是一个网络中所有度值不小于 *k* 的节点组成的连通片。基于这一定义,我们可以按照如下方法得到 *k*-核。

    首先去除网络中度值小于 *k* 的所有节点及其连边;如果在剩下的节点中仍然有度值小于 *k* 的节点,那么就继续去除这些节点,直至网络中剩下的节点的度值都不小于 *k*。依次取 $k=1,2,3,\cdots$,对原始网络重复这种去除操作,就得到了该网络的 *k*-核分解(*k*-core decomposition)。对于一个连通网络,1-核实际上就是整个网络,$(k+1)$-核一定是 *k*-核的子集。*k*-核:*k*-壳往内的所有点,即 *k*-壳指标大于或等于 *k*;*k*-皮:*k*-壳往外的所有点,即 *k*-壳指标小于或等于 *k*;属于 *k*-核但不属于 $(k+1)$-核的所有节点就是 *k*-壳中的节点。

【例 3-7】 使用 k-壳分解分析图 3.10 所示网络的节点中心性。

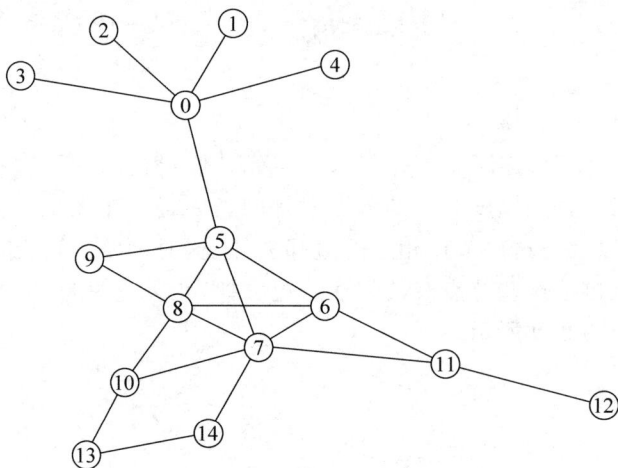

图 3.10　k-壳分解示例

```
 1  # 构建网络
 2  edge_list = [(0,1),(0,2),(0,3),(0,4),(0,5),(5,6),(5,7),(5,8),(6,7),(6,8),(7,8),(5,9),\
 3   (8,9),(7,10),(8,10),(6,11),(7,11),(11,12),(10,13),(7,14),(13,14)]
 4  kgraph = nx.Graph()
 5  kgraph.add_edges_from(edge_list)
 6  # 可视化
 7  pos = nx.spring_layout(kgraph, seed = 20)
 8  nx.draw_networkx_nodes(kgraph, pos = pos, nodelist = nx.k_shell(kgraph,1), node_color = 'yellow')
 9  nx.draw_networkx_nodes(kgraph, pos = pos, nodelist = nx.k_shell(kgraph,2), node_color = 'lime')
10  nx.draw_networkx_nodes(kgraph, pos = pos, nodelist = nx.k_shell(kgraph, 3), node_color = 
    'deepskyblue')
11  nx.draw_networkx_edges(kgraph, pos = pos)
12  nx.draw_networkx_labels(kgraph, pos = pos)
13  plt.axis('off')
14  plt.show()
```

k-壳分解如图 3.11 所示。

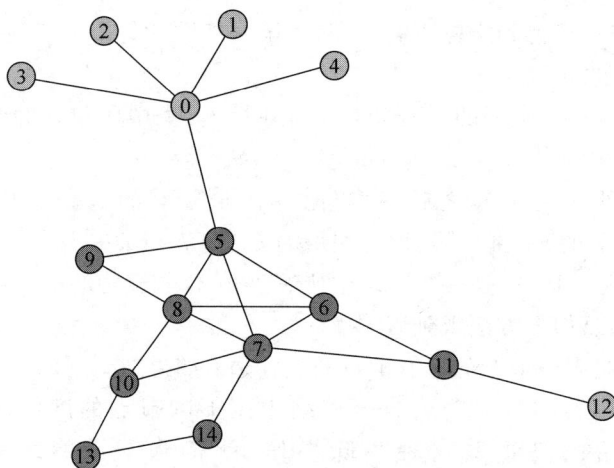

图 3.11　k-壳分解：1-壳黄色，2-壳绿色，3-壳蓝色

计算各个节点的核数如下所示。

```
 1  >>> print(nx.core_number(kgraph))
```

运行结果如下：

```
{0: 1, 1: 1, 2: 1, 3: 1, 4: 1, 5: 3, 6: 3, 7: 3, 8: 3, 9: 2, 10: 2, 11: 2, 12: 1, 13: 2, 14: 2}
```

计算 k-核如下所示。

```
1  for i in range(1,4):
2      print(list(nx.k_core(kgraph,i)))
```

运行结果如下。

```
[0, 1, 2, 3, 4, 5, 6, 7, 8, 9, 10, 11, 12, 13, 14]
[5, 6, 7, 8, 9, 10, 11, 13, 14]
[8, 5, 6, 7]
```

计算 k-壳如下所示。

```
1  for i in range(1,4):
2      print(list(nx.k_shell(kgraph,i)))
```

运行结果如下：

```
[0, 1, 2, 3, 4, 12]
[9, 10, 11, 13, 14]
[8, 5, 6, 7]
```

计算 k-皮如下所示。

```
1  for i in range(1,4):
2      print(list(nx.k_crust(kgraph,i)))
```

运行结果如下：

```
[0, 1, 2, 3, 4, 12]
[0, 1, 2, 3, 4, 9, 10, 11, 12, 13, 14]
[0, 1, 2, 3, 4, 5, 6, 7, 8, 9, 10, 11, 12, 13, 14]
```

nx.core_number(G)：返回每个节点的核数。

nx.k_core(G[,k,core_number])：返回图 G 的 k-core。

nx.k_shell(G[,k,core_number])：返回图 G 的 k-shell。

nx.k_crust(G[,k,core_number])：返回图 G 的 k-crust。

需要说明的是，还有很多节点的重要性指标（如 11.3 节的基于随机游走的若干指标），此处不再一一介绍。此外，后续会有新的中心性指标被不断提出。

3.2 有向网络节点重要性指标

在实际应用中，有两个重要的有向网络：引文网络和 WWW 网络。在论文引用网络中，一篇论文的出度是它的参考文献的数量，而入度是该论文的他引次数。显然，即使一篇论文的出度很大，即参考文献数量很多，也不能反映该论文是否一定重要，否则每个人都可以轻而易举地写出重要的文章了。评价一篇论文是否重要更为合理的标准应该是它的入度(即他引次数)。当然,更进一步的考虑是,一篇论文是否重要不仅要看有多少别人的论文引用它,还要看其中有多少重要的论文引用它。当你在 Google、百度或者 Bing 等搜索引擎网站上输入一个关键词后,搜索引擎就会基于某种排序算法对与该关键词有关的网页按照某种重要性指标进行排序。搜索引擎领域的两个算法是 Cornell 大学的 Kleinberg 提出的 HITS(Hyperlink-Induced Topic Search)算法以及经典 Google 创始人 Page 和 Brin 提出的 PageRank 算法。接下来,将分别介绍这两个算法。

3.2.1　HITS 算法

HITS 算法的基本思想是:每个节点的重要性有两个刻画指标:权威性(Authority)和枢纽性(Hub)。

权威中心性。一个网页的权威值由指向该页面的其他页面的枢纽值来刻画:如果一个页面被多个具有高枢纽值的页面所指向,那么该页面就具有高的权威值。举例:重要论文、官方网站等。

枢纽中心性。一个网页的枢纽值由它所指向的页面的权威值来刻画:如果一个页面指向多个具有权威值的页面,那么该网页就具有高的枢纽值。举例:综述性论文、导航网站等。

HITS 算法。

(1) 初始步:设定网络中所有节点的权威值和枢纽值的初始值 $x_i(0)$,$y_i(0)$,$i=1,2,\cdots,N$。

(2) 迭代过程:在第 k 步($k \geqslant 1$)进行如下 3 种操作。

① 权威值校正规则:每个节点的权威值校正为指向它的节点的枢纽值之和,即

$$x'_i(k) = \sum_{j=1}^{N} a_{ji} y_j(k-1), \quad i=1,2,\cdots,N \tag{3-13}$$

② 枢纽值校正规则:每个节点的枢纽值校正为它所指向的节点的权威值之和,即

$$y'_i(k) = \sum_{j=1}^{N} a_{ij} x'_j(k), \quad i=1,2,\cdots,N \tag{3-14}$$

③ 归一化:

$$x_i(k) = \frac{x'_i(k)}{\| x'(k) \|}, \quad y_i(k) = \frac{y'_i(k)}{\| y'(k) \|}, \quad i=1,2,\cdots,N \tag{3-15}$$

【例 3-8】　运用 HITS 算法分析图 3.12 所示网络中节点的权威性和枢纽性。

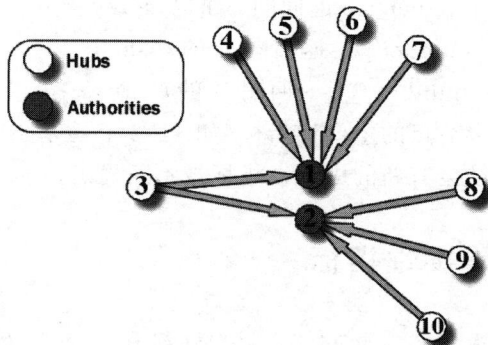

图 3.12　HITS 实例图

表 3.2 显示,节点 1 和节点 2 的权威性最大,节点 3 的枢纽性最大。

表 3.2　HITS 算法执行过程

		1	2	3	4	5	6	7	8	9	10
初值	A	0.1	0.1	0.1	0.1	0.1	0.1	0.1	0.1	0.1	0.1
	H	0.1	0.1	0.1	0.1	0.1	0.1	0.1	0.1	0.1	0.1
第一次迭代	A	0.5	0.4	0	0	0	0	0	0	0	0
	H	0	0	0.9	0.5	0.5	0.5	0.5	0.4	0.4	0.4
归一化	A	0.56	0.44	0	0	0	0	0	0	0	0
	H	0	0	0.22	0.12	0.12	0.12	0.12	0.1	0.1	0.1
第二次迭代	A	0.7	0.52	0	0	0	0	0	0	0	0
	H	0	0	1.22	0.7	0.7	0.7	0.7	0.52	0.52	0.52
归一化	A	0.57	0.43	0	0	0	0	0	0	0	0
	H	0	0	0.22	0.13	0.13	0.13	0.13	0.09	0.09	0.09
第三次迭代	A	0.74	0.49	0	0	0	0	0	0	0	0
	H	0	0	1.23	0.74	0.74	0.74	0.74	0.49	0.49	0.49
归一化	A	**0.6**	**0.4**	0	0	0	0	0	0	0	0
	H	0	0	**0.22**	0.13	0.13	0.13	0.13	0.09	0.09	0.09

```
1  # 建网
2  ha = nx.DiGraph()
3  node_list = list(range(1,11))
4  edge_list = [(3,1),(3,2),(4,1),(5,1),(6,1),(7,1),(8,2),(9,2),(10,2)]
5  ha.add_nodes_from(node_list)
6  ha.add_edges_from(edge_list)
7  # 可视化
8  plt.figure(figsize = (4,3))
9  pos = nx.spring_layout(ha,seed = 20)
10 node_color = ['lime','lime','deepskyblue','yellow','yellow','yellow','yellow','yellow','yellow',
   'yellow']
11 nx.draw(ha,pos = pos,with_labels = True,node_color = node_color)
```

HITS 结果展示如图 3.13 所示。

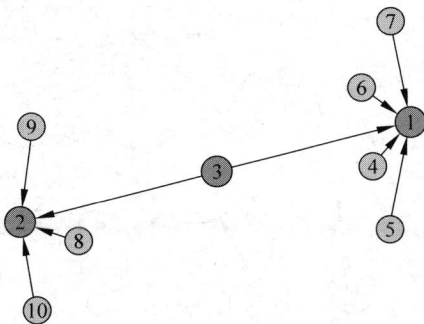

图 3.13　HITS 结果展示

```
1  >>> print(nx.hits(ha))
```

运行结果如下：

```
({3: 0.21654236465910043, 1: 0.0, 2: 0.0, 4: 0.1338305413635981, 5: 0.1338305413635981, 6:
0.1338305413635981, 7: 0.1338305413635981, 8: 0.08271182329550232, 9:
0.08271182329550232, 10: 0.08271182329550232}, {3: 0.0, 1: 0.6180339887498949, 2:
0.3819660112501051, 4: −1.4922561934464395e−17, 5: −2.0118284120836512e−17, 6:
1.6094643021610798e−17, 7: −1.1148380522407496e−17, 8: 2.827242258312061e−17, 9:
−5.154961167288202e−18, 10: 5.1899517421663977e−17})
```

nx. hits(G[, max_iter, tol, nstart, normalized])：返回节点的 HITS 中心值和权威值。

3.2.2 PageRank 算法

PageRank 算法的基本想法是：WWW 上一个页面的重要性取决于指向它的其他页面的数量和质量。被有重要影响的节点指向的节点,其从重要节点获得的中心性会因为与其他节点共享而被稀释。

1. 基本的 PageRank 算法

基本的 PageRank 算法。

(1) 初始步：给定所有节点的初始 PageRank 值(简称 PR 值) $PR_i(0)$, $i=1,2,\cdots,N$,满足：

$$\sum_{i=1}^{N} PR_i(0) = 1 \tag{3-16}$$

(2) 基本的 PageRank 校正规则：把每个节点在第 $k-1$ 步时的 PR 值平分给它所指向的节点。也就是说,如果节点 i 的出度为 k_i^{out},那么节点 i 所指向的每个节点分得的 PR 值为 $PR_i(k-1)/k_i^{out}$。如果一个节点的出度为 0,那么它就始终把 PR 值留给自己。每个节点的新的 PR 值校正为它所分得的 PR 值之和,即有

$$PR_i(k) = \sum_{j=1}^{N} a_{ji} \frac{PR_j(k-1)}{k_j^{out}}, \quad i = 1,2,\cdots,N \tag{3-17}$$

【例 3-9】 运用 PageRank 算法分析图 3.14 所示有向图中节点的重要性。

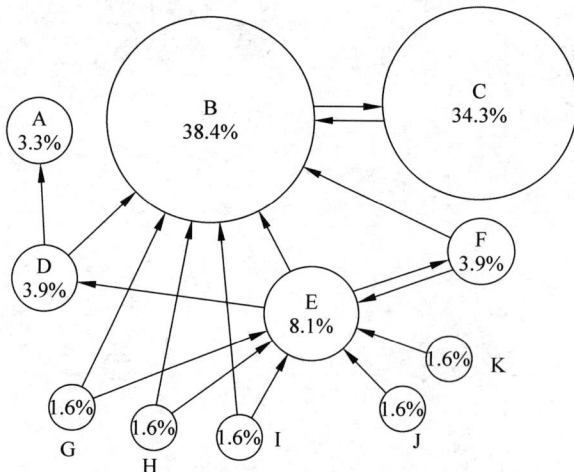

图 3.14 PageRank 示例图

从表 3.3 可以看出,节点 B 的 PR 值最大,节点 C 次之,紧接着是节点 A 和节点 E,接下来是节点 D 和节点 F,其余节点 PR 值为 0。

表 3.3 PageRank 算法执行过程

	A	B	C	D	E	F	G	H	I	J	K
0	0.09	0.1	0.09	0.09	0.09	0.09	0.09	0.09	0.09	0.09	0.09
1	0.045	0.345	0.1	0.03	0.36	0.03	0	0	0	0	0
2	0.015	0.25	0.345	0.12	0.015	0.12	0	0	0	0	0
3	0.0075	0.485	0.25	0.005	0.06	0.005	0	0	0	0	0
4	0.0025	0.275	0.485	0.02	0.0025	0.02	0	0	0	0	0
5	0.01	**0.506**	0.275	0.00125	0.01	0.00125	0	0	0	0	0

```
1  # 建网
2  node_list = ['A','B','C','D','E','F','G','H','I','J','K']
3  edge_list = [('D','A'),('C','B'),('D','B'),('E','B'),('F','B'),('G','B'),('G','B'),('H','B'),('I','B'),('B',
   'C'),('E','D'),('F','E'),('G','E'),('H','E'),('I','E'),('J','E'),('K','E'),('E','F')]
4  pg = nx.DiGraph()
5  pg.add_nodes_from(node_list)
6  pg.add_edges_from(edge_list)
7  pg_score = nx.pagerank(pg)
8  print(pg_score)
9  # 绘图
10 node_size = [100 * 1000 ** i for i in pg_score.values()]
11 pos = nx.spring_layout(pg, seed = 160)
12 nx.draw(pg, pos = pos, with_labels = True, node_size = node_size, \
13     node_color = list(pg_score.values()), cmap = 'tab20_r')
```

运行结果如下：

{'A': 0.03278149315934399, 'B': 0.38439863456604384, 'C': 0.3429125997558898, 'D': 0.039087092099966095, 'E': 0.08088569323449774, 'F': 0.039087092099966095, 'G': 0.016169479016858404, 'H': 0.016169479016858404, 'I': 0.016169479016858404, 'J': 0.016169479016858404, 'K': 0.016169479016858404}

显然，所得结果与表 3.3 并不相同，后面将对基本的 PageRank 算法进行修正。PageRank 分析结果的可视化展示如图 3.15 所示，节点的大小与节点的重要性成比例，越重要的节点圆圈的大小越大。

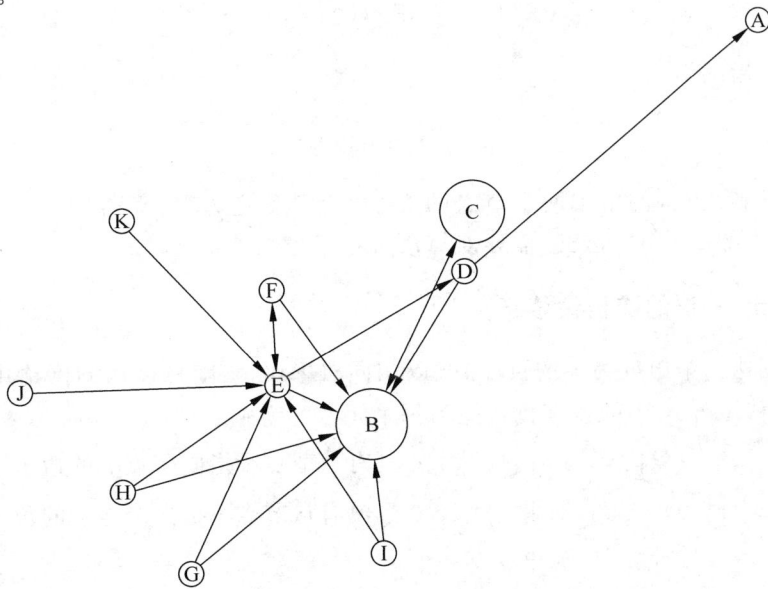

图 3.15 PageRank 结果展示

2. PageRank 算法与随机游走的等价性

运用随机游走的观点解释基本的 PageRank 算法。首先,完全随机地选择一个初始节点;然后,从当前节点出发,从该节点指出去的边中随机选择一条边并沿着该边到达另一个节点。可以证明:随机游走 k 步后位于节点 i 的概率等于应用基本 PageRank 算法 k 步后所得到的节点 i 的 PR 值。

从而可以使用随机游走描述 PageRank 算法,如使用转移矩阵的转置与当前 PR 值相乘可以得到转移后的 PR 值

$$PR(t+1) = \bar{A}^T PR(t) \tag{3-18}$$

其中,$PR(t)$ 表示第 t 次迭代后的 PR 值,$\bar{A} = (\bar{a}_{ij})_{N \times N}$ 表示转移矩阵,$\bar{a}_{ij}$ 表示从页面 i 转移到页面 j 的概率。

$$\bar{a}_{ij} = \begin{cases} 1/k_i^{\text{out}}, & \text{如果有节点 } i \text{ 指向节点 } j \text{ 的边} \\ 0 & \text{否则} \end{cases} \tag{3-19}$$

多次相乘后可以得到最终的平稳分布(详细分析参照 11.2 节):

$$PR(n) = \bar{A}^T PR(n) \tag{3-20}$$

上述随机游走规则的缺陷在于:一旦到达某个出度为零的节点,就会永远停留在该节点而无法再走出来。出度为零的节点也称为悬挂节点(Dangling node),这些节点的存在会使基本的 PageRank 算法失效。

【例 3-10】 一个只包含两个节点和一条边的例子如图 3.16 所示。

图 3.16 PageRank 中的悬挂节点

转移矩阵可以表示为

$$\bar{A} = \begin{bmatrix} 0 & 1 \\ 0 & 0 \end{bmatrix}$$

初始 PR 值取为 $PR(0) = [1/2 \quad 1/2]^T$,
第一转移后的结果

$$PR(1) = \bar{A}^T PR(0) = \begin{bmatrix} 0 \\ 1/2 \end{bmatrix}$$

第二次转移后的结果

$$PR(2) = \bar{A}^T PR(1) = \begin{bmatrix} 0 \\ 0 \end{bmatrix}$$

经过两轮迭代之后,网络中两个节点的 PR 值全部稳定为零。没有出度的节点像黑洞一样,吸尽了网络中的 PR 值。因此,需要对算法进行适当修正。

3. PageRank 算法的随机性修正

假设一旦到达一个出度为零的页面,就以相同概率 $1/N$ 随机地访问网络中的任一页面。也就是说,把转移矩阵 $\bar{A}$ 中的全零行替换为每个元素均为 $1/N$ 的行。

$$\bar{a}_{ij} = \begin{cases} 1/k_i^{\text{out}}, & \text{如果 } k_i^{\text{out}} > 0 \text{ 且有从节点 } i \text{ 指向节点 } j \text{ 的边} \\ 0, & \text{如果 } k_i^{\text{out}} > 0 \text{ 且没有从节点 } i \text{ 指向节点 } j \text{ 的边} \\ 1/N, & \text{如果 } k_i^{\text{out}} = 0 \end{cases}$$

对于例 3-10 而言,随机修正后的转移矩阵为

$$\overline{A}=\begin{bmatrix}0&1\\\frac{1}{2}&\frac{1}{2}\end{bmatrix}$$

初始 PR 值仍取为 PR(0)=[1/2　1/2]^T,可以求得稳态 PR 值为 PR*=[1/3　2/3]^T。

4. 最终的 PageRank 算法

虽然引入了随机性修正,但基本的 PageRank 算法仍然可能存在收敛性问题,有时会出现周期解。因此还需要进一步修正:从当前页面出发,不管该页面是否为悬挂页面,都允许以一定概率随机选取网络中的任一页面作为下一步要浏览的页面。

针对一般的有向网络,应使用如下的修正规则:完全随机地选择一个初始节点。如果当前所在节点的出度大于零,那么以概率 $s(0<s<1)$ 在指出去的边中随机选择一条边并沿着该边到达下一个节点,以概率 $1-s$ 在整个网络上完全随机选择一个节点作为下一步要到达的节点。如果当前所在节点的出度等于零,那么完全随机选择一个节点作为下一步要到达的节点。

PageRank 算法

(1) 初始步:给定所有节点的初始 PageRank 值(简称 PR 值)PR$_i$(0),$i=1,2,\cdots,N$,满足 $\sum_{i=1}^{N}\text{PR}_i(0)=1$。

(2) 修正的 PageRank 校正规则(简称 PageRank 校正规则):给定一个标度常数 $s\in(0,1)$。首先按照基本的 PageRank 校正规则计算各个节点的 PR 值,然后把每个节点的 PR 值通过比例因子 s 进行缩减。这样,所有节点的 PR 值之和也就缩减为 s,再把 $1-s$ 平均分给每个节点的 PR 值,以保持网络总的 PR 值为 1。即有

$$\text{PR}_i(k)=s\sum_{j=1}^{N}a_{ji}\frac{\text{PR}_j(k-1)}{k_j^{\text{out}}}+(1-s)\frac{1}{N},\quad i=1,2,\cdots,N \tag{3-21}$$

5. 常数 s 的取值

关于标度常数 s 的取值需要考虑到收敛性和有效性之间的折中:如果 $s=1$,那么算法会无法收敛,s 越接近 1 算法收敛速度越慢;s 越接近 0 算法收敛速度越快,如果 $s=0$,那么算法一步就收敛到所有节点均具有相同 PR 值的状态,但收敛值缺乏有效的意义。Page 和 Brin 当初提出 PageRank 算法时,建议取 $s=0.85$。

nx.pagerank(G[,alpha,personalization,$\cdots$]):返回节点的 PageRank 值。

3.3　节点重要性衡量标准

衡量节点重要性的方法多种多样,如度中心性、接近度中心性、介数中心性和特征向量中心性等。诚然,各项指标有自身的适用范围和局限性,但研究者仍希望通过网络的某些动力学过程评价节点中心性的有效性,如网络的鲁棒性,网络上的疾病传播、免疫、同步和控制等。本节先介绍移除关键节点对网络鲁棒性的影响,疾病传播、免疫和同步等将在后续章节介绍。

网络的鲁棒性是指移除一定量的节点后观测网络连通性的变化。移除节点的方式一般分为两种:随机移除节点和依据某一中心性指标的降序排列依次移除节点。

3.3.1　静态鲁棒性

这里使用的观测量是,最大连通子图的相对大小,即找到网络中的最大连通片,然后用最

大连通片中节点的数量除以网络的总节点数。

【例 3-11】 分别用随机移除节点，依据度中心性、接近度中心性、介数中心性和特征向量中心性测试空手道俱乐部网络的鲁棒性。

```python
1   import networkx as nx
2   import matplotlib.pyplot as plt
3   from random import choice
4   from random import sample
5   import numpy as np
6
7   def one_times_robustness_random(network,n):
8       N = network.number_of_nodes()
9       components_size = [len(i) for i in nx.connected_components(network)]
10      max_components_size = [max(components_size)]
11      for i in range(N//n-1): # -1是为了防止恰好全部移除时求最大连通子图报错
12          selected_nodes = sample(list(network.nodes),n)
13          network.remove_nodes_from(selected_nodes)
14          components_size = [len(i) for i in nx.connected_components(network)]
15          max_components_size.append(max(components_size))
16      return max_components_size
17  #随机移除每次都不一样,需要多次平均以保证结果的可靠性
18  def N_times_robuatness_random(network,n):
19      N = network.number_of_nodes()
20      max_components_sizes = []
21      for i in range(20):                    #平均的次数
22          network1 = network.copy()
23          max_components_sizes.append(one_times_robustness_random(network1,n))
24      return np.array(max_components_sizes).mean(axis=0)/N
25
26  def selected_robustness(network,remove_list,n):
27      network1 = network.copy()
28      N = network1.number_of_nodes()
29      components_size = [len(i) for i in nx.connected_components(network1)]
30      max_components_size = [max(components_size)]
31      for i in range(N//n-1):
32          network1.remove_nodes_from(remove_list[i*n:(i+1)*n])
33          components_size = [len(i) for i in nx.connected_components(network1)]
34          max_components_size.append(max(components_size))
35      return np.array(max_components_size)/N
36
37  za = nx.karate_club_graph()
38  N = za.number_of_nodes()
39  n = 1                                  #每次移除的节点数量
40  x = np.arange(0,N,n)
41
42  remove_list_dc = [i[0] for i in sorted(nx.degree_centrality(za).items(), key = lambda x:
    x[1],reverse = True)]
43  remove_list_cc = [i[0] for i in sorted(nx.closeness_centrality(za).items(),key = lambda x:
    x[1],reverse = True)]
44  remove_list_bc = [i[0] for i in sorted(nx.betweenness_centrality(za).items(),key = lambda
    x:x[1],reverse = True)]
45  remove_list_ec = [i[0] for i in sorted(nx.eigenvector_centrality(za).items(),key = lambda
    x:x[1],reverse = True)]
46
47  plt.plot(x/N,N_times_robuatness_random(za,n),marker = 'o',label = 'random')
48  plt.plot(x/N,selected_robustness(za,remove_list_dc,n),marker = 's',label = 'dc')
49  plt.plot(x/N,selected_robustness(za,remove_list_cc,n),marker = '^',label = 'cc')
50  plt.plot(x/N,selected_robustness(za,remove_list_bc,n),marker = '*',label = 'bc')
51  plt.plot(x/N,selected_robustness(za,remove_list_ec,n),marker = 'x',label = 'ec')
```

```
52  plt.rcParams['font.sans - serif'] = ['SimSun']
53  plt.xlabel('移除节点比率')
54  plt.ylabel('最大连通子图的相对大小')
55
56  plt.legend()
57  plt.show()
```

　　空手道俱乐部网络的鲁棒性如图 3.17 所示,可以看出依据某一中心性指标对网络连通程度的伤害性强于随机移除节点。各指标对网络的伤害则各不相同,会因具体的网络而异。

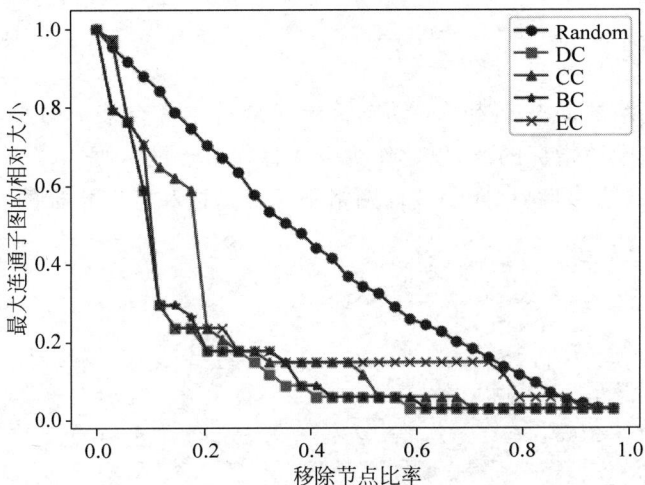

图 3.17　空手道俱乐部网络的鲁棒性

　　《悲惨世界》人物关系网络的鲁棒性如图 3.18 所示,显然依据某一指标的选择性失效对网络结构的破坏性强于随机移除。曲线的变化规律不同于图 3.17。

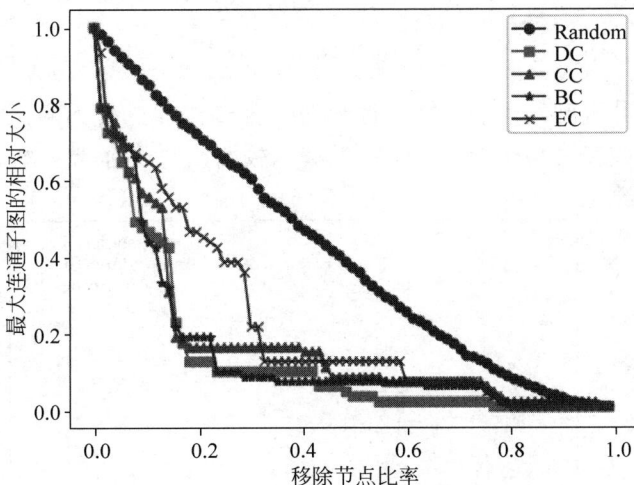

图 3.18　《悲惨世界》人物关系网络的鲁棒性

　　如果要比较网络鲁棒性的整体效果,则可以比较鲁棒性曲线与 x 轴和 y 轴所围成面积的大小。面积越小对网络连通性的伤害越大,中心性指标越好。可通过以下代码进行近似求解。

```
1  print(sum(N_times_robuatness_random(za,n)) * (n/N),sum(selected_robustness(za,remove_list_
   dc,n)) * (n/N),sum(selected_robustness(za,remove_list_cc,n)) * (n/N),sum(selected_robustness
   (za,remove_list_bc,n)) * (n/N),sum(selected_robustness(za,remove_list_ec,n)) * (n/N))
```

从表 3.4 可以看出,无论是对于空手道俱乐部网络还是《悲惨世界》人物共现网络,度中心性表现最好,随机移除节点表现最差,但这一结论并不具有一般性,在实际研究中需要具体问题具体分析。

表 3.4　不同攻击策略的比较

	Random	DC	CC	BC	EC
karate_club	0.4263	**0.1713**	0.2223	0.1747	0.2266
les_miserables	0.4169	**0.1417**	0.1801	0.1594	0.2312

3.3.2　动态鲁棒性

有时也会考虑网络的动态鲁棒性。动态鲁棒性是指在考查某一中心性指标时,每次移除节点后重新计算网络中该指标的值,以此作为下次移除节点的依据。

【例 3-12】　比较《悲惨世界》人物共现网络中动态指标和静态指标的差异。

```
1   def selected_robustness_dynamic_dc(network,n):
2     network1 = network.copy()
3     N = network1.number_of_nodes()
4     remove_list_dc = [i[0] for i in sorted(nx.degree_centrality(network1).items(),key =
      lambda x:x[1], reverse = True)]
5     components_size = [len(i) for i in nx.connected_components(network1)]
6     max_components_size = [max(components_size)]
7     for i in range(N//n - 1):
8       network1.remove_nodes_from(remove_list_dc[0:n])
9       components_size = [len(i) for i in nx.connected_components(network1)]
10      max_components_size.append(max(components_size))
11      remove_list_dc = [i[0] for i in sorted(nx.degree_centrality(network1).items(), key =
        lambda x:x[1],reverse = True)]
12    return np.array(max_components_size)/N
```

《悲惨世界》人物共现网络中静态鲁棒性和动态鲁棒性的比较如图 3.19 所示,显然,动态指标对网络连通性的破坏要强于静态指标。继续比较曲线与 x 轴和 y 轴围成面积的大小,如表 3.5 所示。

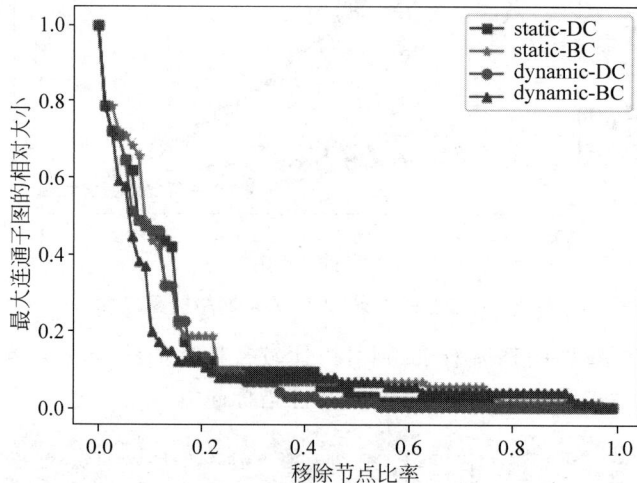

图 3.19　静态鲁棒性和动态鲁棒性

表 3.5　静态鲁棒性和动态鲁棒性的比较

	度 中 心 性	介数中心性
静态	0.1417	0.1594
动态	0.1258	0.1321

3.3.3 级联失效模型

有时还会分析网络的级联失效鲁棒性,每个节点同时包含负载和容量两个属性(初始时可依据某些假定规则进行初始化,如负载与节点的度值呈指数关系,而容量则和负载存在线性关系),如果负载超过了容量节点就会失效,失效后节点上的负载不会消失而要被分配到它的邻居节点上,然后判断邻居节点是否负载超过容量从而引发进一步的失效,这种将失效逐层传递的过程被称为级联失效。接下来介绍一种基于度值的级联失效模型。

假设网络中任意节点 i 的初始负载 L_i 由式(3-22)确定:

$$L_i = k_i^{\alpha} \tag{3-22}$$

其中,α 为初始负载调节参数,k_i 为节点 i 的度值。

节点 i 的容量 C_i 与初始负载 L_i 线性相关,表达式如式(3-23)所示。

$$C_i = (1 + \beta) L_i \tag{3-23}$$

其中,β 表示复杂容忍参数。当节点 i 的负载大于其容量时,该节点将会失效,它的负载将会按照一定比例再分配给邻居节点。节点 i 分配给它的邻居节点 j 的负载 $\Delta L_{i \to j}$ 为

$$\Delta L_{i \to j} = \frac{k_j^{\alpha}}{\sum\limits_{m \in \tau_i} k_m^{\alpha}} L_i \tag{3-24}$$

其中,τ_i 表示节点 i 的邻居节点集合。

第 **4** 章

思想引领

社团探测

4.1 社团探测基础

4.1.1 社团的定义

社团结构,是指网络中的节点可以分成组,组内节点间的连接比较稠密,组间节点间的连接比较稀疏。社团结构在实际系统中有着重要的意义:在人际关系网中,社团可能基于人的职业、年龄和兴趣等因素形成;在引文网中,不同社团可能代表了不同的研究领域;在万维网中,不同社团可能表示了不同主题的主页;在新陈代谢网、神经网中,社团可能反映了不同的功能单元;在食物链网中,社团可能反映了生态系统中的子系统。在网络性质和功能的研究中,社团结构也有显著的表现。例如,在网络动力学的研究中,当外加能量处于较低水平时,同一社团的个体就能达到同步状态;在网络演化的研究中,相同社团内的个体可能最终连接在一起。总之,对网络中社团结构的研究是了解整个网络结构和功能的重要途径。

如图 4.1 所示的社团结构示意图,包含三个社团,分别用圆形、正方形和三角形加以标识。社团内部显然有较多的边连接,而社团间仅有少数的连边,如三角形社团与圆形社团和正方形社团间都仅有一条边相连,圆形社团和正方形社团间有两条边相连。

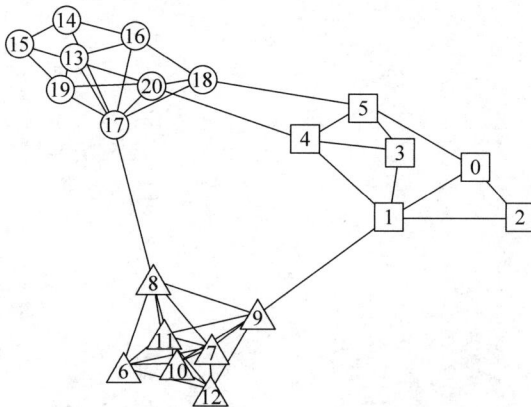

图 4.1 社团结构示意图

4.1.2 基准网络

当提出一种社团探测算法时,通常希望通过某些成熟的基准网络来检测算法的好坏,以期后续将其应用于未知网络。在研究过程中已逐渐形成了两类基准网络,分别是人造基准网络和若干真实基准网络。

人造基准网络依据度分布的不同通常可以分为两类,分别是服从泊松分布的随机benchmark(这里面使用最多的是 GN benchmark)和服从幂律分布的 LFR benchmark。

1. GN benchmark

GN benchmark 由 128 个节点组成,平均分为 4 个社团,每个社团有 32 个节点。节点对之间独立随机的连边,属于同一社团的节点对连边概率为 p_{in},不同社团的节点对连边概率为 p_{out},$p_{out} < p_{in}$。该基准网络通常保持节点的平均度 $\langle k \rangle$ 等于 16。

记 z_{in} 为节点与社团内部节点连边数目的期望值,z_{out} 为节点与社团外部节点连边数目的期望值,从而 $z_{in} + z_{out} = 16$。z_{out} 越小,说明节点与社团外部节点的连边越少,网络的社团结构越明显;z_{out} 越大,说明节点与社团外部节点的连边越多,网络越混乱,社团结构越不明显。对于 z_{out} 值大的网络还能够基本正确划分的方法,在实际应用中适用范围更广、价值更大。众多方法的实践表明,当 z_{out} 的取值较小时,其值对节点划分正确率没有影响,并且正确率都保持在 100%。然而当 z_{out} 的取值超过某一临界值之后,网络中节点被正确划分的比率与 z_{out} 的取值呈现负相关关系,即 z_{out} 越大,节点被正确划分的比例越低。

在 NetworkX 中,使用 planted_partition_graph(l, k, p_in, p_out, ** kwargs) 函数产生 GN benchmark 图。其中,l 表示社团数量,k 表示每个社团中的节点数量,p_in 表示社团内部节点间的连边概率,p_out 表示社团之间节点的连边概率。

在该函数产生的网络中,边的期望值为

$$E(M) = n_c \left[\frac{1}{2} l(l-1) p_{in} + \frac{1}{2} l(n_c - 1) l p_{out} \right] \tag{4-1}$$

节点的平均度为

$$\langle k \rangle = \frac{2M}{N} = \frac{n_c \left[l(l-1) p_{in} + l(n_c - 1) l p_{out} \right]}{N} \tag{4-2}$$

对于 GN benchmark 而言,$n_c = 4$,$l = 32$,$N = 128$,$\langle k \rangle = 16$,代入式(4-2)整理可得

$$31 p_{in} + 96 p_{out} = 16 \tag{4-3}$$

$$p_{in} = \frac{16 - 96 p_{out}}{31} \tag{4-4}$$

因此,在 p_{in} 和 p_{out} 中只需控制一个参数,即可获得不同结构的 GN benchmark。接下来,我们将通过控制 p_{out} 讨论这一过程,测试代码如下:

```
1   import networkx as nx
2   l = 4
3   k = 32
4   p_out = 0.02
5   p_in = (16 - 96 * p_out)/31
6   ppg = nx.planted_partition_graph(l,k,p_in,p_out)
7   node_color = [ppg.nodes[i]['block'] for i in ppg.nodes]
8   nx.draw(ppg,node_color = node_color,node_size = 100)
```

不同 p_{out} 下的 GN benchmark 如图 4.2 所示。显然,随着 p_{out} 的增加,社团间连边逐渐增多,社团区分的难度越来越大。

2. LFR benchmark

在 LFR 中,节点的度分布和社团大小分布都服从幂律,NetworkX 中相应的函数为

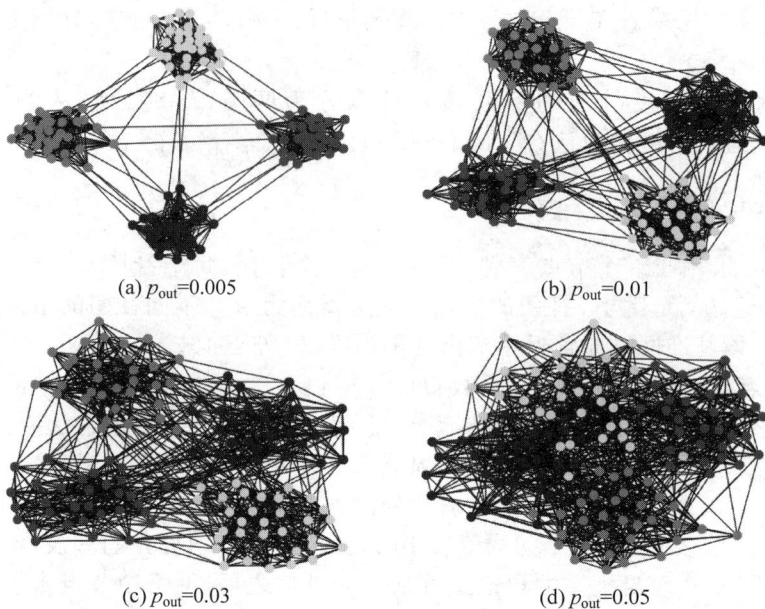

(a) p_{out}=0.005   (b) p_{out}=0.01

(c) p_{out}=0.03   (d) p_{out}=0.05

图 4.2   不同 p_{out} 下的 GN benchmark

nx. LFR_benchmark_graph(n,tau1,tau2,mu,average_degree,min_degree,max_degree,min_community,max_community,seed)。

其中,各参数的含义是:n 表示节点总数;tau1 表示度分布的幂指数,相关参数还有平均度 average_degree、最大度 max_degree 和最小度 min_degree;tau2 表示社团大小分布的幂指数,相关参数还包括社团大小最大值 max_community 和社团大小最小值 min_community;mu 表示混合参数或者社团重叠度,为了讨论方便,后面使用记号 μ 表示。对于一个度为 k 的节点,μk 的连边与其他社团连接,$(1-\mu)k$ 的连边连向社团内部,值越小,社团结构越明显;值越大,社团结构越模糊;seed 为随机数种子,若不设置,则使用默认种子。

测试代码如下:

```
1   n = 256
2   tau1 = 3
3   tau2 = 1.2
4   mu =  0.12
5   average_degree = 10
6   lfr = nx.LFR_benchmark_graph(n,tau1,tau2,mu,average_degree,min_community = 20)
7
8   community_list = []
9   for i in lfr.nodes:
10    if lfr.nodes[i]['community'] not in community_list:
11      community_list. append(lfr.nodes[i]['community'])
12  node_color = {k:i for i,j in enumerate(community_list) for k in j}
13  node_color = [j for i,j in sorted(node_color.items())]
14  nx. draw(lfr,node_color = node_color,node_size = 100)
```

不同 μ 值下的 LFR benchmark 如图 4.3 所示,随着 μ 值的增大,社团间连边逐渐增多,社团间的界限越来越模糊。在算法实现过程中发现:由于该算法是先生成度序列和社团大小序列再分配节点并连边,所以成功率不高,在生成网络中程序经常出现错误。此外,网络中还包含自环。

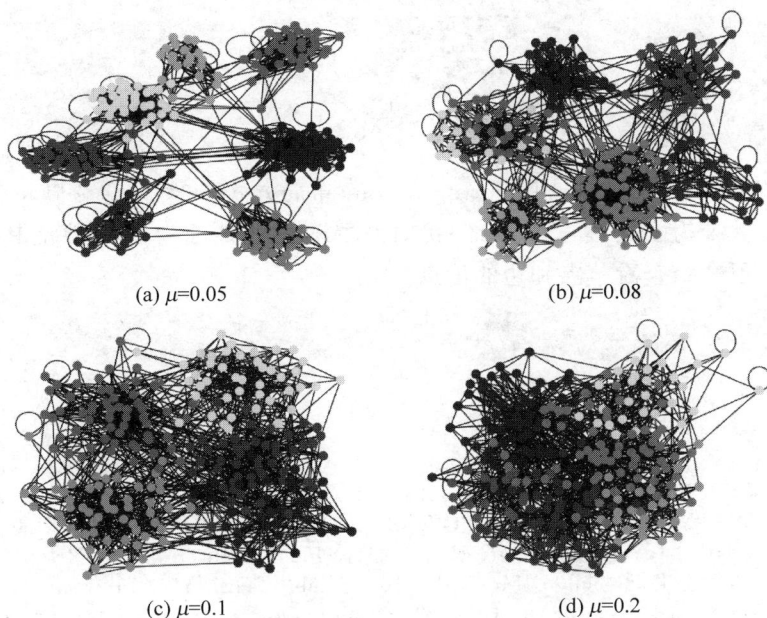

(a) $\mu=0.05$　　　　　　　　(b) $\mu=0.08$

(c) $\mu=0.1$　　　　　　　　(d) $\mu=0.2$

图 4.3　不同 μ 值下的 LFR benchmark

3. 真实基准网络

尽管计算机生成的各种人造基准网络为我们的社团结构算法提供了一个可重复的和受参数良好控制的测试平台,但显然我们也希望在来自真实世界网络的数据上测试该算法。常用的真实基准网络包括:Zachary 空手道俱乐部网络、NCAA 大学橄榄球赛网络、海豚家族关系网络、科学家合作网络等。这些实际网络的社团结构通常是已知的,我们通过将算法所得结果与已知正确答案进行对比来评价算法的可靠性。

20 世纪 70 年代初,Wayne Zachary 在两年时间里观察了 34 名空手道俱乐部成员间的社交关系。针对是否提高收费这一问题,俱乐部的管理者和俱乐部的教练之间出现了分歧,最终导致教练离开并成立了一个新的俱乐部,带走了大约一半的原俱乐部成员。Zachary 建立的俱乐部成员关系网,包括 34 个节点和 78 条边(边带权),教练和管理者分别是节点 0 和节点 33,如图 4.4 所示。该网络已被 NetworkX 库自带,可以通过以下程序调用并可视化。

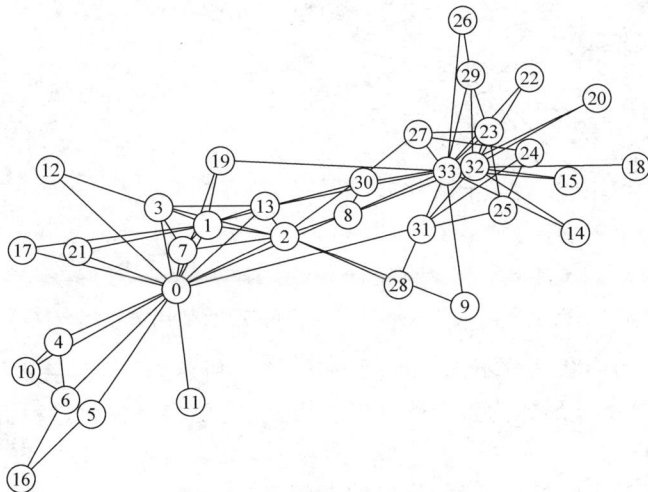

图 4.4　空手道俱乐部网络

```
1  import networkx as nx
2  zachary = nx.karate_club_graph()
3  pos = nx.spring_layout(zachary,seed = 100)
4  nx.draw(zachary,pos = pos,with_labels = True)
```

注意，因为 NetworkX 默认使用 spring_layout 布局方式，该算法包含随机数，故每次生成的图像都不同。此处为了后续方便对比，我们设置随机数种子为 100，保证其拥有稳定的布局。可以通过以下命令查看节点和边的信息。

```
1  >>> zachary.nodes.data()
```

运行结果如下：

NodeDataView({0: {'club': 'Mr. Hi'}, 1: {'club': 'Mr. Hi'}, 2: {'club': 'Mr. Hi'}, 3: {'club': 'Mr. Hi'}, 4: {'club': 'Mr. Hi'}, 5: {'club': 'Mr. Hi'}, 6: {'club': 'Mr. Hi'}, 7: {'club': 'Mr. Hi'}, 8: {'club': 'Mr. Hi'}, 9: {'club': 'Officer'}, 10: {'club': 'Mr. Hi'}, 11: {'club': 'Mr. Hi'}, 12: {'club': 'Mr. Hi'}, 13: {'club': 'Mr. Hi'}, 14: {'club': 'Officer'}, 15: {'club': 'Officer'}, 16: {'club': 'Mr. Hi'}, 17: {'club': 'Mr. Hi'}, 18: {'club': 'Officer'}, 19: {'club': 'Mr. Hi'}, 20: {'club': 'Officer'}, 21: {'club': 'Mr. Hi'}, 22: {'club': 'Officer'}, 23: {'club': 'Officer'}, 24: {'club': 'Officer'}, 25: {'club': 'Officer'}, 26: {'club': 'Officer'}, 27: {'club': 'Officer'}, 28: {'club': 'Officer'}, 29: {'club': 'Officer'}, 30: {'club': 'Officer'}, 31: {'club': 'Officer'}, 32: {'club': 'Officer'}, 33: {'club': 'Officer'}})

可以看到每个节点都包含 club 属性，该属性将节点分成两类，可以使用节点颜色对网络进行可视化，如图 4.5 所示。

```
1  node_color = ['y' if j['club'] == 'Officer' else 'c' for i,j in zachary.nodes.data()]
2  pos = nx.spring_layout(zachary,seed = 100)
3  nx.draw(zachary,with_labels = True,pos = pos,node_color = node_color)
```

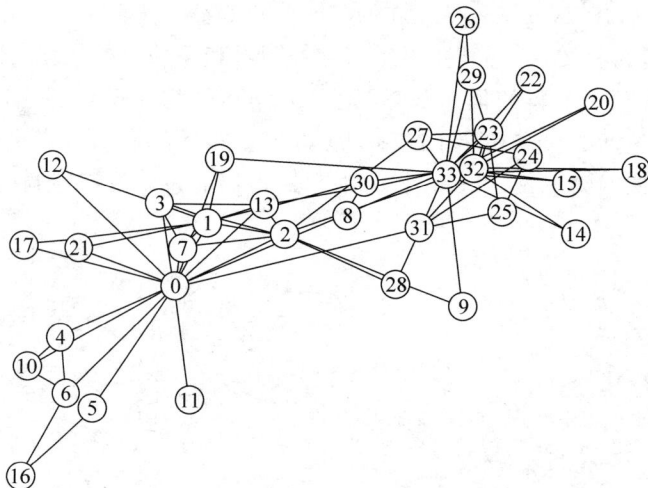

图 4.5　空手道俱乐部网络社团结构可视化（使用节点颜色区分）

也可以通过节点的形状区分不同的社团，如图 4.6 所示，但与颜色不同，形状不能按照列表形式指定，只能通过字符形式为整个图指定。因此，需要将可视化过程拆分为先画一部分节点再画另一部分节点。

先找到每个社团对应的节点序列，代码如下所示。

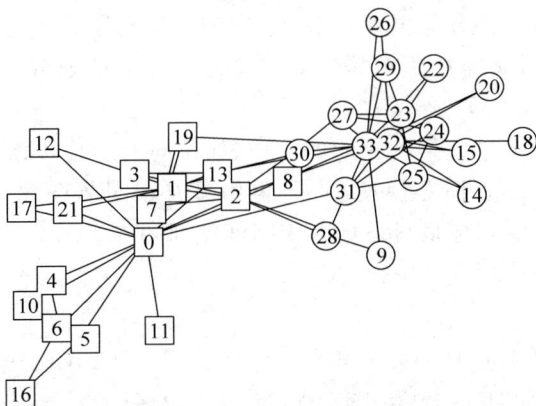

图 4.6 空手道俱乐部网络社团结构可视化(使用节点形状区分)

```
1  node_list_officer = []
2  node_list_MrHi = []
3  for i,j in zachary.nodes.data():
4    if j['club'] == 'Officer':
5      node_list_officer.append(i)
6    else:
7      node_list_MrHi.append(i)
8  print(node_list_officer)
9  print(node_list_MrHi)
```

运行结果如下:

```
[9, 14, 15, 18, 20, 22, 23, 24, 25, 26, 27, 28, 29, 30, 31, 32, 33]
[0, 1, 2, 3, 4, 5, 6, 7, 8, 10, 11, 12, 13, 16, 17, 19, 21]
```

然后,依据社团结构分别绘制每个社团的节点,程序如下:

```
1  import matplotlib.pyplot as plt
2  pos = nx.spring_layout(zachary,seed = 100)
3  nx.draw_networkx_nodes(zachary,pos = pos,nodelist = node_list_officer,node_shape = 'o',node_
   color = 'y')
4  nx.draw_networkx_nodes(zachary,pos = pos,nodelist = node_list_MrHi,node_shape = 's',node_
   color = 'c')
5  nx.draw_networkx_edges(zachary,pos = pos)
6  nx.draw_networkx_labels(zachary,pos = pos)
7  plt.axis('off')
8  plt.show()
```

美国大学橄榄球队比赛网络是依据美国大学橄榄球队 2000 年一个赛季的赛程建立的网络,其中节点代表大学的橄榄球队,共有 115 支大学橄榄球队,连边表示两队之间进行了常规赛,这一赛季共包含 616 场常规赛。这些球队被分成 12 个联盟,每个联盟 8~12 个球队。同一联盟间的比赛比不同联盟间的比赛更频繁,在 2000 赛季,联盟内部平均进行约 7 场比赛和联盟间进行约 4 场比赛。联盟间的比赛并非均匀分布,地理位置较近但属于不同联盟的球队比地理距离较远的球队更有可能进行比赛。此外,还包括 Cora 和 PubMed 等较大的引文数据集,这些均可以通过 PYG 库调用。

4.1.3 模块度

模块度是评估一个社团网络划分好坏的度量方法,它的物理含义是社团内节点的连边数与随机情况下的边数之差占网络总边数的比值,它的取值范围是$[-1/2,1)$。当取值为$0.3\sim$$0.7$时,就认为网络具有明显的社团结构。其基本思想是:把划分后的网络与相应的零模型进行比较,以度量社团划分的质量。

零模型:是指与该网络具有某种相同的性质(如相同的度数或相同的边数)而在其他方面完全随机的随机图模型。最低阶零模型:与原网络具有相同节点数和边数的 ER 随机图模型(均匀度分布);一阶零模型:与原网络具有相同度序列的随机图。

1. 模块度的定义

假设某个图$G=(V,E)$,可被划分为如下社团集合$C=\{C_1,C_2,\cdots,C_{nc}\}$,其中$n_c$表示社团的数量(通常未知)。任意社团$C_i$是由若干节点构成的集合,$C_i=\{v_1,v_2,\cdots\}$。$C_1\bigcup C_2\bigcup\cdots\bigcup C_{nc}=V$,当$C_i\bigcap C_j=\varnothing$时,即每个节点只能属于某一个社团称为非重叠社团,当$C_i\bigcap C_j\neq\varnothing$时,即某些节点可以同时属于多个社团称为重叠社团。

社团内部边数的总和可以写为

$$Q_{\text{real}}=\frac{1}{2}\sum_{ij}a_{ij}\delta(C_i,C_j) \tag{4-5}$$

其中,a_{ij}为邻接矩阵A中的元素,$A=(a_{ij})$为实际网络的邻接矩阵,C_i和C_j分别表示节点i和节点j在网络中所属的社团:当两个节点属于同一社团时,$\delta=1$,否则为 0。对于等式右侧,考虑到$a_{ij}=a_{ji}$需求和两次,故前面需乘以 1/2。

相应零模型中,社团内部边数总和的期望值为

$$Q_{\text{null}}=\frac{1}{2}\sum_{ij}p_{ij}\delta(C_i,C_j)=\frac{1}{2}\sum_{ij}\frac{k_ik_j}{2M}\delta(C_i,C_j) \tag{4-6}$$

一个网络的模块度定义为:该网络的社团内部边数与相应的零模型的社团内部边数之差占整个网络边数M的比值

$$\begin{aligned}Q&=\frac{Q_{\text{real}}-Q_{\text{null}}}{M}\\&=\frac{1}{2M}\sum_{ij}(a_{ij}-p_{ij})\delta(C_i,C_j)\\&=\frac{1}{2M}\sum_{ij}\left(a_{ij}-\frac{k_ik_j}{2M}\right)\delta(C_i,C_j)\\&=\frac{1}{2M}\sum_{ij}b_{ij}\delta(C_i,C_j)\end{aligned} \tag{4-7}$$

其中,$b_{ij}=a_{ij}-\dfrac{k_ik_j}{2M}$;引入模块矩阵$B$,则有$B=(b_{ij})_{N\times N}$。

式(4-7)的另一种理解是:Q的定义也可写为$Q_{\text{real}}/M-Q_{\text{null}}/M$,即表示实际网络中内部边占比减去零模型中内部边占比。

实际网络数据通常包含的是节点之间的连边信息,而不会直接给出各个节点的度值。故模块度的一种更便于实际计算的形式为

$$Q=\sum_v(e_{vv}-a_v^2) \tag{4-8}$$

式(4-8)显示,只要根据网络连边数据统计出每个社团v内部节点之间的连边数占整个网络边数的比例e_{vv},以及至少一端与社团v中节点相连的连边的比例a_v,就可计算出模块度。

另一种等价表示为

$$Q = \sum_{v=1}^{n_c} \left[\frac{l_v}{M} - \left(\frac{d_v}{2M} \right)^2 \right] \tag{4-9}$$

其中，n_c 是社团的数目，l_v 是社团 v 内部所含的边数，d_v 是社团 v 内所有节点的度值之和。

模块度的物理含义是：在社团内，实际的边数与随机情况下的边数的差距。如果差距比较大，说明社团内部密集程度显著高于随机情况，社团划分的质量较好。如果节点组中的连边数量超过了随机分配时所得到的期望连边数量，模块度为正数；没有超过，则为负数。

【例 4-1】　计算图 4.7～图 4.12 不同社团划分下模块度的取值。

```
1    import matplotlib.pyplot as plt
2
3    g = nx.Graph()
4    g.add_nodes_from(range(1,10))
5    g.add_edges_from([(1,2),(1,5),(1,6),(2,3),(2,4),(3,4),(3,5),(4,5),(6,7),(6,8),(6,9),
     (7,8),(8,9)])
6
7    plt.figure(figsize=(4,3))
8    pos = nx.spring_layout(g,seed=70)
9    nx.draw(g,pos=pos,node_color='y',with_labels=True)
```

(1) 整个网络当作一个社团，如图 4.7 所示。

$$Q = \sum_{v=1}^{n_c} \left[\frac{l_v}{M} - \left(\frac{d_v}{2M} \right)^2 \right] = \frac{13}{13} - \left(\frac{26}{26} \right)^2 = 0$$

```
1    >>> nx.community.modularity(g,[[1,2,3,4,5,6,7,8,9]])
```

运行结果如下：

```
0.0
```

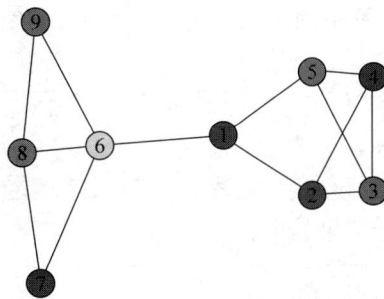

(2) 每个节点划分为一个社团，如图 4.8 所示。

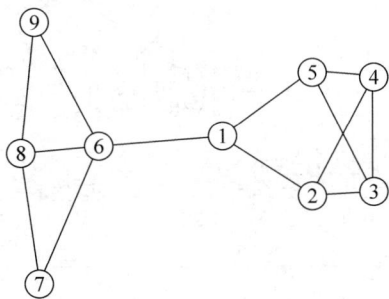

图 4.7　整个网络划分为一个社团　　　　图 4.8　每个节点划分为一个社团

$$Q = \sum_{v=1}^{n_c} \left[\frac{l_v}{M} - \left(\frac{d_v}{2M} \right)^2 \right] = \frac{0}{13} - 2\left(\frac{2}{26} \right)^2 - 6\left(\frac{3}{26} \right)^2 - \left(\frac{4}{26} \right)^2 = -0.115$$

```
1    >>> nx.community.modularity(g,[[i] for i in range(1,10)])
```

运行结果如下：

```
-0.11538461538461539
```

（3）整个网络划分为两个社团，如图 4.9 所示。

$$Q = \sum_{v=1}^{n_c} \left[\frac{l_v}{M} - \left(\frac{d_v}{2M} \right)^2 \right] = \frac{7}{13} - \left(\frac{17}{26} \right)^2 + \frac{3}{13} - \left(\frac{9}{26} \right)^2 = 0.222$$

```
1   >>> nx.community.modularity(g,[[2,3,4],[1,5,6,7,8,9]])
```

运行结果如下：

```
0.22189349112426038
```

（4）整个网络划分为两个社团，如图 4.10 所示。

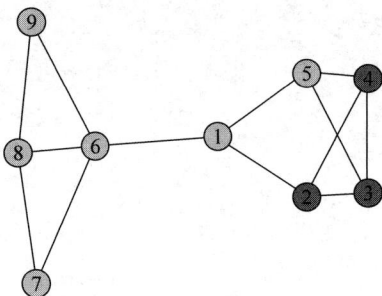

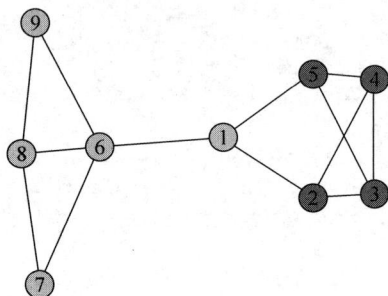

图 4.9 两个社团   图 4.10 两个社团

$$Q = \sum_{v=1}^{n_c} \left[\frac{l_v}{M} - \left(\frac{d_v}{2M} \right)^2 \right] = \frac{6}{13} - \left(\frac{14}{26} \right)^2 + \frac{5}{13} - \left(\frac{12}{26} \right)^2 = 0.343$$

```
1   >>> nx.community.modularity(g,[[2,3,4,5],[1,6,7,8,9]])
```

运行结果如下：

```
0.34319526627218944
```

（5）整个网络划分为三个社团，如图 4.11 所示。

$$Q = \sum_{v=1}^{n_c} \left[\frac{l_v}{M} - \left(\frac{d_v}{2M} \right)^2 \right] = \frac{5}{13} - \left(\frac{11}{26} \right)^2 + \frac{0}{13} - \left(\frac{3}{26} \right)^2 + \frac{5}{13} - \left(\frac{12}{26} \right)^2 = 0.364$$

```
1   >>> nx.community.modularity(g,[[2,3,4,5],[1],[6,7,8,9]])
```

运行结果如下：

```
0.363905325443787
```

（6）整个网络划分为两个社团，如图 4.12 所示。

$$Q = \sum_{v=1}^{n_c} \left[\frac{l_v}{M} - \left(\frac{d_v}{2M} \right)^2 \right] = \frac{5}{13} - \left(\frac{11}{26} \right)^2 + \frac{7}{13} - \left(\frac{15}{26} \right)^2 = 0.411$$

```
1   nx.community.modularity(g,[[1,2,3,4,5],[6,7,8,9]])
```

运行结果如下：

```
0.41124260355029585
```

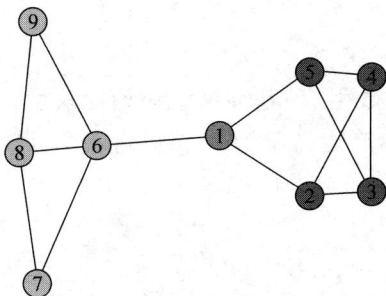

图 4.11 三个社团

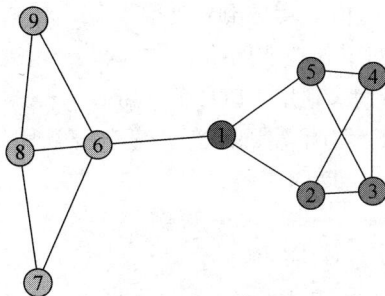

图 4.12 两个社团

综上,当把整个网络当作一个社团时,模块度值为 0;当把每个节点当作一个社团时,模块度值为负数。一个很有趣的问题是,什么样的结构能使模块度取到极值?

2. 模块度的取值范围

考虑到星状网络较为极端,通常不具有模块特性,从而先使用星状网络讨论模块度的极小值。

(1) 星状网络。

```
1   import matplotlib.pyplot as plt
2   import matplotlib as mpl
3
4   mpl.rcParams['font.family'] = 'Times New Roman'
5   mpl.rcParams['font.size'] = 16
6   mpl.rcParams['text.usetex'] = True
7   N = [i for i in range(1,31)]
8   Q = [nx.community.modularity(nx.star_graph(j),[[i] for i in range(j+1)]) for j in N]
9   plt.plot(N,Q,marker = 'o')
10  plt.xlabel('$N$')
11  plt.ylabel('$Modularity$')
12  plt.show()
```

从图 4.13(横坐标为星状图的节点数量,纵坐标为模块度)可以看出,当 $N=1$,即由两个节点一条边构成的简单图。当每个节点作为一个社团时,模块度的取值为

$$Q = \sum_{v=1}^{n_c} \left[\frac{l_v}{M} - \left(\frac{d_v}{2M} \right)^2 \right] = -2 \left(\frac{1}{2} \right)^2 = -0.5$$

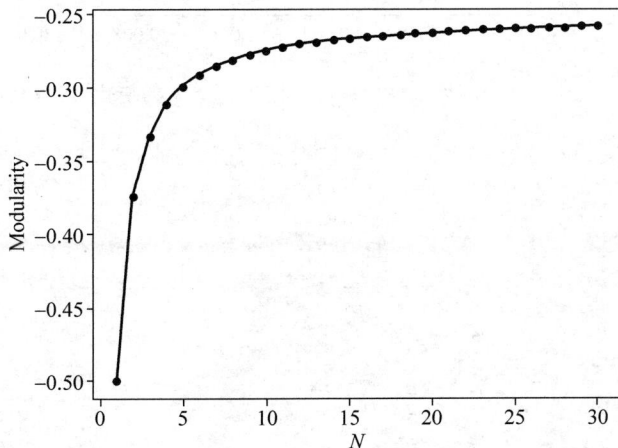

图 4.13 星状网络随节点数增加模块度的变化(每个节点当作一个社团)

此时,模块度取到极小值。

(2) PPG 基准网络。

接下来,利用 PPG(由 planted_partition_graph 函数生成)基准网络讨论模块度何时取到最大值 1。为了使网络存在显著的社团结构,设置团内连边概率为 1,然后讨论团间连边概率对网络模块度的影响。

```
1   l = 30                              # 社团个数
2   k = 4                               # 每个社团的节点数
3   p_in = 1                            # 团内连边概率
4   p_out = [0.0005 * i for i in range(21)]   # 团间连边概率
5   Q = []                              # 用于存储模块度
6   for i in p_out:
7       Q_temp = 0
8       for n in range(500):            # 考虑到生成 PPG 时的随机性,需要对模型进行平均
9           Q_temp += nx.community.modularity(nx.planted_partition_graph(l, k, p_in, i), [list
            (range(j * k, k * (j + 1))) for j in range(l)])
10      Q.append(Q_temp/500)
11  plt.plot(p_out, Q, marker = 'o')
12  plt.xlabel(' $p_{out} $ ')
13  plt.ylabel(' $Modularity $ ')
14  plt.show()
```

PPG 基准网络中模块度随团间连边概率的变化(团内全连通)如图 4.14 所示,显然,随着 p_{out} 的逐渐增大,模块度逐渐下降。即团间连边的增加会导致模块度的下降,当团间连边很少时,可以获得较大的模块度值。因此,取团间概率为零,然后讨论社团数量的增加对模块度的影响。

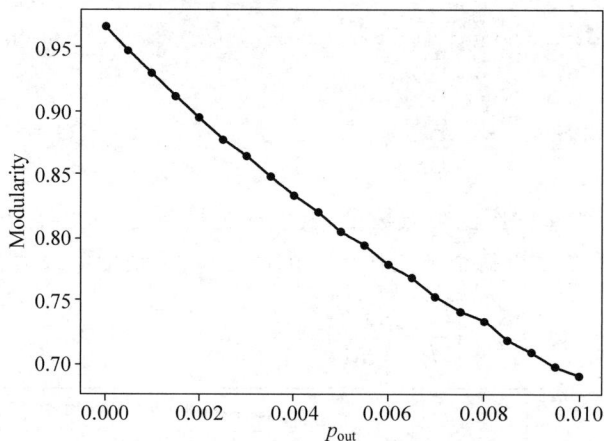

图 4.14　PPG 基准网络中模块度随团间连边概率的变化(团内全连通)

```
1   l = [i for i in range(1,31)]        # 社团数量
2   k = 4                               # 每个团内的节点数
3   p_in = 1                            # 团内连边概率,为 1 生成完全图
4   p_out = 0                           # 团间连边概率
5   Q = [nx.community.modularity(nx.planted_partition_graph(i, k, p_in, p_out), [list(range(j * k,
    k * (j + 1))) for j in range(i)]) for i in l]
6   plt.plot(l, Q, marker = 'o')
7   plt.xlabel(' $ n_c $ ')
8   plt.ylabel(' $ Modularity $ ')
9   plt.show()
```

PPG 基准网络中模块度随社团个数的变化(社团为全连通图,不存在团间连边)如图 4.15 所示,p_in=1 意味着社团内部边全部连上,p_out=0 意味着社团间没有连边。图 4.16 横坐标为社团个数,每个社团都是由 4 个节点构成的全连通图,纵坐标为模块度。可以看到,模块度的取值随着社团数量的增加,逐渐接近 1。

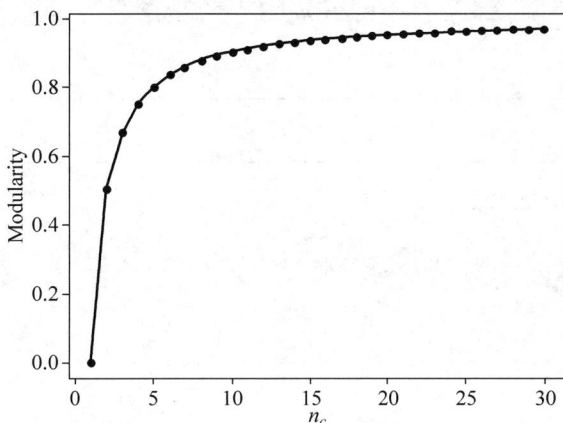

图 4.15　PPG 基准网络中模块度随社团个数的变化(社团为全连通图,不存在团间连边)

3. 编程求解团内连边数和团间连边数

在模块度的计算公式(4-9)中涉及团内连边数量占比,团内度值总和占比,两社团间的连边数量占比等,接下来我们将以 Zachary 空手道俱乐部网络为例求解这些量,并编写为函数,以便后续在任意网络中求解这些量。

(1) 获取网络中各社团对应的节点序列。

将前面获取某社团内部节点的程序用函数封装。

```
1   def community_node_list(G, block, x):
2       comm = []
3       for i, j in G.nodes.data():
4           if j[block] == x:
5               comm.append(i)
6       return comm
```

形式参数 G 表示求解的网络,block 表示存储模型名使用的属性名称,x 表示对应的模块名。上述求解过程可使用以下调用方式。

```
1   node_list_officer = community_node_list(zachary, block = 'club', x = 'Officer')
2   node_list_MrHi = community_node_list(zachary, block = 'club', x = 'Mr. Hi')
```

(2) 获得社团内部度值之和。

```
1   >>> zachary.degree(node_list_officer)
```

运行结果如下:

```
DegreeView({9: 2, 14: 2, 15: 2, 18: 2, 20: 2, 22: 2, 23: 5, 24: 3, 25: 3, 26: 2, 27: 4, 28: 3, 29: 4,
30: 4, 31: 6, 32: 12, 33: 17})
```

以上结果也可以通过 nx.degree(zachary, node_list_officer)形式得到。以上输出结果与字典类型相近,因此可先将以上输出结果转换为字典类型,然后再提出字典的值,最后对值求和即可得到社团内部的度值之和。

Officer 社团内部度值之和:

```
1  >>> sum(dict(zachary.degree(node_list_officer)).values())
```

运行结果如下:

```
75
```

Mr. Hi 社团内部度值之和:

```
1  >>> sum(dict(zachary.degree(node_list_MrHi)).values())
```

运行结果如下:

```
81
```

(3) 获取社区内部连边。

方法一,关联边的两个节点都在社团内部则为社团内部边。

```
1  def internal_edges(G,node_list):
2    edge_list = []
3    for i in G.edges():
4      if i[0] in node_list and i[1] in node_list:
5        edge_list.append(i)
6    return edge_list
```

Officer 社团内部边:

```
1  >>> len(internal_edges(zachary,node_list_officer))
```

运行结果如下:

```
32
```

Mr. Hi 社团内部边:

```
1  >>> len(internal_edges(zachary,node_list_MrHi))
```

运行结果如下:

```
35
```

从而团间连边为 $78-32-35=11$ 条。

方法二,通过导出子图求解该内部边(如图 4.16 和图 4.17 所示)。

Officer 社团的导出子图:

```
1  zachary_officer = nx.induced_subgraph(zachary,node_list_officer)
2  print(zachary_officer.number_of_nodes(),zachary_officer.number_of_edges())
3  nx.draw(zachary_officer,with_labels = True)
```

运行结果如下：

```
17 32
```

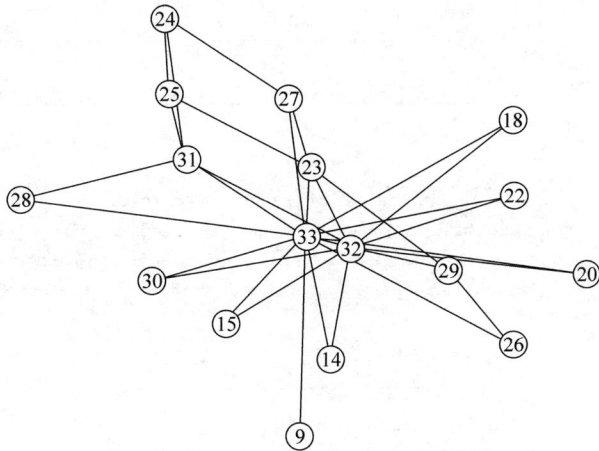

图 4.16　空手道俱乐部的导出子图（Officer 社团）

Mr. Hi 社团的导出子图：

```
1   zachary_MrHi = nx.induced_subgraph(zachary,node_list_MrHi)
2   print(zachary_MrHi.number_of_nodes(),zachary_MrHi.number_of_edges())
3   nx.draw(zachary_MrHi,with_labels = True)
```

运行结果如下：

```
17 35
```

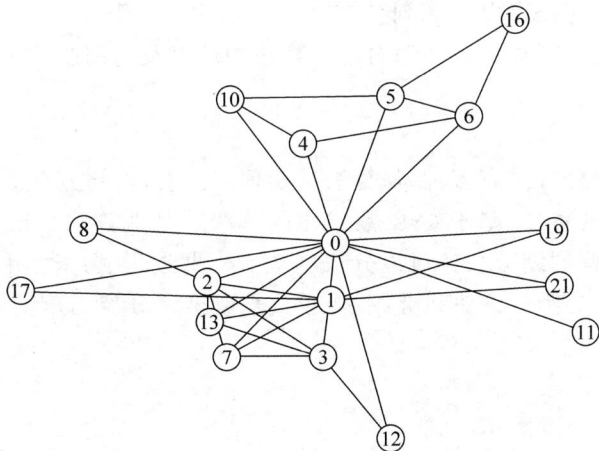

图 4.17　空手道俱乐部的导出子图（Mr. Hi 社团）

（4）获取两个社团间的连边数。

```
1   def bridge_edges(G,node_list1,node_list2):
2     edge_list_between = []
3     for i in G.edges():
4       if (i[0] in node_list1 and i[1] in node_list2) or (i[1] in node_list1 and i[0] in node_list2):
5         edge_list_between.append(i)
6     return edge_list_between
```

测试空手道俱乐部网络两社团间的连边数,代码如下所示。

```
1  >>> len(bridge_edges(zachary,node_list_officer,node_list_MrHi))
```

运行结果如下:

```
11
```

(5)网络的模块度值。

```
1  >>> len(internal_edges(zachary,node_list_officer))/zachary.number_of_edges() - (sum(dict
   (zachary.degree(node_list_officer)).values()) /(2 * zachary.number_of_edges())) ** 2 + len
   (internal_edges(zachary,node_list_MrHi))/zachary.number_of_edges() - (sum(dict(zachary.
   degree(node_list_MrHi)).values()))/(2 * zachary.number_of_edges())) ** 2
```

运行结果如下:

```
0.3582347140039447
```

直接调用内置函数,代码如下所示。

```
1  >>> nx.community.modularity(zachary,[node_list_officer,node_list_MrHi])
```

运行结果如下:

```
0.39143756676224206
```

两种算法结果不一致,有待进一步检验。

不同的算法往往会将同一网络划分出不同的社团结构。对于社团结构已知的网络,划分结果与网络真实社团的比较可以得到划分方法的准确性;对于社团结构未知的网络,多种划分方法所得结果间的比较同样可以加深对各种算法的理解及对网络的了解。

4.1.4 社团探测算法

社团探测算法的划分方式有多种,从算法的物理背景看,可将其分为基于网络拓扑结构的算法、基于网络动力学的算法、基于 Q 函数优化的算法及其他算法。按复杂网络中社团形成的过程,网络中社团结构的划分大体可以分成 4 类:凝聚过程、分裂过程、搜索过程和其他过程。本书将依据后一种分类方式进行介绍,并主要从凝聚和分裂的角度对不同算法进行讨论。

4.2 凝聚算法

4.2.1 FN 算法

FN(Fast Newman)算法(最大化模块度增益的贪婪算法)的基本思想是首先将网络中的每个节点设为一个单独社团,每次迭代选择产生最大 Q 值的两个社团合并,直至整个网络合并为一个社团为止。整个过程自底向上进行,最终得到一棵层次树。

FN 算法。

(1)先将每个节点视为一个独立的社团,初始化 e 和 a,计算社团与其相邻社团融合的 ΔQ_{vw};

$$e_{ij} = \begin{cases} 1/2m, & \text{如果节点 } i \text{ 和节点 } j \text{ 存在连边} \\ 0, & \text{其他} \end{cases}$$

$$a_i = k_i/2m$$

$$\Delta Q_{vw} = e_{vw} + e_{wv} - 2a_v a_w = 2(e_{vw} - a_v a_w)$$

(2) 选择 $\mathrm{argmax}(\Delta Q_{vw})$，融合这两个社团，更新 e 和 a，重新计算 ΔQ_{vw}；

(3) 重复步骤(2)，直到所有节点在同一个社团或者 Q 不再增加为止。

在上述算法中，e_{vw} 表示社团 v 和社团 w 之间的连边占整个网络边数的比例，即

$$e_{vw} = \frac{1}{2M} \sum_{ij} a_{ij} \delta(C_i, v) \delta(C_j, w) \tag{4-10}$$

边的两端，一端在社团 v 中，另一端在社团 w 中。

e_{vv} 表示社团 v 内部边占比

$$e_{vv} = \frac{1}{2M} \sum_{ij} a_{ij} \delta(C_i, v) \delta(C_j, v) \tag{4-11}$$

边的两端都在社团 v 中。

a_v 为社团 v 内所有节点度值之和占比，即至少一端与社团 v 中节点相连的比例，其表达式为

$$a_v = \frac{1}{2M} \sum_i k_i \delta(C_i, v) = \frac{\sum_{i \in v} k_i}{2M} = e_{vv} + \sum_w e_{vw} \tag{4-12}$$

4.2.2 CNM算法

CNM(Clauset Newman Moore algorithm)算法沿用了 FN 算法的思路，在性能上做出了改进。一方面使用堆结构来维护 ΔQ_{vw}，另一方面给出了每次社群合并后 ΔQ_{vw} 的递推关系。

CNM 算法。

(1) 初始化：先将每个节点视为一个独立的社团，模块度值 $Q = 0$，初始化 e_{ij} 和 a_i，计算如下：

$$e_{ij} = \begin{cases} 1/(2M), & \text{如果节点 } i \text{ 和节点 } j \text{ 存在连边} \\ 0, & \text{其他} \end{cases}$$

$$a_i = k_i/(2M) \tag{4-13}$$

初始的模块度增量矩阵计算如下：

$$\Delta Q_{ij} = \begin{cases} e_{ij} - a_i a_j, & \text{如果节点 } i \text{ 和节点 } j \text{ 相连} \\ 0, & \text{其他} \end{cases} \tag{4-14}$$

得到初始的模块度增量矩阵后，就可以得到由它每一行的最大元素构成的最大堆 H。

(2) 从最大堆 H 中选择最大的 ΔQ_{ij}，合并相应的社团 i 和 j，标记合并后的标号为 j；并更新模块度增量矩阵 ΔQ，最大堆 H 和 a_i。

① ΔQ_{ij} 的更新：删除第 i 行和第 i 列的元素，更新第 j 行和第 j 列的元素，得到

$$\Delta Q'_{jk} = \begin{cases} \Delta Q_{ik} + \Delta Q_{jk}, & \text{社团 } k \text{ 与社团 } i \text{ 和社团 } j \text{ 都相连} \\ \Delta Q_{ik} - 2a_j a_k, & \text{社团 } k \text{ 仅与社团 } i \text{ 相连，不与社团 } j \text{ 相连} \\ \Delta Q_{ik} - 2a_i a_k, & \text{社团 } k \text{ 仅与社团 } j \text{ 相连，不与社团 } i \text{ 相连} \end{cases} \tag{4-15}$$

② 最大堆 H 的更新：更新最大堆中相应的行和列的最大元素。

③ a_i 的更新：

$$a'_j = a_i + a_j, \quad a'_i = 0 \tag{4-16}$$

记录合并以后的模块度值 $Q = Q + \Delta Q$。

（3）重复步骤（2），直到网络中所有节点都归到同一个社团内。

nx. community. naive_greedy_modularity_communities(G[,...])：利用贪心模块化最大化找到 G；

nx. community. greedy_modularity_communities(G[,weight,...])：利用贪心模块化最大化找到 G 中的社团。

4.2.3　鲁汶算法

基于模块度的鲁汶（Louvain）算法（两阶段模块度最大化算法）是一种基于模块度的社区发现算法。其基本思想是网络中的节点尝试遍历所有邻居的社团标签，并选择最大化模块度增量的社团标签。在最大化模块度之后，每个社团看成一个新的节点，重复，直到模块度不再增大。该算法包括模块度优化和网络凝聚两个阶段。

模块度优化阶段：开始时，每个节点都属于不同的社团。任意节点 i 遍历自己的所有邻居节点，分别计算模块度增益。如果最大的增益为正，则将该节点移入最大增益对应的社团。如果没有增益为正，则留在原来的社团。对所有节点重复这一过程，直到模块度不再增加为止。如图4.18左上角网络中节点0的4个邻居2,3,4,5，最大增益显然是 $\Delta M_{0,3}$，节点0应并入节点3。

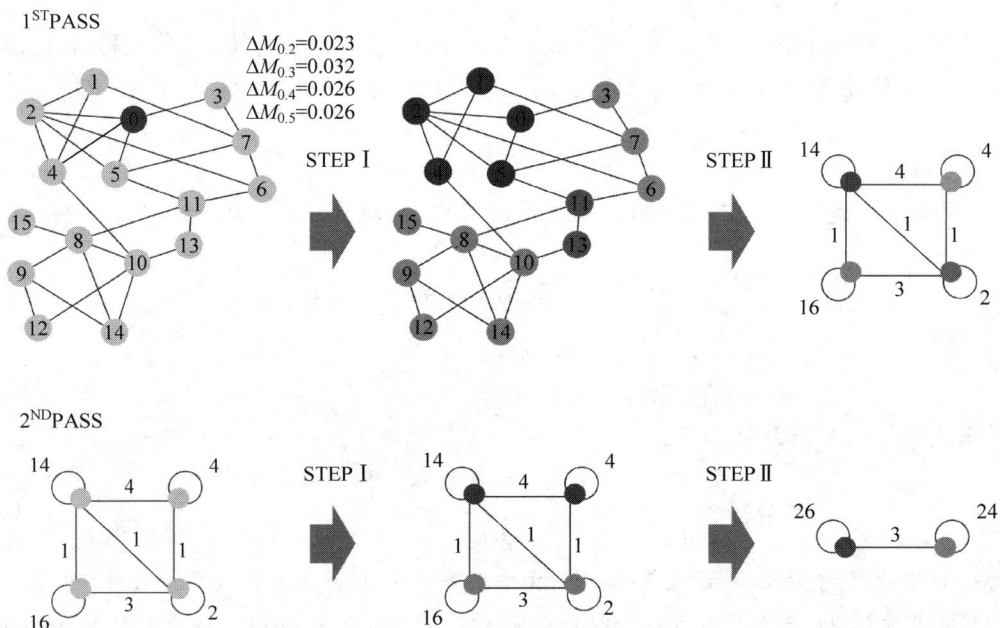

图 4.18　鲁汶算法示意图

网络凝聚阶段：属于同一社团的节点合并为一个新的超级节点，如图4.18右上角所示。这一过程会产生自环，表示合并为一个节点的社团内部节点之间的连接。

以上两个阶段合起来称为一轮。对每一轮所得的网络再次进行同样处理（第二轮），直到模块度不再增加为止。

鲁汶算法。

(1) 初始时将每个节点当作一个社团,社团个数与节点个数相同。

(2) 依次将每个节点与之相邻节点合并在一起,计算它们最大的模块度增益是否大于0,如果大于0,就将该节点放入模块度增量最大的相邻节点所在社团。

(3) 迭代第(2)步,直至算法稳定,即所有节点所属社团不再变化。

(4) 将各个社团所有节点压缩成为一个节点,社团内节点的权重转换为新节点自环的权重,社团间权重转换为新节点边的权重。

(5) 重复步骤(1)~(3),直至算法稳定。

nx. community. louvain_communities(G[,weight,resolution,...]):使用鲁汶社团检测算法找到图的最佳分区;

nx. community. louvain_partitions(G[,weight,resolution,...]):为鲁汶社团检测算法的每个级别生成分区。

【例4-2】 使用聚合算法探测图4.19所示网络的社团结构。这里我们给出一个改进版的贪婪算法,步骤如下所述。

(1) 初始化每个节点为一个社团。

(2) 计算所有可能的两社团合并方式,选择模块度最大的进行合并。

(3) 对合并后的社团继续执行第(2)步的合并,直至所有节点都在一个社团内为止。

```
1  def agg(network,community):                    #一次遍历合并过程
2    temp_community = community.copy()
3    temp_community.append(temp_community[0] + temp_community[1])
4    temp_community.remove(temp_community[0])
5    temp_community.remove(temp_community[0])
6    best_community = temp_community.copy()        #初始认为前两个社团合并是最优合并
7    modul = nx.community.modularity(network,temp_community)
8    for i in range(len(community) - 1):
9      for j in range(i + 1,len(community)):
10       temp_community = community.copy()
11       temp_community.append(temp_community[i] + temp_community[j]) #增加合并后的新社团
12       temp_community.remove(temp_community[i]) #删除合并前的社团
13       temp_community.remove(temp_community[j - 1])
                                                   #执行完上一步删除后,j社团的位置移动了一位
14       temp_modul = nx.community.modularity(network,temp_community)
15       if temp_modul >= modul:                   #初始比较对象为开始两个社团的合并结果
16         modul = temp_modul                      #记录最大模块度
17         best_community = temp_community.copy()  #记录最大模块度对应的合并
18   return best_community,modul
```

测试程序的正确性,代码如下所示。

```
1  #生成测试网络
2  gcd = nx.Graph()
3  gcd.add_nodes_from(range(1,10))
4  gcd.add_edges_from([(1,2),(1,5),(1,6),(2,3),(2,4),(3,4),(3,5),(4,5),(6,7),(6,8),(6,9),(7,8),(8,9)])
5
6  #初始化,每个节点为一个社团
7  community = [[i] for i in gcd.nodes]
8  modul = nx.community.modularity(gcd,community)
```

```
 9    print(community,modul)
10    while len(community)!= 1:            #逐步合并,直到社团大小为1时停止
11        community, modul = agg(gcd,community)
12        print(community,modul)
```

运行结果如下:

```
[[1], [2], [3], [4], [5], [6], [7], [8], [9]] −0.11538461538461539
[[1], [2], [3], [4], [5], [6], [7], [8, 9]] −0.05621301775147929
[[1], [2], [3], [4], [5], [7], [6, 8, 9]] 0.038461538461538464
[[1], [2], [3], [4], [5], [7, 6, 8, 9]] 0.13905325443786984
[[1], [2], [3], [7, 6, 8, 9], [4, 5]] 0.18934911242603553
[[1], [2], [7, 6, 8, 9], [3, 4, 5]] 0.2899408284023669
[[1], [7, 6, 8, 9], [2, 3, 4, 5]] 0.363905325443787
[[7, 6, 8, 9], [1, 2, 3, 4, 5]] 0.41124260355029585
[[7, 6, 8, 9, 1, 2, 3, 4, 5]] 0.0
```

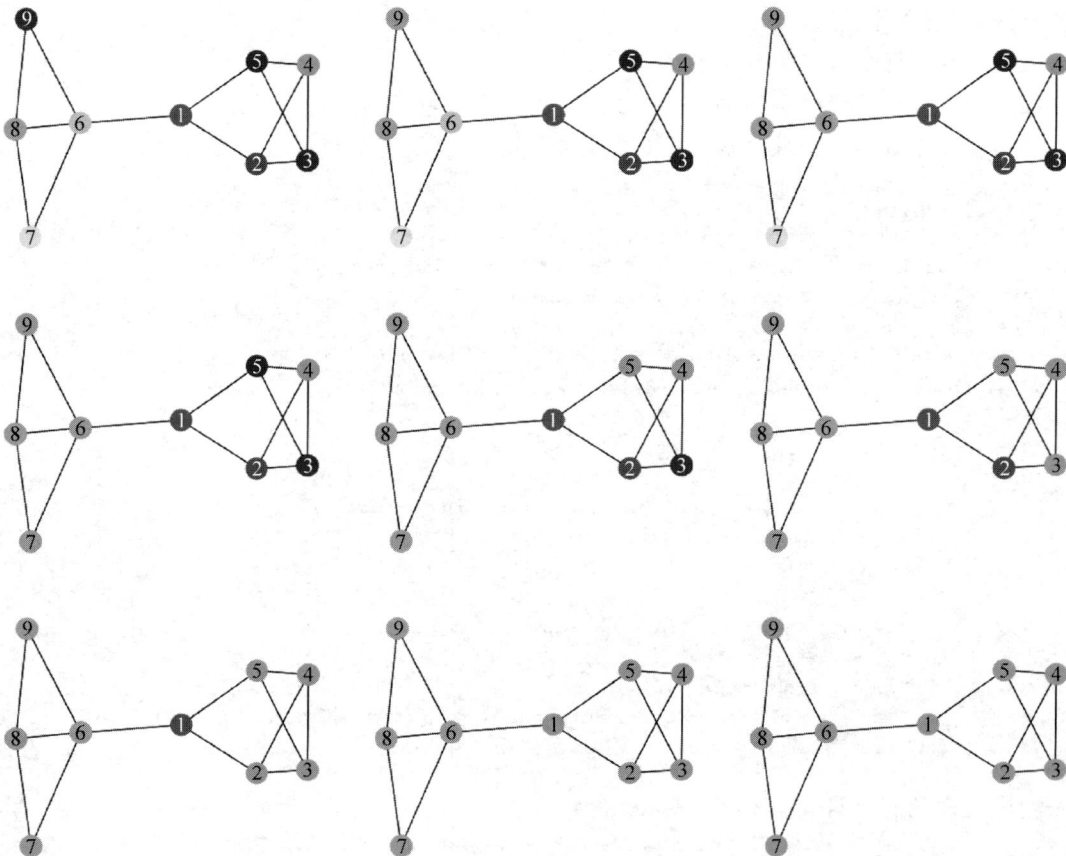

图 4.19　层次聚类算法的凝聚过程

　　层次聚类算法的凝聚过程如图 4.19 所示,可以发现,倒数第二步时,模块度的值达到最大,即为最大社团划分。

　　【例 4-3】　运用该算法讨论 Zachary 空手道俱乐部网络在聚合过程中模块度的变化。

```
1    zachary = nx.karate_club_graph()
2    community = [[i] for i in zachary.nodes]
```

```
3   modul = nx.community.modularity(zachary,community)
4   model_r = [(modul,len(community))]
5   # print(community,modul)
6   while len(community)!= 1:
7       community,modul = agg(zachary,community)
8       model_r.append((modul,len(community)))
9       # print(community,modul)
```

对结果进行可视化,代码如下:

```
1   import matplotlib.pyplot as plt
2   plt.plot(range(len(model_r)),[i for i,j in model_r],marker = '^')
3   plt.xlabel('step')
4   plt.ylabel('modularity')
5   plt.show()
```

Zachary 空手道俱乐部网络凝聚过程中模块度值的变化如图 4.20 所示。图 4.20(a)表示模块度随合并步数的变化关系,图 4.20(b)表示模块度随社团数量的变化关系。可以看到,当社团数量为 3 时,模块度最优,这与标准答案略有不同。

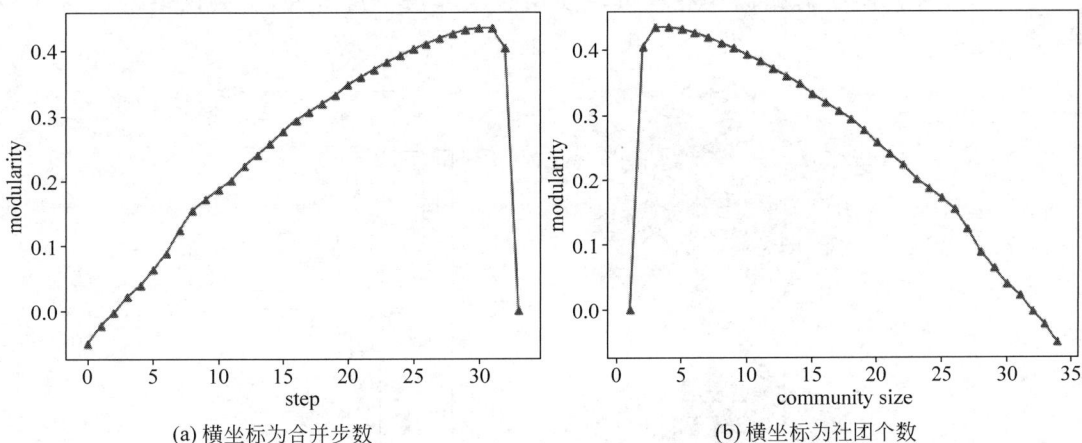

(a) 横坐标为合并步数   (b) 横坐标为社团个数

图 4.20 Zachary 空手道俱乐部网络凝聚过程中模块度值的变化

4.2.4 其他凝聚算法

1. 基于节点相似性的劳沃斯算法

劳沃斯(Ravasz)算法首先定义了节点间的相似性如下:

$$r_{ij} = \frac{J(i,j)}{\min(k_i,k_j)+1-\Theta(a_{ij})} \tag{4-17}$$

其中,$\Theta(x)$表示阶跃函数,当 $x \leqslant 0$ 时取值为 0,当 $x > 0$ 时取值为 1;$J(i,j)$表示节点 i 和节点 j 的共同邻居数,且当 i 和 j 之间有边相连时取值加 1;$\min(k_i,k_j)$表示取 k_i 和 k_j 中值较小的;a_{ij} 为邻接矩阵 $\mathbf{A}$ 中的元素,若节点 i 和节点 j 之间有边相连则取值为 1,否则为 0。

定义社团间的相似性包括以下 3 种:①单一簇相似度(两社团间最相似的两个节点,即取 $\min(x_{ij})$,i,j 分别属于两个社团);②完全簇相似度(两社团间最不相似的两个节点);③平均簇相似度(两社团间所有可能节点对的平均值)。

最后依据节点相似性和社团相似性使用凝聚算法逐层合并,得到网络的层次树。

2. 基于随机游走的 Walktrap 算法

研究者注意到,网络上的随机游走容易陷入连接相对密集的区域(社团)。因此,通过短距离随机游走定义了节点和社团间的相似性(距离),称为 Walktrap 算法。

(1) 节点间的相似性。

$$r_{ij} = \sqrt{\sum_{k=1}^{n} \frac{(P_{ik}^t - P_{jk}^t)^2}{d(k)}} = \| D^{-\frac{1}{2}} \boldsymbol{P}_{i\cdot}^t - D^{-\frac{1}{2}} \boldsymbol{P}_{j\cdot}^t \| \tag{4-18}$$

其中,P_{ij}^t 表示从节点 i 游走 t 步后到达节点 j 的概率;$\boldsymbol{P}_{i\cdot}^t$ 表示列概率向量;$d(k)$ 表示节点 k 的度值。$\| \cdot \|$ 表示欧几里得距离。

(2) 社团间的相似性。

$$r_{C_1 C_2} = \| D^{-\frac{1}{2}} \boldsymbol{P}_{C_1\cdot}^t - D^{-\frac{1}{2}} \boldsymbol{P}_{C_2\cdot}^t \| = \sqrt{\sum_{k=1}^{n} \frac{(P_{C_1 k}^t - P_{C_2 k}^t)^2}{d(k)}} \tag{4-19}$$

其中,$P_{Cj}^t = \dfrac{1}{|C|} \sum_{i \in C} P_{ij}^t$;$\boldsymbol{P}_{C\cdot}^t$ 表示列概率向量。

有了节点和社团间的相似度后就可以使用凝聚算法逐层合并,得到网络的层次树,如图 4.21 所示。

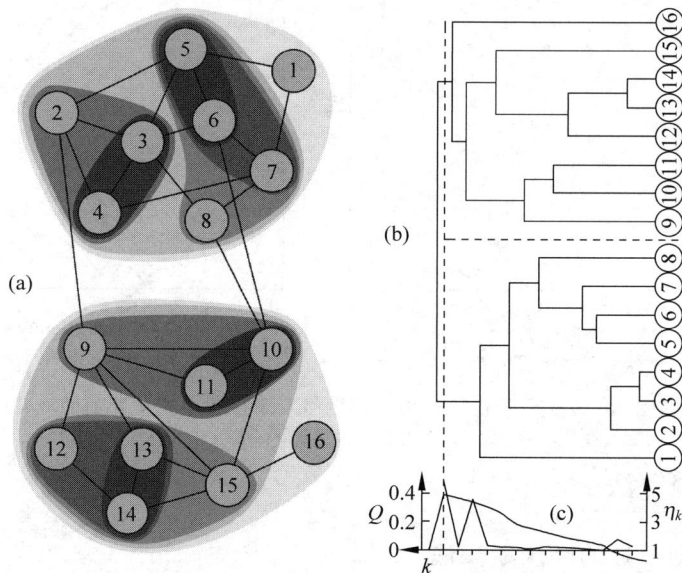

图 4.21　Walktrap 算法

4.3　分裂算法

本节主要介绍 GN(Girvan-Newman)(边介数分裂)算法。该算法的基本思想是每次删除边介数最高的边,直到网络中每个节点表示一个社团为止。原因是边介数较大的边往往连接两个社团,起到桥接作用。

GN 算法。

(1) 计算每条边的中心度。

(2) 移除中心度最大的边。如果多条边有并列最大的中心度,随机选择其一。

（3）重新计算剩下的网络中每条边的中心度。

（4）重复（2）和（3）直到所有边都被移除。

注：GN算法使用边介数作为中心度。

【例 4-4】 运用 GN 算法测试图 4.19 所示网络的分裂过程。

（1）生成网络，计算边介数。

```
1  gcd = nx.Graph()
2  gcd.add_nodes_from(range(1,10))
3  gcd.add_edges_from([(1,2),(1,5),(1,6),(2,3),(2,4),(3,4),(3,5),(4,5),(6,7),(6,8),(6,9),
   (7,8),(8,9)])
4  edge_bc_sort = sorted(nx.edge_betweenness_centrality(gcd).items(),key = lambda x:x[1],
   reverse = True)
5  edge_bc_sort
```

运行结果如下：

```
[((1, 6), 0.5555555555555556),
 ((1, 5), 0.28703703703703703),
 ((1, 2), 0.287037037037037),
 ((6, 7), 0.18055555555555555),
 ((6, 9), 0.18055555555555555),
 ((6, 8), 0.16666666666666666),
 ((2, 3), 0.10648148148148147),
 ((2, 4), 0.10648148148148147),
 ((3, 5), 0.10648148148148147),
 ((4, 5), 0.10648148148148147),
 ((7, 8), 0.041666666666666664),
 ((8, 9), 0.041666666666666664),
 ((3, 4), 0.027777777777777776)]
```

（2）依据边介数值，逐渐去除介数较高的边。

```
1  edge_bc_sort = sorted(nx.edge_betweenness_centrality(gcd).items(),key = lambda x:x[1],
   reverse = True)
2  g_temp = gcd.copy()
3  community = list(nx.connected_components(g_temp))
4  modul = nx.community.modularity(gcd,community)
5  print(community,modul)
6  for i,j in edge_bc_sort:
7    g_temp.remove_edge(i[0],i[1])
8    community = list(nx.connected_components(g_temp))
9    modul = nx.community.modularity(gcd,community)
10   print(i,community,modul)
```

分裂算法执行过程如表 4.1 所示。

表 4.1　分裂算法执行过程

去除的边	形成的社团	模块度值
—	{1,2,3,4,5,6,7,8,9}	0.0
(1,6)	{1,2,3,4,5},{8,9,6,7}	0.41124260355029585
(1,5)	{1,2,3,4,5},{8,9,6,7}	0.41124260355029585
(1,2)	{1},{2,3,4,5},{8,9,6,7}	0.363905325443787
(6,7)	{1},{2,3,4,5},{8,9,6,7}	0.363905325443787
(6,9)	{1},{2,3,4,5},{8,9,6,7}	0.363905325443787

续表

去 除 的 边	形 成 的 社 团	模 块 度 值
(6,8)	{1},{2,3,4,5},{6},{8,9,7}	0.215976331360946764
(2,3)	{1},{2,3,4,5},{6},{8,9,7}	0.215976331360946764
(2,4)	{1},{2},{3,4,5},{6},{8,9,7}	0.14201183431952666
(3,5)	{1},{2},{3,4,5},{6},{8,9,7}	0.14201183431952666
(4,5)	{1},{2},{3,4},{5},{6},{8,9,7}	0.041420118343195284
(7,8)	{1},{2},{3,4},{5},{6},{7},{8,9}	−0.005917159763313605
(8,9)	{1},{2},{3,4},{5},{6},{7},{8},{9}	−0.0650887573964497
(3,4)	{1},{2},{3},{4},{5},{6},{7},{8},{9}	−0.11538461538461539

从表 1.4 可以看到,每次断开的边及断开后的社团结构和相应的模块度值。

本例的分裂算法执行过程如图 4.22 所示。显然,并不是每次去除连边都能改变网络的社团划分,对代码进行简单修改可不显示模块度不变的删边过程。

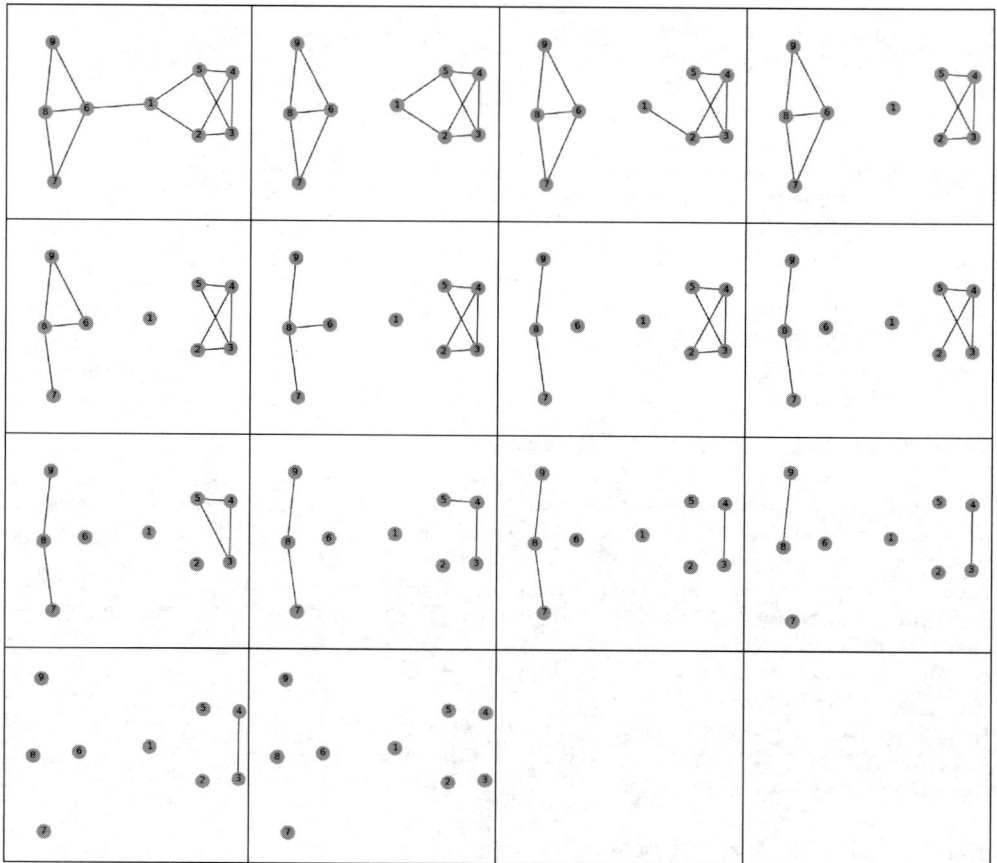

图 4.22　分裂算法执行过程

【例 4-5】　将移边过程封装为函数,运用 Zachary 空手道俱乐部网络测试该算法。

```
1  def edc_community(gcd):
2    edge_bc_sort = sorted(nx.edge_betweenness_centrality(gcd).items(),key = lambda x:x[1],
     reverse = True)
3    g_temp = gcd.copy()
```

```
4      community = list(nx.connected_components(g_temp))
5      modul = nx.community.modularity(gcd,community)
6      results = [(community,modul)]
7      for i,j in edge_bc_sort:
8        modul_size = len(community)
9        g_temp.remove_edge(i[0],i[1])
10       community = list(nx.connected_components(g_temp))
11       if len(community)> modul_size:
12         modul = nx.community.modularity(gcd,community)
13         results.append((community,modul))
14     return results
```

使用 Zachary 空手道俱乐部网络测试算法的正确性。

```
1    zachary = nx.karate_club_graph()
2    zachary_community = edc_community(zachary)
3    plt.plot([len(i) for i,j in zachary_community],[j for i,j in zachary_community],marker = '^')
4    plt.xlabel('step')
5    plt.ylabel('community')
6    plt.show()
```

Zachary 空手道俱乐部网络在分裂过程中模块度的变化如图 4.23 所示。可以看到,模块度先增大后减小,在 15 步左右时,模块度达到最大值。

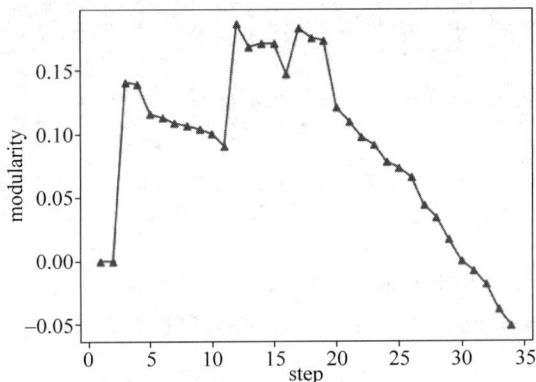

图 4.23　Zachary 空手道俱乐部网络在分裂过程中模块度的变化

4.4　重叠社团探测算法

4.4.1　派系过滤算法

CPM(Clique Percolation Method,派系过滤算法)也称为 CFinder,是最早的重叠社区发现算法,它基于团渗流理论。它将社团视为重叠团的集合。该算法首先搜索所有具有 k 个节点的完全子图(即 k-clique),而后建立以 k-clique 为节点的新图,在该图中如果两个 k-clique 有 $(k-1)$ 个公共节点,则在新图中为代表它们的节点间建立一条边。最终在新图中,每个连通子图即为一个社团。具体来说,该算法将社团视为重叠团的集合,两个 k-团,如果有 $k-1$ 个公共点,我们则认为这两个团是相邻的,k-团社团是由所有相邻 k-团的集合构成最大连通子图。在社团内部节点之间连接密切、边密度高,容易形成派系(clique)。因此社团内部的边有较大可能形成大的完全子图,而社团之间的边却几乎不可能形成较大的完全子图,从而可以通过找出网络中的派系来发现社团。

　　网络中会存在一些节点同时属于多个 k-派系,但是它们所属的这些 k-派系可能不相邻,因为它们所属的多个 k-派系之间公共的节点数不足 $k-1$ 个。这些节点同属的多个 k-派系不是相互连通的,导致这几个 k-派系不属于同一个 k-派系社团,因此这些节点最终可以属于多个不同的社团,从而发现社团的重叠结构。

　　【例 4-6】 使用派系方法分析图 4.24。

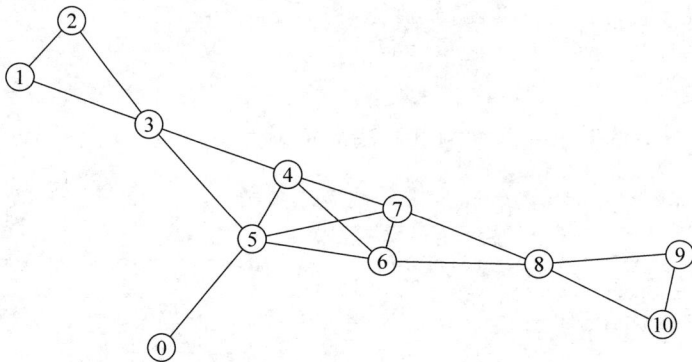

图 4.24　派系方法分析示意图

（1）枚举所有的派系。

```
1  >>> print(list(nx.enumerate_all_cliques(g)))
```

运行结果如下：

```
[[1], [2], [3], [4], [5], [6], [7], [8], [9], [10], [0], [1, 2], [1, 3], [2, 3], [3, 4], [3, 5],
[4, 5], [4, 6], [4, 7], [5, 6], [5, 7], [5, 0], [6, 7], [6, 8], [7, 8], [8, 9], [8, 10], [9, 10],
[1, 2, 3], [3, 4, 5], [4, 5, 6], [4, 5, 7], [4, 6, 7], [5, 6, 7], [6, 7, 8], [8, 9, 10], [4, 5, 6, 7]]
```

　　由结果可知,派系包含一个节点构成的点,两个节点构成的边,3 个节点构成的三角形和 4 个节点构成的 K_4。如果要筛选出某个大小的派系可以使用列表筛选。

　　（2）列出所有的 3-clique。

```
1  >>> [i for i in nx.enumerate_all_cliques(g) if len(i) == 3]
```

运行结果如下：

```
[[1, 2, 3], [3, 4, 5], [4, 5, 6], [4, 5, 7], [4, 6, 7], [5, 6, 7], [6, 7, 8], [8, 9, 10]]
```

　　i 的最大派系是指包含节点 i 的最大完全子图。

```
1  >>> list(nx.find_cliques(g,[6]))          #包含节点 6 的最大团
```

运行结果如下：

```
[[6, 7, 8], [6, 7, 4, 5]]
```

```
1  >>> list(nx.find_cliques(g))              #返回所有的最大派系
```

运行结果如下：

```
[[1, 2, 3], [5, 0], [5, 4, 3], [5, 4, 6, 7], [8, 9, 10], [8, 6, 7]]
```

```
1  >>> nx.node_clique_number(g,6)          # 包含该节点的最大团的大小
```

运行结果如下：

```
4
```

【例 4-7】 使用 CPM 算法讨论 Zachary 空手道俱乐部网络的社团结构。

此处使用逐层合并的方法实现 CPM 社团探测算法，步骤如下所述。

（1）找到网络中所有的 k-clique。

（2）将有 $k-1$ 个共同节点的 k-clique 合并。

（3）迭代执行第（2）步，逐层合并，直到没有可以合并的社团时结束。

```
1  # 去除是其他元素子集的元素,如[{1,2},{1,2,3}],元素{1,2}是{1,2,3}的子集,所以去除
2  def del_subset(results):          # results 是由集合为元素构成的列表
3    l = []
4    for i in results:
5      for j in results:
6        if i.issubset(j) and i!= j and i not in l:
7          l.append(i)
8    for i in l:
9      results.remove(i)
10
11 def merger_once(clique3,k):        # clique3 是以集合为元素构成的列表
12   n = len(clique3)
13   del_set = []                     # 集合合并后,需要删除原来的元素
14   for i in range(n-1):
15     temp_u = clique3[i]
16     for j in range(i+1,n):         # 元素 i 与它后面的其他元素比较,交集元素个数大于2的合并
17       temp_n = clique3[i]&clique3[j]
18       if len(temp_n)>= (k-1):
19         temp_u = temp_u.union(clique3[j])
20         if clique3[i] not in del_set:
21           del_set.append(clique3[i])
22         if clique3[j] not in del_set:
23           del_set.append(clique3[j])
24     if temp_u not in clique3:
25       clique3.append(temp_u)       # 集合合并后新增的元素
26   for i in del_set:                # 删除合并前的元素
27     clique3.remove(i)
28   del_subset(clique3)              # 删除是其他元素子集的那些元素
29   return clique3
30
31
32 def clique_community(g,k):         # g 是网络,k 是派系的大小
33   clique = [set(i) for i in nx.enumerate_all_cliques(g) if len(i) == k]
                                      # 找出所有大小为k的派系
34   results1 = merger_once(clique,k).copy()   # 合并有 k-1 个共同节点的元素
35   # print(results1)
36   for i in range(10):
37     l0 = len(results1)
```

```
38        results1 = merger_once(results1,k).copy()
39        l1 = len(results1)
40        if l0 == l1:              #终止判断条件,当集合大小不在变化时结束,合并会带来元素的减少
41          print(i + 1)            #输出合并次数
42          break
43     return results1
44
45   g = nx.karate_club_graph()
46   print(clique_community(g,3))
```

运行结果如下：

```
3
[{24, 25, 31}, {0, 4, 5, 6, 10, 16}, {0, 1, 2, 3, 7, 8, 12, 13, 14, 15, 17, 18, 19, 20, 21, 22,
23, 26, 27, 28, 29, 30, 31, 32, 33}]
```

使用内置库实现,代码如下所示。

```
1   >>> print(list(nx.community.k_clique_communities(g,3)))
```

运行结果如下：

```
[frozenset({0, 1, 2, 3, 7, 8, 12, 13, 14, 15, 17, 18, 19, 20, 21, 22, 23, 26, 27, 28, 29, 30, 31,
32, 33}), frozenset({0, 4, 5, 6, 10, 16}), frozenset({24, 25, 31})]
```

4.4.2 边聚类算法

虽然节点可能属于多个社团,但边往往只属于一个社团,表达成员之间的确切关系,而这种关系定义了成员为什么属于一个社团。边聚类的基本思想是将具有一定相似度的连边合并为一个社团。因此,该算法包含两个步骤。

(1) 定义边相似度。

考虑边(i,k)和(j,k)有一个共同的端点k,则它们的相似度定义为

$$S((i,k),(j,k)) = \frac{|n_+(i) \bigcap n_+(j)|}{|n_+(i) \bigcup n_+(j)|} \tag{4-20}$$

其中,$n_+(i)$表示节点i的邻居列表,包括其自身；S度量了i和j的邻居的相对数,当i和j有完全相同的邻居时$S=1$。如图4.25(a)所示,$|n_+(i) \bigcap n_+(j)| = 4$,$|n_+(i) \bigcup n_+(j)| = 12$,所以$S=1/3$。

(2) 层次聚类。

依次对相似性降序排列后的连边对进行合并,直到所有连边对都合并到同一社团为止,如图4.25所示。

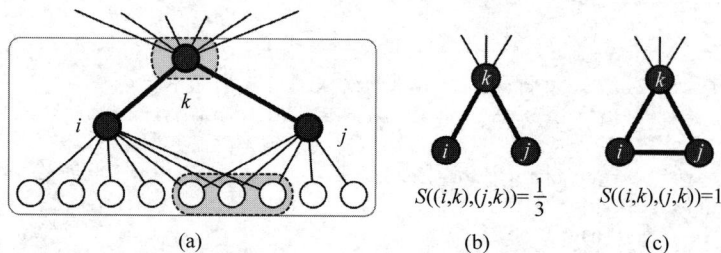

图 4.25　边聚类算法

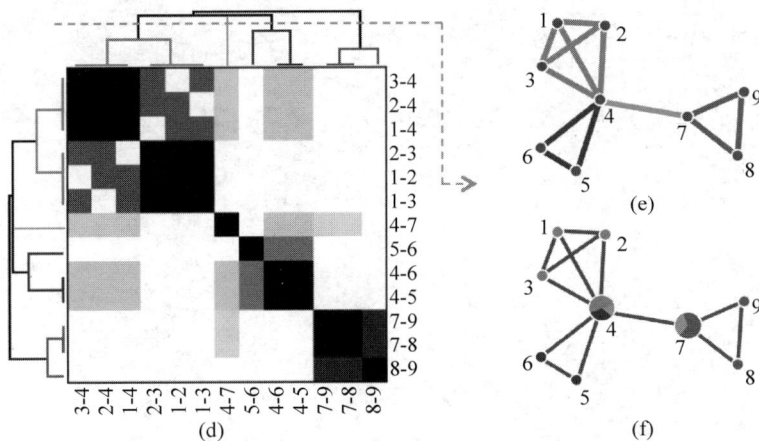

图 4.25 （续）

4.5 其他社团探测算法

4.5.1 基于拉普拉斯矩阵的谱平分算法

拉普拉斯矩阵 $L = D - A$，其中 $D = \text{diag}(k_1, k_2, \cdots, k_N)$，称为网络的度矩阵，第 i 行对角元为节点 i 的度 k_i，A 是图的邻接矩阵。可以发现矩阵 L 中所有的行和列的和都是 0，因此该矩阵总有一个特征值为 0。

如果网络是连通的，由矩阵理论可知矩阵 L 是一个不可约矩阵并具有如下性质。

（1）矩阵 L 有且仅有一个重数为 1 的零特征值，且其对应的特征向量为 $(1, 1, \cdots, 1)^{\text{T}}$。

（2）矩阵 L 其余的 $N-1$ 个特征值均为正实数，且这些特征值对应的特征向量构成的 $N-1$ 维子空间横截（正交）于零特征值的特征向量 $(1, 1, \cdots, 1)^{\text{T}}$。

（3）记矩阵 L 的特征值为

$$0 = \lambda_1 < \lambda_2 \leqslant \lambda_3 \leqslant \cdots \leqslant \lambda_N \tag{4-21}$$

那么有

$$\lambda_2 \leqslant \frac{N}{N-1} k_{\min} \leqslant \frac{N}{N-1} k_{\max} \leqslant \cdots \leqslant \lambda_N \leqslant 2k_{\max} \tag{4-22}$$

其中，$k_{\min}$ 和 $k_{\max}$ 分别为网络中的最大度和最小度。

网络结构不同，其对应的拉普拉斯矩阵的特点也有所不同，接下来将分三种情况分析拉普拉斯矩阵与网络拓扑的关系。

（1）网络不连通且不包含孤立节点。

假设网络包含 n 个连通片，此时拉普拉斯矩阵是一个可分为 n 个块的分块对角矩阵，其中，对角矩阵的每一块对应一个连通片，同时都具有特征值为 0 的特征向量。此时，网络的拉普拉斯矩阵共有 n 个特征值为零的特征向量，依据这些特征向量可以识别各个连通片所包含的节点，若节点在该连通片内则相应位置非零，否则为零。

【例 4-8】 使用拉普拉斯矩阵讨论图 4.26 的拓扑结构。

```
1  import matplotlib.pyplot as plt
2  G = nx.Graph()
3  G.add_edge(0,1)
```

```
4   G.add_edges_from([(2,3),(2,4),(3,4)])
5   G.add_edges_from([(5,6),(6,7),(7,8),(5,8)])
6   pos = nx.spring_layout(G,k = 2)
7   nx.draw(G,pos = pos,with_labels = True,node_color = 'yellow')
```

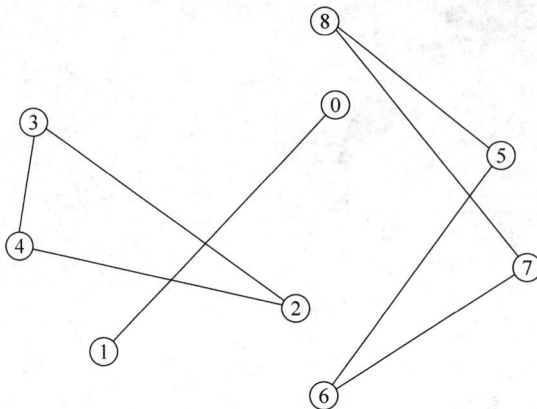

图 4.26　不连通图

对应的拉普拉斯矩阵可通过以下代码获得：

```
1   >>> LM = nx.laplacian_matrix(G,nodelist = sorted(G.nodes)).toarray()
2   >>> LM
```

运行结果如下：

```
array([[ 1, -1, 0, 0, 0, 0, 0, 0, 0],
       [-1, 1, 0, 0, 0, 0, 0, 0, 0],
       [ 0, 0, 2, -1, -1, 0, 0, 0, 0],
       [ 0, 0, -1, 2, -1, 0, 0, 0, 0],
       [ 0, 0, -1, -1, 2, 0, 0, 0, 0],
       [ 0, 0, 0, 0, 0, 2, -1, 0, -1],
       [ 0, 0, 0, 0, 0, -1, 2, -1, 0],
       [ 0, 0, 0, 0, 0, 0, -1, 2, -1],
       [ 0, 0, 0, 0, 0, -1, 0, -1, 2]], dtype=int32)
```

可以看出上面矩阵具有分块特性。

求解拉普拉斯的特征值和特征向量，代码如下：

```
1   >>> eigenvalues, eigenvectors = np.linalg.eig(LM)
2   >>> eigenvalues
```

运行结果如下：

```
array([ 2.00000000e+00, 0.00000000e+00, 3.00000000e+00, -4.23796137e-16,
        3.00000000e+00, -4.44089210e-16, 2.00000000e+00, 4.00000000e+00,
        2.00000000e+00])
```

挑选出特征值为 0 的特征向量。从上面结果可以看出，0 特征值的角标分别为 1,3,5。求其特征向量，代码如下：

```
1   >>> np.round(eigenvectors[:,1],2)
```

运行结果如下：

```
array([0.71, 0.71, 0. , 0. , 0. , 0. , 0. , 0. , 0. ])
```

```
1  >>> np.round(eigenvectors[:,3],2)
```

运行结果如下：

```
array([0. , 0. , −0.58, −0.58, −0.58, 0. , 0. , 0. , 0. ])
```

```
1  >>> np.round(eigenvectors[:,5],2)
```

运行结果如下：

```
array([0. , 0. , 0. , 0. , 0. , 0.5, 0.5, 0.5, 0.5])
```

以上结果可知，该图包含 3 个连通分支，分别是[0,1]、[2,3,4]和[5,6,7,8]。

（2）网络只包含两个社团且团间仅包含少量连边。

此时，网络的拉普拉斯矩阵包含两个近似对角矩阵块。L 只有一个特征值为零，其余特征值都大于零。可以使用最小非零特征值对应的特征向量中元素的正负来划分社团：正元素对应的节点属于一个社团，而负元素对应的节点属于另一个社团。

【例 4-9】 使用拉普拉斯矩阵讨论图 4.27 所示杠铃图的拓扑结构。

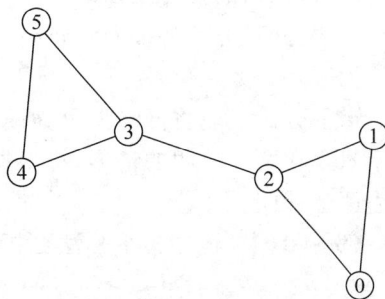

图 4.27 杠铃图

```
1  import networkx as nx
2  import numpy as np
3
4  g = nx.barbell_graph(3,0)
5  nx.draw(g,with_labels = True,node_color = 'y')
```

获得拉普拉斯矩阵，代码如下：

```
1  >>> LM = nx.laplacian_matrix(g,nodelist = sorted(g.nodes)).toarray()
2  >>> LM
```

运行结果如下：

```
array([[ 2, −1, −1, 0, 0, 0],
       [−1, 2, −1, 0, 0, 0],
       [−1, −1, 3, −1, 0, 0],
       [ 0, 0, −1, 3, −1, −1],
       [ 0, 0, 0, −1, 2, −1],
       [ 0, 0, 0, −1, −1, 2]], dtype=int32)
```

获得特征值和特征向量，代码如下：

```
1  >>> eigenvalues, eigenvectors = np.linalg.eig(LM)
2  >>> eigenvalues
```

运行结果如下：

```
array([4.56155281e+00, 1.33032112e-16, 4.38447187e-01, 3.00000000e+00,
       3.00000000e+00, 3.00000000e+00])
```

查看最小非零特征值对应的特征向量，显然，最小非零特征值对应的角标为2，代码如下所示。

```
1  >>> eigenvectors[:,2]
```

运行结果如下：

```
array([ 0.46470513, 0.46470513, 0.26095647, −0.26095647, −0.46470513,
       −0.46470513])
```

以上结果显示，节点0、1、2是一个社团，3、4、5是一个社团。

（3）网络具有n个明显的社团结构，社团间连边较少。

此时，网络的拉普拉斯矩阵不再是分块的对角阵，如果找到拉普拉斯矩阵中比零稍大的那些特征值，并且对其特征向量进行线性组合，就可以找到那些对应的对角矩阵块，从而了解不同社团所在的大致位置。

谱平分法只能将网络划分为两部分；如果网络有多个社团，就需要多次重复使用该算法。对于只存在两个社团的情形，可根据网络的拉普拉斯矩阵的第二小特征值λ_2将网络中的节点分为两个社团。

【例 4-10】 运用谱平分法分析 Zachary 空手道俱乐部网络的社团结构。

```
1   karate = nx.karate_club_graph()
2   LM = nx.laplacian_matrix(karate,nodelist = sorted(karate.nodes)).toarray()
3   eigenvalues, eigenvectors = np.linalg.eig(LM)
4   x = eigenvalues.copy()
5   color = []
6   for i in eigenvectors[:,np.where(eigenvalues == sorted(x)[1])[0][0]]:
7       if i > 0:
8           color.append('y')
9       else:
10          color.append('c')
11  nx.draw(karate,node_color = color,with_labels = True)
```

应用谱平分算法探测 Zachary 空手道俱乐部网络的社团结构结果如图 4.28 所示，对比社团标签发现除节点 8 分类错误外，其余节点分类都正确。

4.5.2 基于信息编码的 Infomap 算法

考虑一个网络被划分为n_c个社团，Infomap 算法希望以最高效的方式编码该网络上一个随机游走者的轨迹。即以最少个数的符号来描述轨迹。该方法依据的基本事实是随机游走者往往被困在社团内很长时间。

基本思路和编码过程如图 4.29 所示。

图 4.29(a)展示了某次随机游走，可以看到起点在图的左上角终点在图的右下角，中心节点被多次访问，边缘节点则访问次数较少。现在的任务是对这次随机游走进行编码，用编码序列来描述游走的先后顺序。

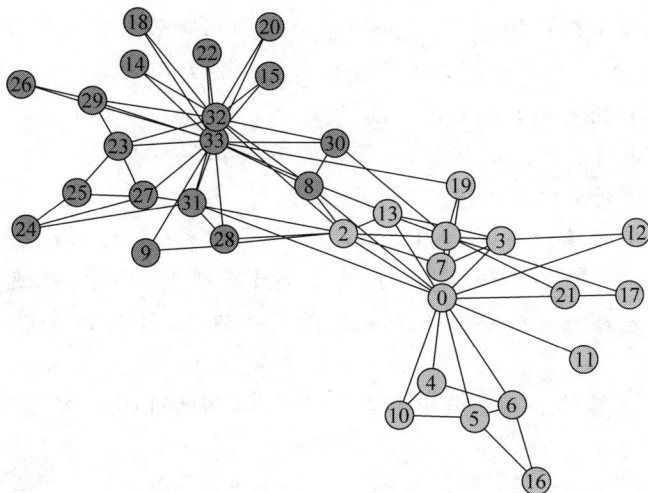

图 4.28 谱平分算法探测 Zachary 空手道俱乐部网络的社团结构

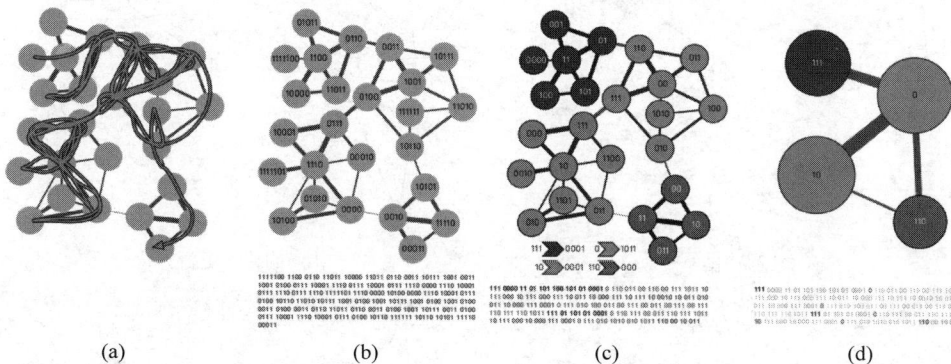

(a)　　　　　(b)　　　　　(c)　　　　　(d)

图 4.29 Infomap 算法

图 4.29(b)使用 Huffman 编码来描述这次随机游走,可以看出中心节点的编码较短,边缘节点的编码较长,这一编码的依据是,对于访问频率较高的节点给予较短的编码,对于访问频率较低的节点给予较长的编码。图片下方的二进制序列即为这次随机游走的编码。可以看到编码的开始是左上角的起点 1111100,序列的终点是右下角的节点 00011。编码长度为314 比特。

图 4.29(c)给出了一种优化的双层编码结构,包含社团编码(图片左下角箭头左侧的数字,如紫色的编码是 111),节点编码(不同社团内部节点的编码可以复用,中心节点编码较短,边缘节点编码较长)和退出码(图片左下角箭头右侧的数字,如紫色社团的 0001)。这种编码平均减少了 32%的编码长度。网络下方的二进制编码是对图 4.29(a)所示随机游走的描述,长度为 243 比特,编码开始的 111 表示进入紫色社团,0000 表示游走的开始节点,紫色数字的最后四位 0001 表示离开紫色社团,最后的 011 表示游走的终点。

图 4.29(d)忽略社团内部节点,以社团为超节点构建网络的高效粗粒化表达,从而将社团探测任务转换为构建一套编码,对随机游走提供最短描述。一旦最优编码确定,就可以依据该编码获得相应的社团划分。

4.5.3 标签传播算法

标签传播算法(Label Propagation Algorithm,LPA)的基本思想是,使所有个体都采用邻居中出现频率最高的标签。具体来说,它首先假设每个节点都有唯一的标签(即每个节点独立成团），然后依次更新每个节点的标签，更新规则是使用邻居节点中出现频率最高的标签。迭代执行该更新过程，直到所有节点都不再改变自身的标签为止。

基于标签传播的社团检测算法步骤如下所述。

（1）初始化网络中所有节点的标签，对于任意节点 i，$C_i(0)=i$。

（2）以随机顺序排列网络中的节点，设置 $t=1$。

（3）对于特定顺序选择的每个 $i \in V$，让 $C_i(t)=f(C_{i1}(t),C_{i2}(t),\cdots,C_{ij}(t))$。$f$ 返回相邻节点标签中出现频率最高的标签。如果有多个最高频率的标签，就随机选择一个标签。

（4）如果每个节点都有其邻居节点中数量最多的标签，则停止算法，否则，设置 $t=t+1$ 并转到（3）。

【例 4-11】 运用标签传播算法分析图 4.30 所示网络的社团结构，假设更新顺序为[3，6，4，2，5，9，7，1，8]。

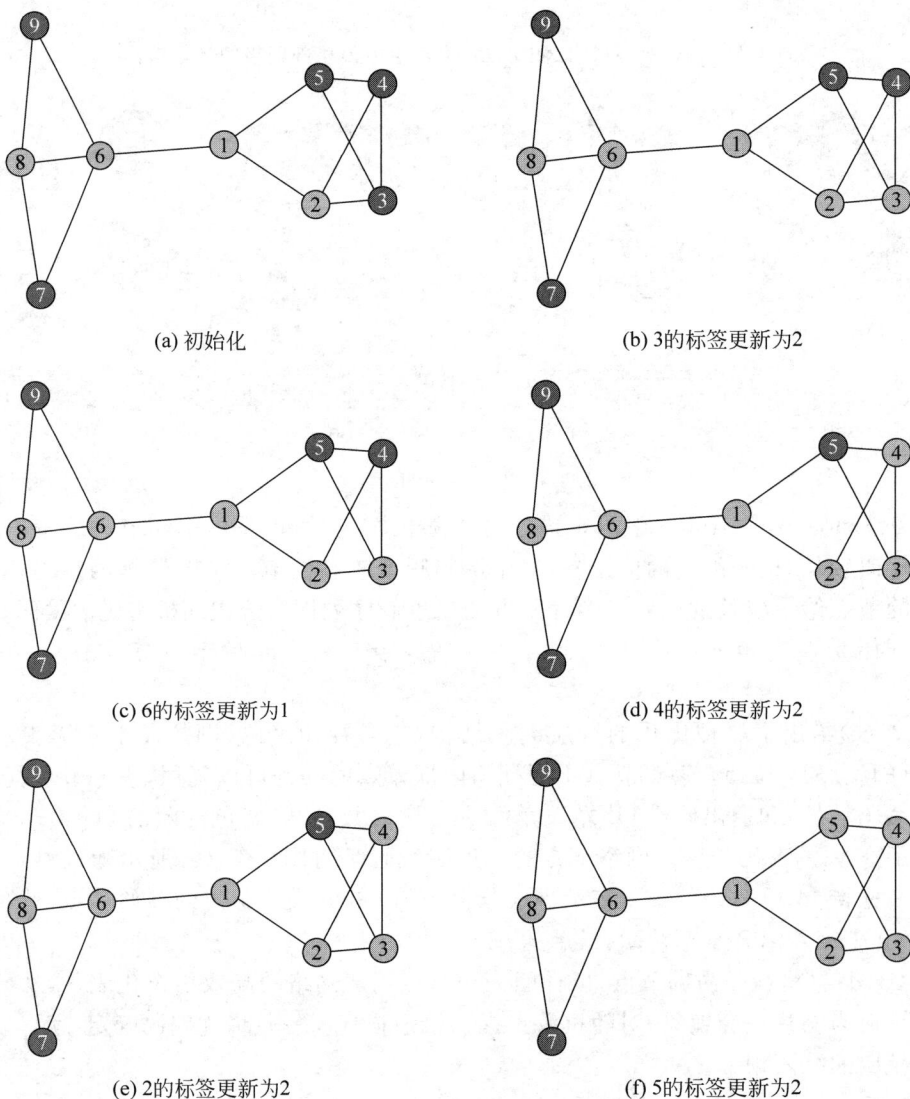

(a) 初始化   (b) 3的标签更新为2

(c) 6的标签更新为1   (d) 4的标签更新为2

(e) 2的标签更新为2   (f) 5的标签更新为2

图 4.30　标签传播算法执行过程

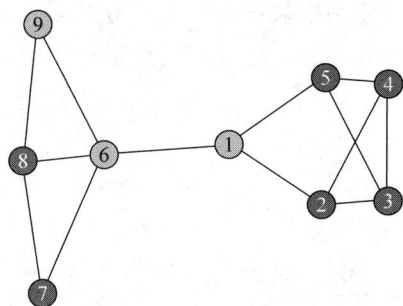

(g) 9的标签更新为1

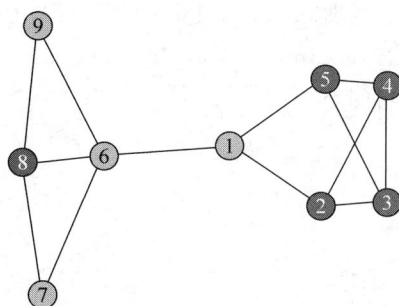

(h) 7的标签更新为1

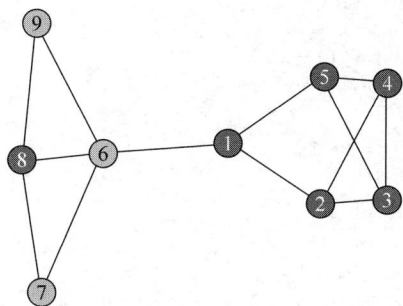

(i) 1的标签更新为2

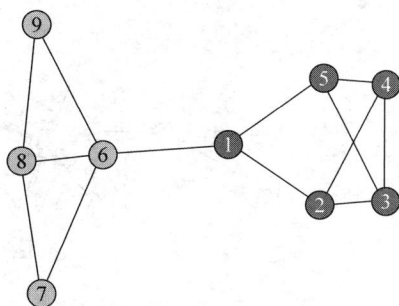

(j) 8的标签更新为1

图 4.30　（续）

【例 4-12】　使用标签传播算法测试空手道俱乐部网络的社团结构。

```
1   from random import shuffle
2
3   g = nx.karate_club_graph()
4   for i in g.nodes:                              #设置初始标签
5     g.nodes[i]['label'] = i
6
7   node_list = list(g.nodes)
8   shuffle(node_list)                            #设置节点标签更新顺序
9   #print(node_list)
10  for j in range(10):
11    label_results0 = [g.nodes[i]['label'] for i in node_list]
12    label_results = []
13    for k in node_list:                          #标签更新过程
14      neighbors_list = [g.nodes[i]['label'] for i in g.neighbors(k)]
15      neighbors_label_frquency = [(i,neighbors_list.count(i)) for i in neighbors_list]
16      neighbors_label_frquency_sorted = sorted(neighbors_label_frquency, key = lambda x:
        x[1], reverse = True)
17      g.nodes[k]['label'] = neighbors_label_frquency_sorted[0][0]
18      label_results.append(neighbors_label_frquency_sorted[0][0])
19    if label_results == label_results0:          #判断终止位置
20      print(j + 1)                               #记录更新次数
21      break
22  #可视化结果
23  node_color = [g.nodes[i]['label'] for i in g.nodes]
24  nx.draw(g,node_color = node_color,with_labels = True,cmap = 'Set2')
```

使用标签传播算法对空手道俱乐部网络进行社团探测的结果如图 4.31 所示。该算法的缺点是每次输出结果不一样，即迭代过程无法保证收敛性。此外，将整个网络划分为一个社团也满足算法的要求。针对这些不足,可以引入模块度,使用模块度最大的划分结果作为最终社团结构。nx. community. label_propagation_communities(G):通过标签传播算法得到社团划分后各社团的节点集。

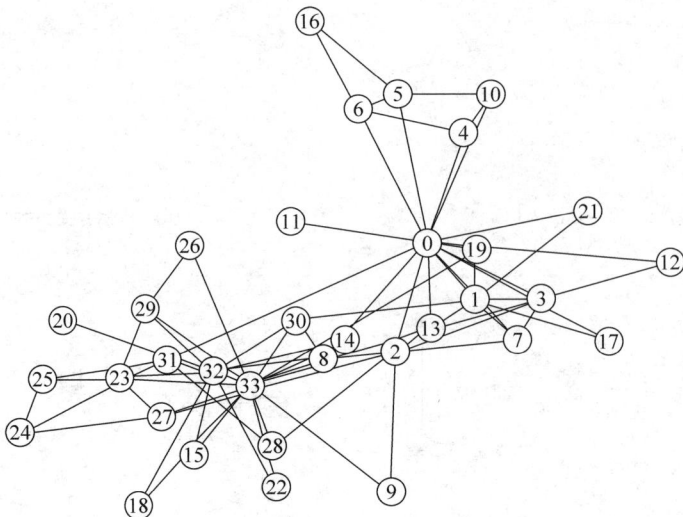

图 4.31　使用标签传播算法对空手道俱乐部网络进行社团探测的结果

4.6　社团探测检测标准

社团发现并不存在唯一的最优算法,在一些学术论文中通常会比较多种算法。结果显示,一些在常规评价指标(如 modularity)上表现较好的算法,可能在一些有 ground truth 的真实数据上表现不太好;在一些真实数据上表现好的算法,可能在另一些真实数据上表现并不尽如人意。这里给出检测分团结果好坏的一种评价指标——归一化互信息。假设用混乱矩阵 N 表示真实社团和划分所得社团的差异,行表示真实社团,列表示划分所得社团。N_{ij} 表示既在真实社团 i 中出现又在划分所得社团 j 中出现的节点个数。两种社团结构 A 和 B 的相似程度定义为

$$I(A,B) = \frac{-2\sum_{i=1}^{C_A}\sum_{j=1}^{C_B}N_{ij}\log\left(\frac{N_{ij}N}{N_{i\cdot}\,N_{\cdot j}}\right)}{\sum_{i=1}^{C_A}N_{i\cdot}\,\log\left(\frac{N_{i\cdot}}{N}\right)+\sum_{j=1}^{C_B}N_{\cdot j}\log\left(\frac{N_{\cdot j}}{N}\right)} \tag{4-23}$$

其中,C_A 表示真实社团的个数;C_B 表示划分所得社团的个数;$N_{i\cdot}$ 表示矩阵 N 第 i 行元素的和(真实社团 i 中的节点总数);$N_{\cdot j}$ 表示矩阵 N 第 j 列元素的和(划分所得社团 j 中的节点总数)。

【例 4-13】 以 Zachary 空手道俱乐部为例,使用归一化互信息比较各种社团探测算法。

```
1  def NMI(real_community,predicted_community,N):
2    confusion_matrix = np.zeros((len(real_community),len(predicted_community)))
3    for i in range(len(real_community)):
4      for j in range(len(predicted_community)):
5        confusion_matrix[i,j] = len(real_community[i]&predicted_community[j])
6
```

```
7    r,c = confusion_matrix.shape
8    son = 0
9    for i in range(r):
10     for j in range(c):
11       if confusion_matrix[i,j] == 0:
12         son += 0
13       else:
14         son += confusion_matrix[i,j] * np.log((confusion_matrix[i,j] * N)/(sum(confusion_
           matrix[i,:]) * sum(confusion_matrix[:,j])))
15
16   mum1 = 0
17   mum2 = 0
18   for i in range(r):
19     mum1 += sum(confusion_matrix[i,:]) * np.log(sum(confusion_matrix[i,:])/N)
20
21   for i in range(c):
22     mum2 += sum(confusion_matrix[:,i]) * np.log(sum(confusion_matrix[:,i])/N)
23
24
25   return - 2 * son/(mum1 + mum2)
```

获取真实社团划分,代码如下所示。

```
1    zachary = nx.karate_club_graph()
2    real_community = []
3    temp1 = set()
4    temp2 = set()
5    for i in zachary.nodes:
6      if zachary.nodes[i]['club'] == 'Officer':
7        temp1.add(i)
8      else:
9        temp2.add(i)
10   real_community.append(temp1)
11   real_community.append(temp2)
12   real_community
```

测试各算法的优劣:

(1) 鲁汶算法的归一化互信息。

```
1    1 N = zachary.number_of_nodes()
2    >>> NMI(real_community,louvain_community,N)
```

运行结果如下:

```
0.6000111158695007
```

(2) 模块度贪婪算法的归一化互信息。

```
1    >>>
     NMI(real_community,nx.community.greedy_modularity_communities(zachary),N)
```

运行结果如下:

```
0.5646068790944767
```

（3）标签传播算法的归一化互信息。

```
1   >>>
    NMI(real_community,list(nx.community.label_propagation_communities(zachary)),N)
```

运行结果如下：

```
0.3635987784607562
```

（4）派系过滤算法的归一化互信息。

```
1   >>>
    NMI(real_community,list(nx.community.k_clique_communities(zachary,k=3)),N)
```

运行结果如下：

```
0.2622847161698988
```

```
1   >>>
    NMI(real_community,list(nx.community.k_clique_communities(zachary,k=4)),N)
```

运行结果如下：

```
0.8006117607948712
```

对比发现，k 取 4 时的派系过滤算法能获得较好的结果。

第 **5** 章

链 路 预 测

5.1 链路预测基础

链路预测是指从已观察到的网络结构入手,预测存在但未被观察到,或者未来可能会出现的链路。它有着广泛的应用,如对社交网络中的朋友推荐和敌友关系进行预测,电子商务网站上的商品推荐,以及通过识别隐藏的连边和虚假的连边对信息不完全或含有噪声的网络进行重构等。

以图 5.1 所示的社交网络为例,链路预测是预测网络中不存在或者缺失的边,我们经常会在朋友的聚会上认识新的朋友或者由老朋友给我们介绍新朋友。基于此,链路预测里有这样的猜想,两个未连接的节点如果有很多共同的朋友,那么他们认识的概率将特别大。图中 George 和 Claire 很可能在他们共同的朋友 Frank 或 Dennis 的某次聚会中相识,或者他们已经认识,只是建网时没有捕捉到相关信息而已。

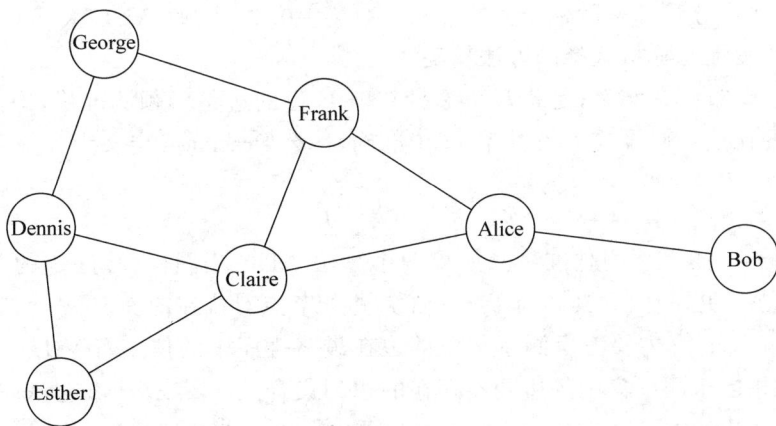

图 5.1 网络结构信息

链路预测的实质是找到某种衡量节点相似性的指标。相似性较高的节点往往更容易或者更有可能建立连边。目前,已经提出了多种相似性指标。但有一些问题也需要考虑,如何衡量预测结果的好坏?如何有效的评价不同链路预测算法?

5.1.1 训练集和测试集

与机器学习类似,在链路预测中,也通常将数据集划分为训练集和测试集。训练集用于训练模型,获取链路预测结果,测试集用于测试预测结果的好坏。这相当于,我们在完整的网络中先随机的拿走一部分连边,然后看预测结果中这部分边会不会出现。具体过程如下。

在一个包含 N 个节点和 M 条边的无向无权网络中测试链路预测算法的效果,需要先将已知的连边分为两部分:训练集 E^{train} 和测试集 E^{test},且这两部分之间没有重合的连边,即 $E=E^{\text{train}} \bigcup E^{\text{test}}$ 且 $E^{\text{train}} \bigcap E^{\text{test}}=\varnothing$,在后续的测试和评价中使用 90% 的边作为训练集,剩下的 10% 作为测试集。在使用算法进行预测的时候只能使用训练集中的信息。最常用的测试集的选择方法是在已知连边中随机选取一定比例的连边构成测试集。如果网络是含时的,可以按时间顺序将最近产生的连边作为测试集,也可以根据不同的预测目的采用不同方式选取测试集。例如,在考察算法对于小度节点之间产生连边的预测能力时,可以选择小度节点的连边组成测试集。那些没有连边的节点对构成"不存在的边"集合,即 G 的补图 G^c 中的边 E^{Gc},所有不存在的边和测试集中的边构成"未知边"集合 $H=E^{Gc} \bigcup E^{\text{test}}$。链路预测的最终目的就是利用训练集中的信息将测试集中的连边预测出来。

5.1.2　链路预测的衡量指标

衡量链路预测算法精确度最常见的指标有 AUC(Area Under ROC Curve)、准确率(Precision)和 Ranking Score 等。

(1) AUC 是从整体上衡量算法的精确度。它可以理解为,测试集中的边的分数值比随机选择的一个不存在的边的分数值高的概率。也就是说,每次随机从测试集中选取一条边与随机选择的不存在的边进行比较:如果测试集中的边的分数值大于不存在的边的分数值,那么就加 1 分,如果两个分数值相等就加 0.5 分。这样独立比较 n 次,如果有 n' 次测试集中的边的分数值大于不存在的边的分数值,有 n'' 次两个分数值相等,那么 AUC 定义为

$$\text{AUC}=\frac{n'+0.5n''}{n} \tag{5-1}$$

显然,如果所有分数都是随机产生的,那么 AUC=0.5。因此 AUC 大于 0.5 的程度衡量了算法在多大程度上比随机选择的方法精确。

(2) 准确率也叫作查准率,是指只考虑排在前 L 位的边是否预测准确,即前 L 个预测边中被预测准确的比例。假设前 L 个中有 m 个准确,那么 Precision 定义为

$$\text{Precision}=\frac{m}{L} \tag{5-2}$$

显然,Precision 越大预测越准确。如果两个算法 AUC 相同,而算法 1 的 Precision 大于算法 2,说明算法 1 更好,因为其倾向于把真正连边的节点对排在前面。

(3) Ranking Score 主要考虑测试集中的边在最终排序中的位置。令 $H=E^{Gc} \bigcup E^{\text{test}}$ 为未知边的集合(相当于测试集中的边和不存在的边的集合),r_i 表示未知边 $i \in H$ 在排序中的排名,则该条未知边的 Ranking Score 值为 $\text{RS}_i=r_i/|H|$,其中 $|H|$ 表示集合 H 中元素的个数,遍历所有在测试集中的边,得到系统的 Ranking Score 值为

$$\text{RS}=\frac{1}{|E^{\text{test}}|}\sum_{i \in E^{\text{test}}}\text{RS}_i=\frac{1}{|E^{\text{test}}|}\sum_{i \in E^{\text{test}}}\frac{r_i}{|H|}=\frac{1}{|E^{\text{test}}||H|}\sum_{i \in E^{\text{test}}}r_i \tag{5-3}$$

显然 RS 的最小值为 $\frac{1+|E^{\text{test}}|}{2|H|}$,即测试集的所有元素恰好排在未知边的前 $|E^{\text{test}}|$ 位,最大值为 $1-\frac{1-|E^{\text{test}}|}{2|H|}$,值越大排序越不准确,即 RS 的值越小预测越准确。

此外,类比机器学习还可以使用召回率(Recall,也叫查全率)、假阳性率(False Positive Rate,FPR)、F1 值等指标评价算法的性能。召回率指存在的连边中被预测准确的比例,假阳性率等于把不存在的连边误判为存在的连边的比例,F1 值又称为平衡 F 分数,定义为准确率和召回率的调和平均数。

5.1.3 链路预测方法

链路预测方法可大致分为四类,分别是基于节点属性相似性的链路预测(使用传统机器学习方法,仅使用节点属性信息);基于网络结构相似性的链路预测(如共同邻居越多节点相似性越高);基于似然分析的链路预测;既使用网络结构信息又使用节点属性信息的链路预测(如基于图嵌入和图神经网络的链路预测)。

假设表 5.1 为图 5.1 所示社交网络的节点属性信息。每个个体具有各自的属性,包括:姓名、性别、年龄、文化程度、职业、婚否、有无子女、特长和爱好,具体数据如表 5.1 所示。基于节点属性相似性的链路预测认为,两个节点的属性越相似,就越可能产生联系。从而在不考虑社交网络结构的情况下,可以依据这些属性的相似程度,对节点对之间还未发生的联系或者缺失的联系进行预测。

表 5.1 节点属性信息

姓名	性别	年龄	文化程度	职业	婚否	有无子女	特长	爱好
Alice	女	25	大学本科	工人	已婚	无	网球	看剧
Bob	男	31	大学本科	军人	已婚	有	足球	旅游
Claire	女	18	高中文化	—	未婚	无	羽毛球	烹饪
Dennis	男	47	研究生及以上	教师	已婚	有	篮球	书法
Esther	女	22	大学本科	—	未婚	无	网球	旅游
Frank	男	23	高中文化	警察	未婚	无	篮球	烹饪
George	男	50	高中文化	医生	已婚	有	足球	看剧

5.2 基于网络结构相似性的链路预测

基于网络结构相似性的方法:假设在网络中,两个节点之间相似性(或者相近性)越大,它们之间存在连边的可能性就越大。

5.2.1 优先连接

优先连接(Preferential Attachment,PA)与产生无标度网络时的优先连接规则类似。在无标度网络中,一条即将加入的新边连接到节点 x 的概率正比于节点 x 的度,因此,新边连接节点 x 和节点 y 的概率正比于两节点度的乘积。因为需要的信息量非常少,所以该算法的计算复杂度较低。对于网络中的节点 x,定义它的邻居集合为 $\Gamma(x)$,$k_x = |\Gamma(x)|$ 为节点 x 的度。节点 x 和节点 y 的相似性 s_{xy} 定义为

$$s_{xy} = k_x \times k_y \tag{5-4}$$

nx. preferential_attachment(G[,ebunch])

5.2.2 基于共同邻居的相似性指标

基于共同邻居(Common Neighbor,CN)的相似性指标假设两个节点如果有更多的共同邻居,则它们更倾向于连边。包括以下算法。

（1）共同邻居

$$s_{xy} =| \Gamma(x) \bigcap \Gamma(y) | \tag{5-5}$$

nx. common_neighbors()

（2）索尔顿（Salton）指标（也叫作余弦相似性）

$$s_{xy} = \frac{| \Gamma(x) \bigcap \Gamma(y) |}{\sqrt{k_x \times k_y}} \tag{5-6}$$

（3）雅卡尔（Jaccard）指标

$$s_{xy} = \frac{| \Gamma(x) \bigcap \Gamma(y) |}{| \Gamma(x) \bigcup \Gamma(y) |} \tag{5-7}$$

nx. jaccard_coefficient(G[,ebunch])

（4）索伦森（Sorenson）指标

$$s_{xy} = \frac{| \Gamma(x) \bigcap \Gamma(y) |}{k_x + k_y} \tag{5-8}$$

（5）大度节点有利指标（Hub Promoted Index）

$$s_{xy} = \frac{| \Gamma(x) \bigcap \Gamma(y) |}{\min\{k_x, k_y\}} \tag{5-9}$$

（6）大度节点不利指标（Hub Depressed Index）

$$s_{xy} = \frac{| \Gamma(x) \bigcap \Gamma(y) |}{\max\{k_x, k_y\}} \tag{5-10}$$

（7）LHN-I 指标

$$s_{xy} = \frac{| \Gamma(x) \bigcap \Gamma(y) |}{k_x \times k_y} \tag{5-11}$$

（8）Adamic-Adar 指标（AA）

$$s_{xy} = \sum_{z \in | \Gamma(x) \bigcap \Gamma(y) |} \frac{1}{\lg k(z)} \tag{5-12}$$

nx. adamic_adar_index(G[,ebunch])

（9）资源分配指标（RA）

$$s_{xy} = \sum_{z \in | \Gamma(x) \bigcap \Gamma(y) |} \frac{1}{k(z)} \tag{5-13}$$

nx. resource_allocation_index(G[,ebunch])

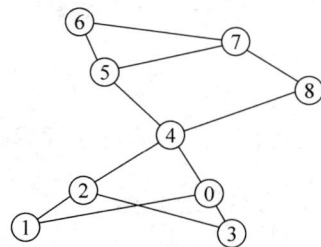

图 5.2 链路预测示例图

【例 5-1】 运用优先连接和共同邻居数量对图 5.2 进行链路预测。

网络构建和可视化，代码如下所示。

```
1  import networkx as nx
2  glp = nx.Graph()
3  glp.add_edges_from([(0,1),(0,3),(0,4),(1,2),(2,3),(2,4),(4,5),(4,8),(5,6),(5,7),(6,7),\
4      (7,8)])
5  pos = nx.spring_layout(glp,seed = 60)
6  nx.draw(glp,pos = pos,with_labels = True,node_color = 'y',node_size = 1000)
```

（1）共同邻居，即共同邻居越多，越可能建立连边。

可以通过内置函数求共同邻居，代码如下所示。

```
1  >>> list(nx.common_neighbors(glp,0,2))
```

运行结果如下：

```
[1, 3, 4]
```

从图 5.2 中可以明显看到，节点 0 和节点 2 有三个共同邻居，分别是 1、3 和 4。

只要对网络中所有可能的连边使用该函数即可求出网络中任意两个节点的共同邻居数量。

产生所有可能边对应的节点对：

```
1  N = glp. number_of_nodes()
2  all_possible_edges = [(i,j) for i in range(N) for j in range(N) if i < j]
3  print(all_possible_edges)
```

运行结果如下：

```
[(0, 1), (0, 2), (0, 3), (0, 4), (0, 5), (0, 6), (0, 7), (0, 8), (1, 2), (1, 3), (1, 4), (1, 5),
(1, 6), (1, 7), (1, 8), (2, 3), (2, 4), (2, 5), (2, 6), (2, 7), (2, 8), (3, 4), (3, 5), (3, 6),
(3, 7), (3, 8), (4, 5), (4, 6), (4, 7), (4, 8), (5, 6), (5, 7), (5, 8), (6, 7), (6, 8), (7, 8)]
```

对于无向网络，表示节点对 a 和 b 构成的边可以写为 (a,b) 或 (b,a)，因例 5-1 对节点的编号都采用数字，故仅考虑编号较小节点到编号较大节点组成的节点对。若无说明，则本书使用的图都不包含自环，故而 $a \neq b$。若想两种节点组合都包含在内，则可以使用以下代码：

node_pairs = [(i,j) for i in range(N) for j in range(N) if i! = j]

从而求共同邻居数的代码可以写为：

```
1  N = glp. number_of_nodes()
2  node_pairs = [(i,j) for i in range(N) for j in range(N) if i < j]
3  comm_neig = {}
4  for i,j in node_pairs:
5    comm_neig[(i,j)] = len(list(nx.common_neighbors(glp, i, j)))
6  print(comm_neig)
```

运行结果如下：

```
{(0, 1): 0, (0, 2): 3, (0, 3): 0, (0, 4): 0, (0, 5): 1, (0, 6): 0, (0, 7): 0, (0, 8): 1, (1, 2): 0,
(1, 3): 2, (1, 4): 2, (1, 5): 0, (1, 6): 0, (1, 7): 0, (1, 8): 0, (2, 3): 0, (2, 4): 0, (2, 5): 1,
(2, 6): 0, (2, 7): 0, (2, 8): 1, (3, 4): 2, (3, 5): 0, (3, 6): 0, (3, 7): 0, (3, 8): 0, (4, 5): 0,
(4, 6): 1, (4, 7): 2, (4, 8): 1, (5, 6): 1, (5, 7): 1, (5, 8): 2, (6, 7): 1, (6, 8): 1, (7, 8): 0}
```

如果想对以上结果排序，则使用：

comm_neig = list(comm_neig. items())

sorted(comm_neig, key = lambda x: x[1], reverse = True)

如果不想包含对已有连边的预测，则可以通过以下方式获得不存在的连边组合：

```
1  >>> set(all_possible_edges) - set(glp.edges)
```

或者使用 NetworkX 的内置函数实现：

```
1  nonexistence_edges = list(nx.non_edges(glp))
2  print(nonexistence_edges)
```

运行结果如下：

```
[(0, 2), (0, 5), (0, 6), (0, 7), (0, 8), (1, 3), (1, 4), (1, 5), (1, 6), (1, 7), (1, 8), (2, 8),
(2, 5), (2, 6), (2, 7), (3, 4), (3, 5), (3, 6), (3, 7), (3, 8), (4, 6), (4, 7), (5, 8), (6, 8)]
```

求共同邻居数代码如下：

```
1   comm_neig = {}
2   for i, j in nonexistence_edges:
3     comm_neig[(i,j)] = len(list(nx.common_neighbors(glp, i, j)))
4   print(comm_neig)
```

运行结果如下：

```
{(0, 2): 3, (0, 5): 1, (0, 6): 0, (0, 7): 0, (0, 8): 1, (1, 3): 2, (1, 4): 2, (1, 5): 0, (1, 6): 0,
(1, 7): 0, (1, 8): 0, (2, 8): 1, (2, 5): 1, (2, 6): 0, (2, 7): 0, (3, 4): 2, (3, 5): 0, (3, 6): 0,
(3, 7): 0, (3, 8): 0, (4, 6): 1, (4, 7): 2, (5, 8): 2, (6, 8): 1}
```

以上编程过程也可直接使用内置函数加以实现：

```
1   >>> print(list(nx.common_neighbor_centrality(glp, alpha = 1)))
```

运行结果如下：

```
[(0, 2, 3), (0, 5, 1), (0, 6, 0), (0, 7, 0), (0, 8, 1), (1, 3, 2), (1, 4, 2), (1, 5, 0), (1, 6, 0),
(1, 7, 0), (1, 8, 0), (2, 8, 1), (2, 5, 1), (2, 6, 0), (2, 7, 0), (3, 4, 2), (3, 5, 0), (3, 6, 0),
(3, 7, 0), (3, 8, 0), (4, 6, 1), (4, 7, 2), (5, 8, 2), (6, 8, 1)]
```

注意，二者除了在表示形式上略有区别外，结果是相同的，如果想获得和内置函数相同的结果可以使用以下代码：

```
1   comm_neig = []
2   for i, j in nonexistence_edges:
3     comm_neig.append((i,j,len(list(nx.common_neighbors(glp, i, j)))))
4   print(comm_neig)
```

排序后的结果为：

```
1   >>> print(sorted(nx.common_neighbor_centrality(glp, alpha = 1), key = lambda x:x[2], reverse =
True))
```

运行结果如下：

```
[(0, 2, 3), (1, 3, 2), (1, 4, 2), (3, 4, 2), (4, 7, 2), (5, 8, 2), (0, 5, 1), (0, 8, 1), (2, 8, 1),
(2, 5, 1), (4, 6, 1), (6, 8, 1), (0, 6, 0), (0, 7, 0), (1, 5, 0), (1, 6, 0), (1, 7, 0), (1, 8, 0),
(2, 6, 0), (2, 7, 0), (3, 5, 0), (3, 6, 0), (3, 7, 0), (3, 8, 0)]
```

（2）偏好连接。

```
1   pre_para = []
2   for i, j in nonexistence_edges:
3     pre_para.append((i,j,glp.degree(i) * glp.degree(j)))
4   print(sorted(pre_para, key = lambda x:x[2], reverse = True))
```

运行结果如下：

```
[(4, 7, 12), (0, 2, 9), (0, 5, 9), (0, 7, 9), (2, 5, 9), (2, 7, 9), (1, 4, 8), (3, 4, 8), (4, 6,
8), (0, 6, 6), (0, 8, 6), (1, 5, 6), (1, 7, 6), (2, 8, 6), (2, 6, 6), (3, 5, 6), (3, 7, 6), (5, 8,
6), (1, 3, 4), (1, 6, 4), (1, 8, 4), (3, 6, 4), (3, 8, 4), (6, 8, 4)]
```

或使用内置函数：

```
1  print(sorted(nx.preferential_attachment(glp),key = lambda x:x[2],reverse = True))
```

对比以上两种方法所得结果，如果使用共同邻居作为衡量标准，则最应该建立的连边是 $(0,2)$；如果使用偏好连接，最应该建立的连边是 $(4,7)$。类似的指标还有很多，当然所得结果也各不相同，如何衡量结果的好坏将是一个值得深入探讨的问题。

【例 5-2】　综合练习，使用不同的链路预测算法对《悲惨世界》人物关系网络进行测试，并评价各算法的优劣。

（1）将数据划分为训练集和测试集。

```
1  from random import sample,choice
2  ♯拆分训练集和测试集
3  def split_train_test(network,train_ratio = 0.9):
4    train_size = round(train_ratio * network.number_of_edges())
5    test_size = network.number_of_edges() - train_size
6    test_set = sample(list(network.edges),test_size)
7    train_set = [i for i in network.edges if i not in test_set]
8     return train_set,test_set
```

（2）用训练集计算节点相似性，获得链路排序。

```
1  les = nx.les_miserables_graph()
2
3  train_set,test_set = split_train_test(les,0.90)
4  nonexistent_set = list(nx.non_edges(les))              ♯不存在的边
5  ♯由训练集构成的网络
6  network_copy = les.copy()
7  network_copy.remove_edges_from(test_set)
8  ♯给网络中不存在的边打分
9  score = list(nx.common_neighbor_centrality(network_copy,alpha = 1))
```

（3）使用测试集评价算法的优劣。

① AUC。

```
1   ♯auc打分,测试集中的元素得分与不存在边集中的节点打分
2  def network_auc(score,n,test_set,nonexistent_set):
3    auc = 0
4    score_dict = {(i,j):k for i,j,k in score}
5    score_dict.update({(j,i):k for i,j,k in score})
6    for i in range(n):
7      test_score = score_dict[choice(test_set)]
8      nonexistent_score = score_dict[choice(nonexistent_set)]
9      if test_score > nonexistent_score:
10        auc += 1
11      if test_score == nonexistent_score:
12        auc += 0.5
13    return auc/n
14
```

```
15  # Precision 打分,排名前 l 的元素在测试集中的比例
16  def network_rec(score, l, network):
17    rec = 0
18    score_sort = sorted(score, key = lambda x:x[2], reverse = True)
19    for i in range(l):
20      if (score_sort[i][0], score_sort[i][1]) in network.edges:
21        rec += 1
22    return rec/l
```

② Ranking Score。

```
1   # Ranking Score 打分,测试集排名打分
2   def network_rs(score, test_set, nonexistent_set):
3     ranking_score = 0
4     score_sort = sorted(score, key = lambda x:x[2], reverse = True)
5     score_sort_list = [(i, j) for i, j, k in score_sort]
6     for i in test_set:
7       try:
8         ranking_score = (score_sort_list.index(i) + 1)/(len(test_set) + len(nonexistent_set))
9       except ValueError:
10        ranking_score = (score_sort_list.index((i[1], i[0])) + 1)/(len(test_set) + len
          (nonexistent_set))
11    return ranking_score/len(test_set)
```

为了保证方法的可靠性,需要重复多次实验取评价指标的平均值。

```
1   def network_link_prediction(network, n):
2     auc_score = 0
3     rec_score = 0
4     rs_score = 0
5     for i in range(n):
6       train_set, test_set = split_train_test(network, 0.90)
7       nonexistent_set = list(nx.non_edges(network))
8       # 训练集构成的网络
9       network_copy = network.copy()
10      network_copy.remove_edges_from(test_set)
11      # 给网络中不存在的边打分
12      score = list(nx.common_neighbor_centrality(network_copy, alpha = 1))
13      # score = list(nx.preferential_attachment(network_copy))
14      # score = list(nx.jaccard_coefficient(network_copy))
15      # score = list(nx.adamic_adar_index(network_copy))
16      # score = list(nx.resource_allocation_index(network_copy))
17
18      # 判断链路预测的效果
19      auc_score += network_auc(score, n = 20, test_set = test_set, nonexistent_set = nonexistent_
    set)
20      rec_score += network_rec(score = score, l = 10, network = network)
21      rs_score += network_rs(score, test_set, nonexistent_set)
22    return auc_score/n, rec_score/n, rs_score/n
23
24  les = nx.les_miserables_graph()
25  print(network_link_prediction(les, 20))
```

不同链路预测指标的比较如表 5.2 所示。

表 5.2 不同链路预测指标的比较

	AUC	Precision	Ranking Score
优先连接	0.79875	0.09	0.00724
共同邻居	0.91125	0.62	0.00327
雅卡尔指标	0.89875	0.08	0.00759
Adamic-Adar	0.914	0.72	0.004
资源分配	**0.91625**	**0.825**	**0.00136**

5.2.3 基于路径的相似性指标

基于路径的相似性指标有 3 个,分别是局部路径指标(LP)、Katz 指标和 LHN-Ⅱ 指标。

(1) 局部路径指标(Local Path,LP),是在共同邻居指标的基础上进一步考虑三阶邻居的贡献,其定义为 $S=A^2+\alpha A^3$,其中 α 为可调节参数,用于控制三阶路径的作用,当 $\alpha=0$ 时,LP 指标退化为 CN;A 为网络的邻接矩阵。$(A^n)_{xy}$ 表示节点 x 和节点 y 之间长度为 n 的路径数。

(2) Katz 指标考虑了所有的路径数,短路径权重较大,而长路径权重较小,随着路径长度的增大,权重依据 β 的幂次逐步衰减,它定义为 $S=\beta A+\beta^2 A^2+\beta^3 A^3+\cdots=(I-\beta A)^{-1}-I$,其中 β 为权重衰减因子,$0<\beta<1$,$\beta=0$ 表示完全衰减,$\beta=1$ 表示没有任何衰减。为了保证数列的收敛性,β 的取值须小于邻接矩阵 A 最大特征值的倒数。

(3) LHN-Ⅱ 指标也考虑了所有路径,但与 Katz 指标不同,该指标中每一项不再是 $(A^n)_{xy}$,而变为 $(A^n)_{xy}/E[(A^n)_{xy}]$,其中 $E[(A^n)_{xy}]=\dfrac{k_x k_y}{M}\lambda_1^{n-1}$ 为节点 x 和节点 y 之间长度为 n 的路径数的期望值。讨论和整理后得到其最终表达式为:$S=2M\lambda_1 D^{-1}\left(I-\dfrac{\phi A}{\lambda_1}\right)^{-1}D^{-1}$,其中 λ_1 为邻接矩阵 A 的最大特征值,$\phi\in(0,1)$ 为可调参数,M 为网络的总边数,D 为度矩阵(对角线上的元素为节点的度值,其余元素值为零)。

【例 5-3】 以图 5.3 为例,分析邻接矩阵的幂乘及基于路径的链路预测。

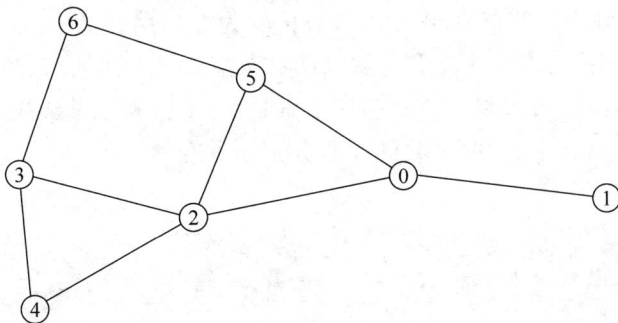

图 5.3 链路预测示例图

(1) 邻接矩阵。

```
1  g = nx.Graph()
2  g.add_edges_from([(0,1), (0,2), (2,3), (3,4), (4,2), (2,5), (5,0), (6,3), (5,6)])
3  A = nx.adjacency_matrix(g).toarray()
4  A
```

运行结果如下:

```
array([[0, 1, 1, 0, 0, 1, 0],
       [1, 0, 0, 0, 0, 0, 0],
       [1, 0, 0, 1, 1, 1, 0],
       [0, 0, 1, 0, 1, 0, 1],
       [0, 0, 1, 1, 0, 0, 0],
       [1, 0, 1, 0, 0, 0, 1],
       [0, 0, 0, 1, 0, 1, 0]], dtype=int32)
```

邻接矩阵描述了节点间边的信息,对简单的无向无权图而言,因为没有重边,如果两点间有边相连,则相应位置的元素为 1;也没有自环,对角线的元素为 0;且边没有方向,(a,b) 边和 (b,a) 边表示同一条边,所以矩阵是对称的。

(2) 邻接矩阵的二次幂。

```
1   >>> A2 = np.dot(A,A)              # 或 A.dot(A)
2   >>> A2
```

运行结果如下:

```
array([[3, 0, 1, 1, 1, 1, 1],
       [0, 1, 1, 0, 0, 1, 0],
       [1, 1, 4, 1, 1, 1, 2],
       [1, 0, 1, 3, 1, 2, 0],
       [1, 0, 1, 1, 2, 1, 1],
       [1, 1, 1, 2, 1, 3, 0],
       [1, 0, 2, 0, 1, 0, 2]], dtype=int32)
```

在矩阵乘法中,两个矩阵相乘后所得矩阵第 i 行第 j 列的元素为,第一个矩阵的第 i 行(与节点 i 有邻接关系的元素不为零)与第二个矩阵的第 j 列(与节点 j 有邻接关系的元素不为零)对应元素相乘后求和(只有同时与节点 i 和节点 j 有邻接关系的元素相乘才不为零,求和描述满足此条件的元素个数)。从而 $(A^2)_{xy}$ 表示节点 x 和节点 y 之间长度为 2 的路径数,即共同邻居的数量。对角线上的元素表示节点的度值。例如,本例中第 $(A^2)_{11}=3$ 表示节点 0 的度值为 3,也可以理解为从节点 0 出去又回来长度为 2 的路径数有三条,从图中可以看出,表示从节点 0 出去分别到达节点 1、2 和 5 后又回到节点 0;$(A^2)_{13}=1$ 表示节点 0 和节点 2 有一个共同邻居节点,从图中可以看出这个邻居节点是 5。$(A^2)_{37}=2$ 表示节点 2 和节点 6 有两个共同邻居,从图中可以看出,这两个共同邻居分别是 3 和 5。

(3) 邻接矩阵的三次幂。

```
1   >>> A3 = np.linalg.matrix_power(A, 3)
2   >>> A3
```

运行结果如下:

```
array([[2, 3, 6, 3, 2, 5, 2],
       [3, 0, 1, 1, 1, 1, 1],
       [6, 1, 4, 7, 5, 7, 2],
       [3, 1, 7, 2, 4, 2, 5],
       [2, 1, 5, 4, 2, 3, 2],
       [5, 1, 7, 2, 3, 2, 5],
       [2, 1, 2, 5, 2, 5, 0]], dtype=int32)
```

同理,$(A^3)_{xy}$ 表示节点 x 和节点 y 之间长度为 3 的路径数,如 $(A^3)_{14}=3$ 表示节点 0 和节点 3 间长度为 3 的路径数是 3,分别是 0563,0523,0243。

需要说明的是,$(A^3)_{xy}$ 对角线的元素正好是该节点关联的三角形的两倍,如 $(A^3)_{11}=2$,表示节点 0 关联的一个三角形,0520 和 0250;$(A^3)_{33}=4$,表示节点 2 关联的两个三角形,对应的路径分别是 2052,2502,2342,2432。

(4) LA 指标。

```
1  alpha = 0.2
2  S = A2 + alpha * A3
3  S
```

运行结果如下:

```
array([[3.4, 0.6, 2.2, 1.6, 1.4, 2. , 1.4],
       [0.6, 1. , 1.2, 0.2, 0.2, 1.2, 0.2],
       [2.2, 1.2, 4.8, 2.4, 2. , 2.4, 2.4],
       [1.6, 0.2, 2.4, 3.4, 1.8, 2.4, 1. ],
       [1.4, 0.2, 2. , 1.8, 2.4, 1.6, 1.4],
       [2. , 1.2, 2.4, 2.4, 1.6, 3.4, 1. ],
       [1.4, 0.2, 2.4, 1. , 1.4, 1. , 2. ]])
```

预测不存在的边排序:

```
1  prediction = [(i,j,S[i,j]) for i,j in nx.non_edges(g)]
2  print(sorted(prediction,key = lambda x:x[2],reverse = True))
```

运行结果如下:

```
[(2, 6, 2.4), (3, 5, 2.4), (0, 3, 1.6), (4, 5, 1.6), (0, 4, 1.4), (0, 6, 1.4), (4, 6, 1.4), (1,
2, 1.2), (1, 5, 1.2), (1, 3, 0.2), (1, 4, 0.2), (1, 6, 0.2)]
```

(5) Katz 指标。

```
1  beta = 0.1
2  N = g.number_of_nodes()
3  I = np.eye(N)
4  S_katz = np.linalg.inv(I - beta * A) - I
5  Np.round(S_katz,4)
```

运行结果如下:

```
array([[0.0338, 0.1034, 0.1178, 0.0144, 0.0132, 0.1165, 0.0131],
       [0.1034, 0.0103, 0.0118, 0.0014, 0.0013, 0.0116, 0.0013],
       [0.1178, 0.0118, 0.0472, 0.1188, 0.1166, 0.1189, 0.0238],
       [0.0144, 0.0014, 0.1188, 0.034 , 0.1153, 0.0239, 0.1058],
       [0.0132, 0.0013, 0.1166, 0.1153, 0.0232, 0.0143, 0.013 ],
       [0.1165, 0.0116, 0.1189, 0.0239, 0.0143, 0.0341, 0.1058],
       [0.0131, 0.0013, 0.0238, 0.1058, 0.013 , 0.1058, 0.0212]])
```

Katz 预测不存在的边:

```
1  pred_katz = [(i,j,round(S_katz[i,j],4)) for i,j in nx.non_edges(g)]
```

```
2  pred_katz = sorted(pred_katz,key = lambda x:x[2],reverse = True)
3  print(pred_katz)
```

运行结果如下：

```
[(3, 5, 0.0239), (2, 6, 0.0238), (0, 3, 0.0144), (4, 5, 0.0143), (0, 4, 0.0132), (0, 6, 0.0131),
(4, 6, 0.013), (1, 2, 0.0118), (1, 5, 0.0116), (1, 3, 0.0014), (1, 4, 0.0013), (1, 6, 0.0013)]
```

（6）LHN-Ⅱ指标。

```
1  pusai = 0.5
2  N = g.number_of_nodes()
3  M = g.number_of_edges()
4  I = np.eye(N)
5  A = nx.adjacency_matrix(g).toarray()
6  eigenvalues, eigenvectors = np.linalg.eig(A)
7  lambda_1 = max(eigenvalues)
8  D_1 = np.diag([1/i for i in dict(g.degree()).values()])
9  LHN2 = 2 * M * lambda_1 * np.dot(np.dot(D_1,(np.linalg.inv(I - (pusai * A)/lambda_1))),D_1)
10 np.round(LHN2,4)
```

运行结果如下：

```
array([[ 6.432 , 3.3725, 1.1241, 0.3747, 0.4912, 1.4416, 0.4762],
       [ 3.3725, 53.2628, 0.5894, 0.1964, 0.2575, 0.7559, 0.2497],
       [ 1.1241, 0.5894, 3.8104, 1.1486, 1.6331, 1.1548, 0.6039],
       [ 0.3747, 0.1964, 1.1486, 6.4466, 2.0916, 0.5468, 1.8334],
       [ 0.4912, 0.2575, 1.6331, 2.0916, 13.9928, 0.547, 0.6917],
       [ 1.4416, 0.7559, 1.1548, 0.5468, 0.547 , 6.4566, 1.836],
       [ 0.4762, 0.2497, 0.6039, 1.8334, 0.6917, 1.836, 13.8356]])
```

LHN-Ⅱ预测不存在的边，代码如下：

```
1  pred_LHN2 = [(i,j,round(LHN2[i,j],4)) for i,j in nx.non_edges(g)]
2  pred_LHN2 = sorted(pred_LHN2,key = lambda x:x[2],reverse = True)
3  print(pred_LHN2)
```

运行结果如下：

```
[(1, 5, 0.7559), (4, 6, 0.6917), (2, 6, 0.6039), (1, 2, 0.5894), (4, 5, 0.547), (3, 5, 0.5468),
(0, 4, 0.4912), (0, 6, 0.4762), (0, 3, 0.3747), (1, 4, 0.2575), (1, 6, 0.2497), (1, 3, 0.1964)]
```

5.2.4 基于随机游走的相似性指标

基于随机游走的节点相似性算法主要包括：平均通勤时间（Average Commute Time）、cos+指标、有重启的随机游走（Random Walk with Restart）、SimRank指标，以及基于局部随机游走的指标等，本节仅对前两种算法进行介绍和实现。

（1）平均通勤时间简称ACT。设$m(x,y)$为一个随机粒子从节点x到节点y需要走的平均步数，则节点x和节点y的平均通勤时间定义为

$$n(x,y)=m(x,y)+m(y,x)$$

其数值解可通过求该网络拉普拉斯矩阵的伪逆L^+获得，即

$$n(x,y) = M(l_{xx}^+ + l_{yy}^+ + l_{xy}^+)$$

其中,l_{xy}^+ 表示矩阵 $\boldsymbol{L}^+$ 中第 x 行第 y 列对应的元素。该算法认为两个节点的平均通勤时间越小,则两个节点越接近。由此定义基于 ACT 的相似性(M 为网络的总边数,与具体的节点对无关,为了计算方便可忽略):

$$s_{xy}^{\text{ACT}} = \frac{1}{l_{xx}^+ + l_{yy}^+ - 2l_{xy}^+} \tag{5-14}$$

(2) 基于随机游走的余弦相似性(cos+)。在由向量 $\boldsymbol{v}_x = \boldsymbol{\Lambda}^{\frac{1}{2}} \boldsymbol{U}^{\mathrm{T}} \boldsymbol{e}_x$ 展开的欧几里得空间内,$\boldsymbol{L}^+$ 中的元素 l_{xy}^+ 可以表示为两个向量 $\boldsymbol{v}_x$ 和 $\boldsymbol{v}_y$ 的内积,即 $l_{xy}^+ = v_x v_y$,其中 $\boldsymbol{U}$ 是一个标准正交矩阵,是由 $\boldsymbol{L}^+$ 特征向量按照对应的特征值从大到小排列所得,$\boldsymbol{\Lambda}$ 为以特征值为对角元素的对角矩阵,上标 T 表示矩阵转置,$\boldsymbol{e}_x$ 表示一个一维向量且只有第 x 个元素为 1,其他都为 0。由此定义余弦相似性为

$$s_{xy}^{\cos+} = \cos(x,y)^+ = \frac{l_{xy}^+}{\sqrt{l_{xx}^+ l_{yy}^+}} \tag{5-15}$$

其他基于随机游走的算法还包括以下(3)~(6)所述。

(3) 重启的随机游走简称 RWR。该指标可以看成是网页排序算法(PageRank)的拓展应用,其假设随机游走粒子每走一步时都以一定概率返回初始位置。

(4) SimRank 指标简称 SimR。该指标可用于描述两个分别从节点 x 和节点 y 出发的粒子何时相遇。

(5) 局部随机游走指标(Local Random Walk,LRW)。

(6) 叠加的局部随机游走指标(Superposed Random Walk,SRW)。

这里不再一一介绍,另外,随机游走的计算机模拟算法将在第 11 章详细讨论。

【例 5-4】 以图 5.3 为例,运用随机游走算法分析节点间的相似性。

(1) 获取网络的拉普拉斯矩阵。

```
1  L = nx.laplacian_matrix(g).toarray()
2  L
```

运行结果如下:

```
array([[ 3, -1, -1,  0,  0, -1,  0],
       [-1,  1,  0,  0,  0,  0,  0],
       [-1,  0,  4, -1, -1, -1,  0],
       [ 0,  0, -1,  3, -1,  0, -1],
       [ 0,  0, -1, -1,  2,  0,  0],
       [-1,  0, -1,  0,  0,  3, -1],
       [ 0,  0,  0, -1,  0, -1,  2]], dtype=int32)
```

(2) 求矩阵的伪逆。

```
1  Lp = np.linalg.pinv(L)
2  print(np.round(Lp,4))
```

运行结果如下:

```
[[ 0.3395  0.1966 -0.0367 -0.1701 -0.1748  0.0014 -0.1558]
 [ 0.1966  1.0537 -0.1796 -0.3129 -0.3177 -0.1415 -0.2986]
```

$$[-0.0367 \ -0.1796 \ 0.2204 \ 0.0204 \ 0.049 \ -0.0082 \ -0.0653]$$
$$[-0.1701 \ -0.3129 \ 0.0204 \ 0.3537 \ 0.1156 \ -0.0748 \ 0.068 \ ]$$
$$[-0.1748 \ -0.3177 \ 0.049 \ 0.1156 \ 0.5109 \ -0.1129 \ -0.0701]$$
$$[\ 0.0014 \ -0.1415 \ -0.0082 \ -0.0748 \ -0.1129 \ 0.2966 \ 0.0395]$$
$$[-0.1558 \ -0.2986 \ -0.0653 \ 0.068 \ -0.0701 \ 0.0395 \ 0.4823]]$$

（3）计算平均通勤时间。

```
1  N = g.number_of_nodes()
2  sxy = np.zeros((N,N))
3  for i in range(N):
4    for j in range(N):
5      if i != j:
6        sxy[i,j] = 1/(Lp[i,i] + Lp[j,j] - 2 * Lp[i,j])
7  print(np.round(sxy,4))
```

运行结果如下：

```
[[0. 1. 1.5789 0.9677 0.8333 1.5789 0.8824]
 [1. 0. 0.6122 0.4918 0.4545 0.6122 0.4687]
 [1.5789 0.6122 0. 1.875 1.5789 1.875 1.2 ]
 [0.9677 0.4918 1.875 0. 1.5789 1.25 1.4286]
 [0.8333 0.4545 1.5789 1.5789 0. 0.9677 0.8824]
 [1.5789 0.6122 1.875 1.25 0.9677 0. 1.4286]
 [0.8824 0.4687 1.2 1.4286 0.8824 1.4286 0. ]]
```

预测未出现的边：

```
1  pred = [(i,j,round(sxy[i,j],4)) for i,j in nx.non_edges(g)]
2  print(sorted(pred,key = lambda x:x[2],reverse = True))
```

运行结果如下：

```
[(3, 5, 1.25), (2, 6, 1.2), (0, 3, 0.9677), (4, 5, 0.9677), (0, 6, 0.8824), (4, 6, 0.8824), (0, 4, 0.8333), (1, 2, 0.6122), (1, 5, 0.6122), (1, 3, 0.4918), (1, 6, 0.4687), (1, 4, 0.4545)]
```

（4）余弦相似性。

```
1  sxy_cos = np.zeros((N,N))
2  for i in range(N):
3    for j in range(N):
4      sxy_cos[i,j] = Lp[i,j]/np.sqrt(Lp[i,i] * Lp[j,j])
5  print(np.round(sxy_cos,4))
```

运行结果如下：

```
[[ 1. 0.3287 -0.1343 -0.4908 -0.4198 0.0043 -0.385 ]
 [ 0.3287 1. -0.3727 -0.5125 -0.433 -0.2531 -0.4189]
 [-0.1343 -0.3727 1. 0.0731 0.146 -0.0319 -0.2003]
 [-0.4908 -0.5125 0.0731 1. 0.272 -0.231 0.1647]
 [-0.4198 -0.433 0.146 0.272 1. -0.2901 -0.1412]
 [ 0.0043 -0.2531 -0.0319 -0.231 -0.2901 1. 0.1043]
 [-0.385 -0.4189 -0.2003 0.1647 -0.1412 0.1043 1. ]]
```

预测未出现的边:

```
1  pred_cos = [(i,j,round(sxy_cos[i,j],4)) for i,j in nx.non_edges(g)]
2  print(sorted(pred_cos,key = lambda x:x[2],reverse = True))
```

运行结果如下:

```
[(4, 6, -0.1412), (2, 6, -0.2003), (3, 5, -0.231), (1, 5, -0.2531), (4, 5, -0.2901), (1,
2, -0.3727), (0, 6, -0.385), (1, 6, -0.4189), (0, 4, -0.4198), (1, 4, -0.433), (0, 3,
-0.4908), (1, 3, -0.5125)]
```

5.3 其他链路预测方法

5.3.1 基于似然分析的链路预测

基于似然分析的链路预测的基本思路是:根据网络结构的产生和组织方式以及目前已经观察到的链路计算网络的似然值,并认为真实的网络使得网络似然值最大,然后再根据网络似然最大化计算每一对未连接的节点产生连边的可能性。其中比较有代表性的模型包括层次结构模型和随机分块模型。

层次结构模型,假设真实的网络都存在某种层次性,网络的连接则可看作是这种内在层次结构的反映。一个 N 个节点的网络可以用一个包含 N 个叶子节点的族谱树表示,这 N 个叶子节点将由 $N-1$ 个非叶子节点连接起来,其中每个非叶子节点都有一个概率值,则两个叶子节点连接的概率就等于它们最近共同祖先节点的概率值。给定一棵族谱树,将网络的似然值最大化,就可以得到非叶子节点的概率值,并由此计算出这一棵族谱树所对应的网络最大的似然值。

随机分块模型,假设网络中的节点可以被分为若干集合,两个节点间连接的概率只与相应的集合有关。

5.3.2 基于机器学习的链路预测

网络中的链路预测问题可以看作机器学习中的二分类问题(有边和无边)或图表示学习后节点间的距离或相似性问题。前者假定若两个节点之间存在连边,则标签值为+1,否则为 -1。然后使用训练集训练分类器,最后通过分类器测试分类的效果。图表示学习通过神经网络和深度学习等手段将网络中的节点嵌入为欧几里得空间中的向量,然后对嵌入后的结果使用传统的机器学习方法预测边出现的顺序。我们将在本书第 11 章和第 12 章进一步讨论。

第 **6** 章

网络生成模型

构建符合真实网络统计性质的网络演化模型,有助于研究网络的形成机制和内在机理。此外,计算机生成网络为我们设计的各种算法提供了一个可重复的和受良好控制的测试平台。本章还将介绍几个常见的网络生成模型:随机网络、小世界网络、无标度网络和配置模型。

6.1 随机网络

ER 随机图是完全随机地生成具有给定网络节点数 N 和平均度 $\langle k \rangle$ 的图。具体而言包含两类:具有固定边数的 ER 随机图 $G(N,M)$,$\langle k \rangle = 2M/N$ 和具有固定连边概率的 ER 随机图 $G(N,p)$,$\langle k \rangle \approx pN(N-1)/2$。

6.1.1 网络生成算法

具有固定边数的 ER 随机图 $G(N,M)$ 构造算法如下。

(1) 初始化:给定 N 个节点和待添加的边数 M。

(2) 随机连边:

① 随机选取一对没有边相连的不同的节点,并在这对节点之间添加一条边。

② 重复步骤①,直至在 M 对不同的节点对之间各添加了一条边。

具有固定连边概率的 ER 随机图 $G(N,p)$ 构造算法如下。

(1) 初始化:给定 N 个节点以及连边概率 $p \in [0,1]$。

(2) 随机连边:

① 选择一对没有边相连的不同的节点。

② 生成一个随机数 $r \in (0,1)$。

③ 如果 $r < p$,那么在这对节点之间添加一条边;否则就不添加边。

④ 重复步骤①~③,直至所有的节点对都被选择过一次为止。

显然,随着连边概率或者边数的增加会带来网络各种拓扑特性的变化,图 6.1 为不同概率下的某个 $G(N,p)$ 随机构型网络,p 的取值依次为 0.1、0.3、0.5。

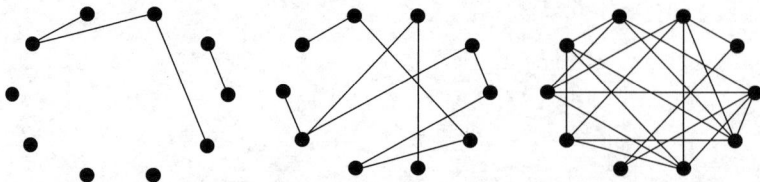

图 6.1 $G(N,p)$ 随机构型网络,从左到右 p 的取值依次为 0.1、0.3、0.5

画图程序如下所示。

```
1  import networkx as nx
2  import matplotlib.pyplot as plt
3
4  ER_np = nx.erdos_renyi_graph(10,p = 0.3)
5  pos = nx.circular_layout(ER_np)
6
7  plt.figure(figsize = (4,3))
8  nx.draw(ER_np,pos = pos,node_color = 'green')
```

6.1.2 网络的基本拓扑特性

（1）某一 p 值下 $G(N,p)$ 随机网络的边数分布。

一个有趣的问题是，$G(N,M)$ 和 $G(N,p)$ 之间的关系，即当 p 取某个值时，有多少条边。因此，先讨论某个固定 p 值下的边数分布。

显然，该问题的答案为二项分布，所有可能边的总数为 $C_N^2 = N(N-1)/2$，任意节点对连边的概率都为 p，不连边的概率为 $1-p$。故边数为 M 的概率为

$$P(M) = C_{C_N^2}^M p^M (1-p)^{C_N^2 - M} \tag{6-1}$$

验证程序如下所示。

```
1  edge_number = [ ]
2  for i in range(N):
3    ER_np = nx.erdos_renyi_graph(200,p = 0.1)
4    edge_number.append(ER_np.number_of_edges())
5
6  plt.hist(edge_number,bins = 50)
7  plt.show()
```

ER 随机网络的边数分布如图 6.2 所示，$p=0.1$，$N=200$。从解析上看，边数的期望值为 $M=pC_N^2=pN(N-1)/2=1990$，从分布图中可以看出，该分布近似为钟形分布。

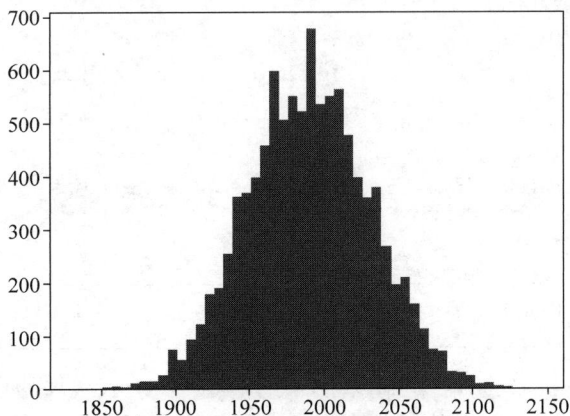

图 6.2 ER 随机网络的边数分布

（2）$G(N,p)$ 随机网络的度分布。

另一个有趣的问题是，当节点数和连边概率确定后，网络的度分布服从什么样的分布。显然，一个节点度为 k 的概率为

$$P(k) = C_{N-1}^k p^k (1-p)^{N-1-k} \tag{6-2}$$

```
1  ER_np = nx.erdos_renyi_graph(10000,p = 0.1)
2  plt.hist(dict(ER_np.degree()).values(),bins = 60)
3  plt.show()
```

随机网络的度分布如图 6.3 所示,节点数为 $N=10000$,连边概率为 $p=0.1$。平均度 $\langle k \rangle = p(N-1) = 0.1 \times 10000 = 1000$。该分布近似为钟形分布。

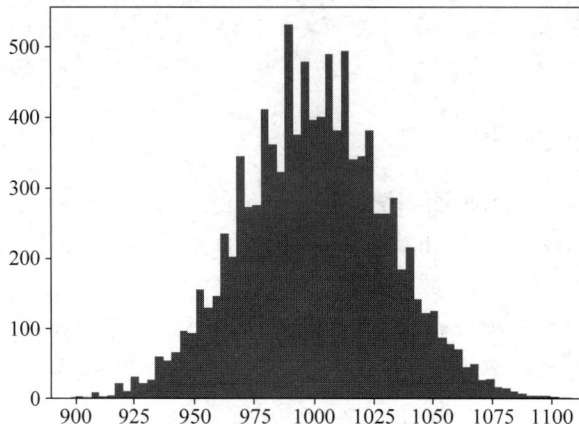

图 6.3   ER 随机网络的度分布

(3) 连通性(巨片的涌现)。

如图 6.1 所示,随着连边概率的增加,网络的连通性逐渐增强。接下来,我们将定量讨论随着连边概率或者边数的逐渐增加,网络连通性的变化。

随着连边概率或者连边数量逐渐增加,网络拓扑结构的变化如图 6.4 所示。特别地,当 $p=0$ 或 $M=0$ 时,网络为零图,有点无边;当 $p=1$ 或 $M=N(N-1)/2$ 时,网络为全连接图,所有可能的边都被连上。相应地,我们可以使用 nx.is_connected(G) 判断图 G 是不是处于连通状态,如下代码将判断 10 次节点数为 100,连边概率为 0.05 时所生成 ER 网络的连通性。

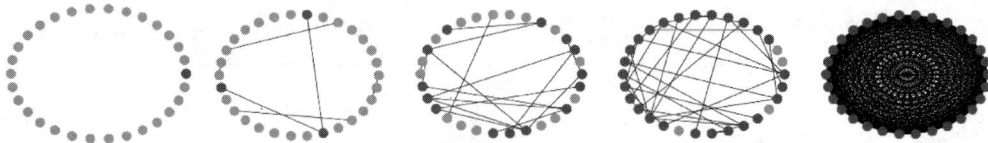

图 6.4   网络拓扑结构的变化

```
1  >>>[nx.is_connected(nx.erdos_renyi_graph(100,0.05)) for i in range(10)]
```

运行结果如下:

```
[True, True, True, True, False, False, False, False, False, True]
```

从结果中可以看出,10 次的结果并不完全相同,其中有 5 次为连通图,5 次为非连通图。主要原因是连边时伴随随机性,为此在考查某概率 p 所生成的图是否连通时,需要进行多次平均。

```
1  >>> sum([nx.is_connected(nx.erdos_renyi_graph(100,0.05)) for i in range(2000)]) /2000
```

运行结果如下:

```
0.518
```

接下来,将讨论随着连边概率 p 增大,生成的图是连通图的频率。

```
1   p = np.linspace(0.01,0.1,21)
2   N_p = 1000
3   connected = []
4   for i in p:
5     connected.append(sum([nx.is_connected(nx.erdos_renyi_graph(128,i)) for j in range(N_
      p)])/N_p)
6   plt.plot(p,connected,marker = 'o')
7   plt.xlabel('$p$')
8   plt.ylabel('Frequency of connected')
9   plt.show()
```

图的连通性随连边概率的变化如图 6.5 所示,横坐标为连边概率,纵坐标表示生成的图是连通图的比例。从图中可以看出,当 p 较小时,生成的网络几乎都是不连通的,当 p 值较大时,生成的网络几乎都是连通的。当 p 的取值为 $0.03\sim0.06$ 时,既有连通图也有非连通图。当继续考虑系统的其他尺寸时,发现当节点数不同时变化曲线并不重合(如图 6.6 所示),这一现象在物理上称为有限尺度标度效应,即连通图出现的频率随概率的变化与网络的大小有关,相关细节将在第 7 章进行详细讨论。

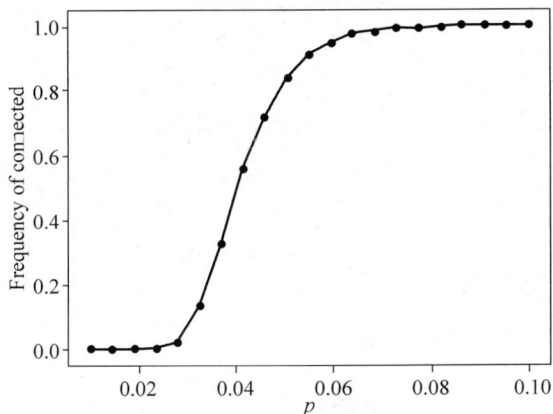

图 6.5　图的连通性随连边概率的变化

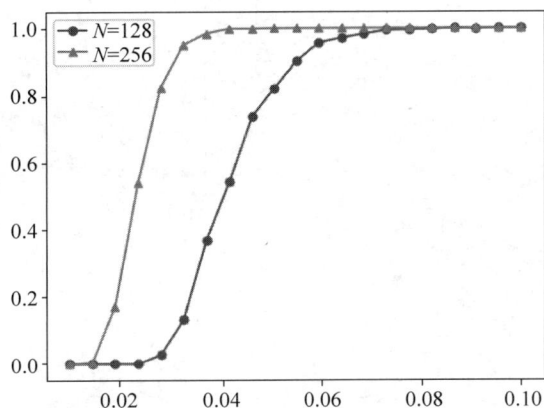

图 6.6　不同尺度下图的连通性随概率的变化

在几何相变的研究中通常使用最大连通子图的相对大小(最大连通子图包含的节点数量除以图中总的节点数量)描述该变化过程。

```
1   #N = 100                       #节点总数
2   N_p = 30                       #某个确定的p值需要平均的次数
3   p = np.logspace(-3,-1,31)      #连边概率
4
5   def max_cc_p(N,N_p,p):
6     max_cc = []
7     for i in p:
8       max_cc_temp = 0
9       for j in range(N_p):
10        ER_np = nx.erdos_renyi_graph(N,i)
11        max_cc_temp += max([len(i) for i in nx.connected_components(ER_np)])
12      max_cc.append(max_cc_temp/N_p/N)
13    return max_cc
14
15  plt.plot(p,max_cc_p(128,N_p,p),marker = 'o',label = '$N=128$')
```

```
16    plt.plot(p,max_cc_p(256,N_p,p),marker = 's',label = ' $ N = 256 $ ')
17    plt.plot(p,max_cc_p(512,N_p,p),marker = '^',label = ' $ N = 512 $ ')
18    plt.xscale('log')
19    plt.xlabel(' $ p $ ')
20    plt.ylabel('max_connected_components')
21    plt.legend()
22    plt.show()
```

最大连通片的相对大小随概率的变化如图 6.7 所示,从图中可以发现导致最大连通片大量出现的概率值与系统尺寸的大小有关,节点数量越多,越容易在较小的概率时形成最大连通片。如果希望以平均度为横坐标,可以对横坐标做适当变换,即 $\langle k \rangle = p(N-1)$,如图 6.8 所示,有意思的是,曲线竟然重合在了一起而且随着节点数量的增加在 $\langle k \rangle = 1$ 附近曲线变得越来越陡峭。

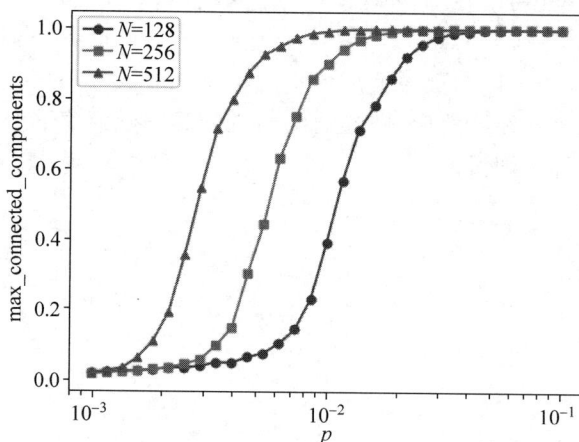

图 6.7　最大连通片的相对大小随概率的变化

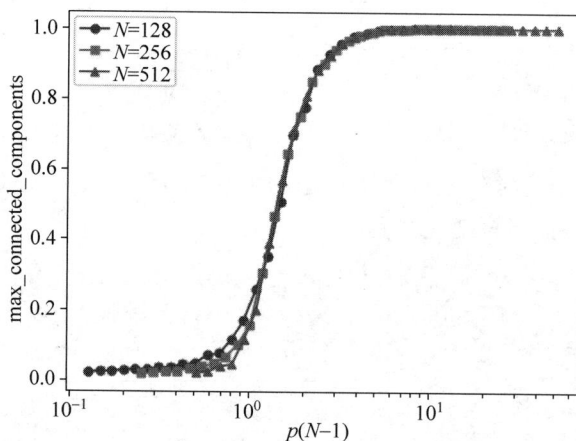

图 6.8　以平均度为横坐标观察最大连通片相对大小的变化

若使用 $G(N,M)$ 生成的随机图,只需对程序进行适当修改即可。

```
1    def max_cc_m(N,N_p,M):
2      max_cc = [ ]
3      for i in M:
4        max_cc_temp = 0
5        for j in range(N_p):
```

```
6        ER_nm = nx.gnm_random_graph(N,int(i))
7        max_cc_temp += max([len(i) for i in nx.connected_components(ER_nm)])
8     max_cc.append(max_cc_temp/N_p/N)
9   return max_cc
```

画图程序如下所示。

```
1   N1 = 128                    #节点总数
2   N2 = 256
3   N3 = 512
4   N_p = 100                   #某个确定的 p 值需要平均的次数
5   M1 = np.linspace(0,1.5 * N1,41)
6   M2 = np.linspace(0,1.5 * N2,41)
7   M3 = np.linspace(0,1.5 * N3,41)
8
9   plt.plot([2 * i/N1 for i in M1],max_cc_m(N1,N_p,M1),marker = 'o',label = '$ N = 128 $')
10  plt.plot([2 * i/N2 for i in M2],max_cc_m(N2,N_p,M2),marker = '^',label = '$ N = 256 $')
11  plt.plot([2 * i/N3 for i in M3],max_cc_m(N3,N_p,M3),marker = 's',label = '$ N = 512 $')
12
13  plt.legend()
14  plt.xlabel('$ < k > $')
15  plt.ylabel('max_connected_components')
16  plt.show()
```

由 $G(N,M)$ 生成的随机网络最大连通片的相对大小随平均度的变化如图 6.9 所示。为了便于比较,我们也对横坐标做了适当变换,即 $\langle k \rangle = 2M/N$,与 $G(N,p)$ 类似的变化规律在这里被观察到。产生这一变化的原因是,当连边概率 p 从 0 开始增大时,网络中初始阶段的 N 个孤立节点也开始形成一些小的连通片。也就是说,当 p 很小时,网络是由大量的碎片构成的。随着 p 的继续增加,一些小的连通片融合成为大的连通片。当 p 超过某个临界值 $\langle k \rangle_c = 1$ 时,网络中会突然涌现出一个包含相当部分节点的连通巨片。该过程中伴随的有限尺度标度效应将在 7.3 节中进行详细讨论。

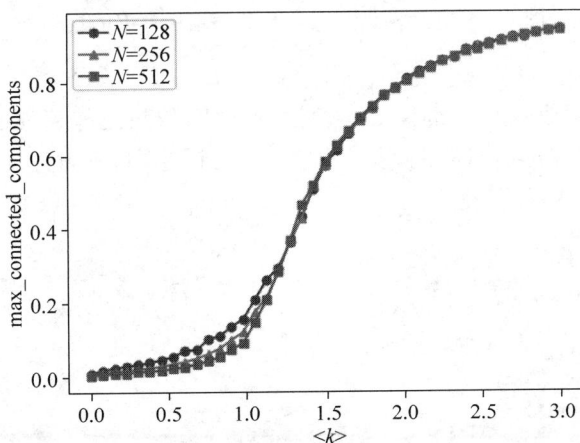

图 6.9 由 $G(N,M)$ 生成的随机网络最大连通片的相对大小随平均度的变化

(4)聚类系数。

聚类系数描述的是,某节点的任意两个邻居节点之间有边相连的概率。对 ER 随机图 $G(N,p)$ 而言,两个节点之间无论是否具有共同的邻居节点,其连接概率均为 p。因此,ER 随机图的聚类系数为 $C = p = \langle k \rangle/(N-1)$。模拟结果如图 6.1 所示,聚类系数和连边概率呈线

性变化关系。测试程序如下：

```
1   import numpy as np
2   import matplotlib.pyplot as plt
3   import networkx as nx
4
5   p = np.linspace(0,1,41)
6   clustering = []
7   for i in p:
8     temp_ac = 0
9     for j in range(20):
10      ER_np = nx.erdos_renyi_graph(100,p = i)
11      temp_ac += nx.average_clustering(ER_np)
12    clustering.append(temp_ac/20)
13
14  plt.scatter(p,clustering)
15  plt.xlabel('$ p $')
16  plt.ylabel('average clustering')
17  plt.show()
```

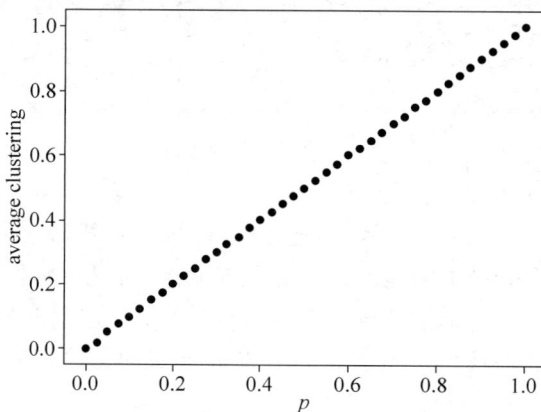

图 6.10　ER 网络中聚类系数随连边概率的变化

（5）平均路径长度。

注意，随机网络的生成过程中常伴随连通性的变化，要讨论非连通图的平均路径长度常需要对该指标的求解过程进行适当的调整。在本部分的讨论中，仅讨论连通图的平均路径长度。网络的直径 D_{ER} 和平均路径长度 L_{ER} 满足：$L_{ER} \leqslant D_{ER} \sim \ln N / \ln\langle k \rangle$。

```
1   import numpy as np
2   import matplotlib.pyplot as plt
3   import networkx as nx
4
5   p = np.linspace(0,1,41)
6   path_length = []
7   for i in p:
8     temp_ap = 0
9     temp_n = 0
10    for j in range(20):
11      ER_np = nx.erdos_renyi_graph(100,p = i)
12      if nx.is_connected(ER_np):
13        temp_ap += nx.average_shortest_path_length(ER_np)
14        temp_n += 1
```

```
15      if temp_n == 0:
16        path_length.append(0)
17      else:
18        path_length.append(temp_ap/temp_n)
19
20   plt.scatter(p,path_length)
21   plt.xlabel('$ p $ ')
22   plt.ylabel('average path length')
23   plt.show()
```

平均路径长度随连边概率的变化如图 6.11 所示,从图中可以看出,当图的连通性较高时,随着连边概率的增加,平均路径长度逐渐减小且都在 3 以下,即 ER 网络的平均路径长度较短。接下来讨论连边概率一定时,平均路径长度随节点数量的变化。

```
1    N = np.logspace(1,3,31)
2    path_length = []
3    for i in N:
4      temp_ap = 0
5      temp_n = 0
6      for j in range(20):
7        ER_np = nx.fast_gnp_random_graph(int(i),p = 0.3)
8        if nx.is_connected(ER_np):
9          temp_ap += nx.average_shortest_path_length(ER_np)
10         temp_n += 1
11     path_length.append(temp_ap/temp_n)
12
13   plt.scatter(N,path_length)
14   plt.xscale('log')
15   plt.xlabel('$ N $ ')
16   plt.ylabel('average path length')
17   plt.show()
```

平均路径长度随网络大小的变化如图 6.12 所示,从图中可以看出,连边概率一定时,节点数量增大并没有带来平均路径长度的较大波动。

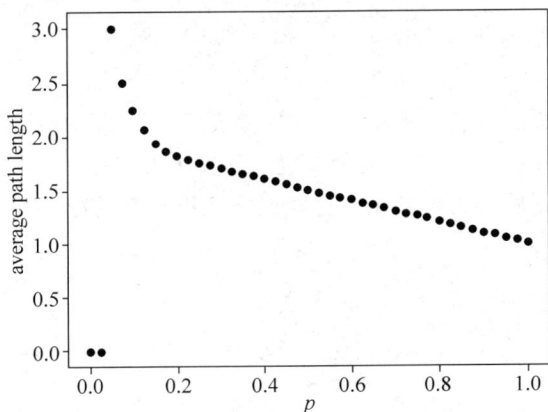

图 6.11　平均路径长度随连边概率的变化

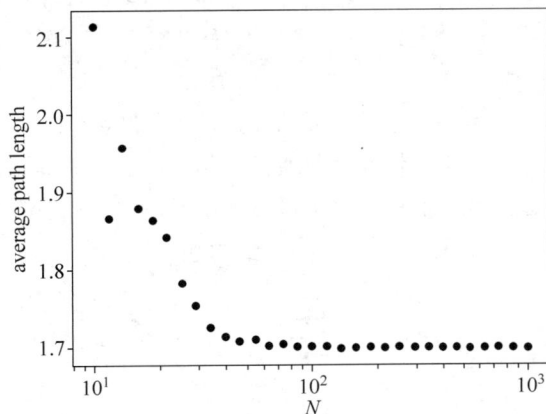

图 6.12　平均路径长度随网络大小的变化

6.2　小世界网络

小世界网络的生成通常是在某种规则网络的基础上通过随机重连或随机加边生成的。因此,首先介绍最近邻耦合网络,它是指每个节点只和它周围的邻居节点相连。

一种具有周期边界条件的最近邻耦合网络定义为：包含围成一个环的 N 个节点,其中每个节点都与它左右各 $K/2$ 个邻居点相连,K 是一个偶数,图 6.13 分别是 $K=2,4,6$ 时的最近邻耦合网络。

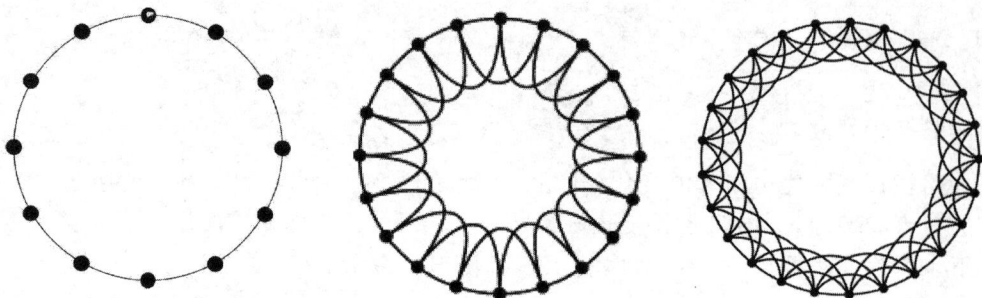

图 6.13　最近邻耦合网络

显然,当 $K>2$ 时,这种最近邻耦合网络聚类系数较大,但平均路径长度较小,如果对这类网络进行少量的随机重连或随机加边将会显著减小网络的平均路径长度。随机加边和随机重连分别对应着两种小世界网络模型,分别是 WS 小世界网络模型和 NW 小世界网络模型。

6.2.1　WS 小世界网络

WS 小世界网络模型构造算法。

（1）从规则图开始：给定一个含有 N 个节点的环状最近邻耦合网络,其中每个节点都与它左右相邻的各 $K/2$ 个节点相连,K 是偶数。

（2）随机化重连：以概率 p 随机地重新连接网络中原有的每条边,即把每条边的一个端点保持不变,另一个端点改取为网络中随机选择的一个节点。其中规定不得有重边和自环。

生成 WS 小世界网络并可视化,代码如下。

```
1   import networkx as nx
2   ws = nx.watts_strogatz_graph(10,4,0.1)
3   pos = nx.circular_layout(ws)
4   nx.draw(ws,pos = pos)
```

不同重连边概率下的 WS 小世界网络结构如图 6.14 所示,最左边是最近邻耦合网络（$p=0$）,最右边接近随机网络（$p\approx1$）,中间的网络包含多数最近邻连边,但多了几条长程连边。接下来首先讨论最近邻耦合网络的拓扑特性,然后再讨论随机加边对网络拓扑特性的影响。

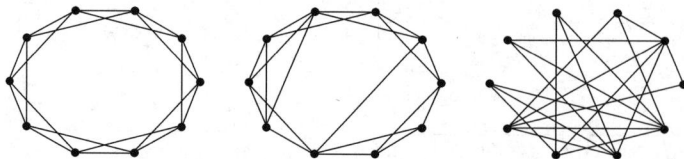

图 6.14　不同重连边概率下的 WS 小世界网络结构

1. 最近邻耦合网络的常用拓扑特性

（1）度值：$k=K$。

（2）聚类系数。

$$C_{nc} = \frac{3(K-2)}{4(K-1)} = \frac{3}{4} - \frac{3}{4(K-1)}$$

(6-3)

```
1   k = range(2,100,2)
2
3   ac = []
4   for i in k:
5       ws = nx.watts_strogatz_graph(1000,i,0)
6       ac.append(nx.average_clustering(ws))
7
8   plt.plot(k,ac,marker = 'o')
9   plt.xlabel('$K$')
10  plt.ylabel('average clustering')
11  plt.show()
```

最近邻网络中聚类系数随 K 值的变化如图 6.15 所示。显然随着 K 的变大聚类系数逐渐增大,开始增长迅速,而后增速变缓。

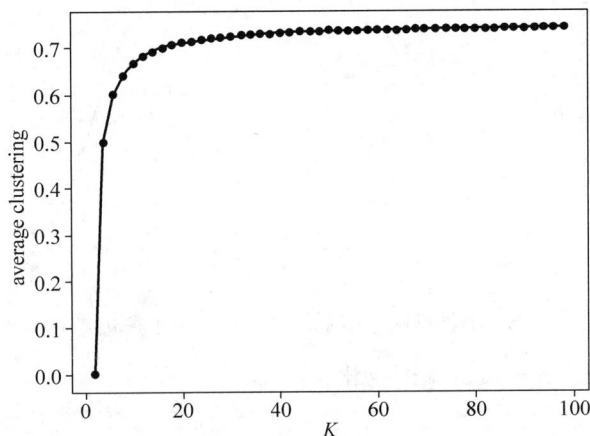

图 6.15 最近邻网络中聚类系数随 K 值的变化

(3)平均路径长度。

网络中一个节点能一步到达的最远格子间距为 $K/2$。所以,格子间距为 m 的两个节点之间的距离为 $2m/K$,即不小于 $2m/K$ 的最小整数,则

$$L_{nc} = \frac{1}{N/2}\sum_{m=1}^{N/2}\frac{2m}{K} \sim \frac{N}{2K} \tag{6-4}$$

显然,平均路径长度与 N 成正比,当 N 值较大时,平均路径长度也较大。

2. 重连边对网络拓扑性质的影响

(1)平均聚类系数随重连边概率变化的曲线。

```
1   p = np.logspace(-4,0,41)
2   N_p = 50
3
4   ac = []
5   for i in p:
6       temp = 0
7       for j in range(N_p):
8           ws = nx.watts_strogatz_graph(1000,6,i)
9           temp += nx.average_clustering(ws)
10      ac.append(temp/N_p)
11
```

```
12    plt.plot(p,ac,marker = 'o')
13    plt.xlabel('$ p $ ')
14    plt.xscale('log')
15    plt.ylabel('average clustering')
16    plt.show()
```

WS小世界网络中平均聚类系数随重连边概率的变化如图6.16所示,随着重连边概率的不断增大,网络的平均聚类系数逐渐较小。也就是说,只有在重连边概率较小时能够获得较大的聚类系数。

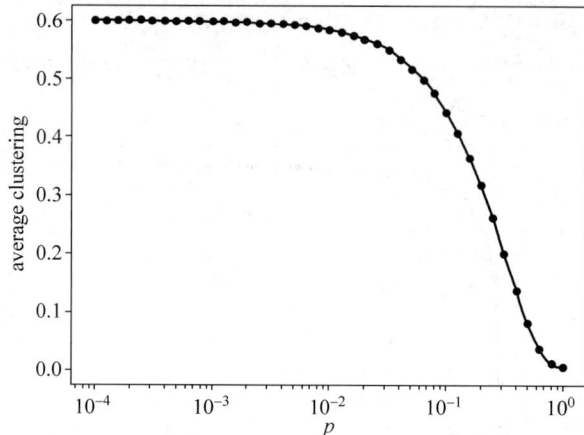

图 6.16　WS小世界网络中平均聚类系数随重连边概率的变化

（2）平均路径长度随重连边概率的变化。

对聚类系数的程序进行简单修改即可得到平均路径长度随重连边概率变化的曲线。平均路径计算复杂度较大,这里仅使用500个节点,每个 p 值进行了50次平均。

WS小世界网络中平均最短路径随重连边概率的变化如图6.17所示,可以看到随着重连边概率的增大,平均路径长度逐渐减少。实际数据所具有的小世界效应通常包括较大的聚类系数和较小的平均路径长度,为此,可尝试把聚类系数和平均路径长度随重连边概率变化的曲线画在一个图中以方便比较,代码如下:

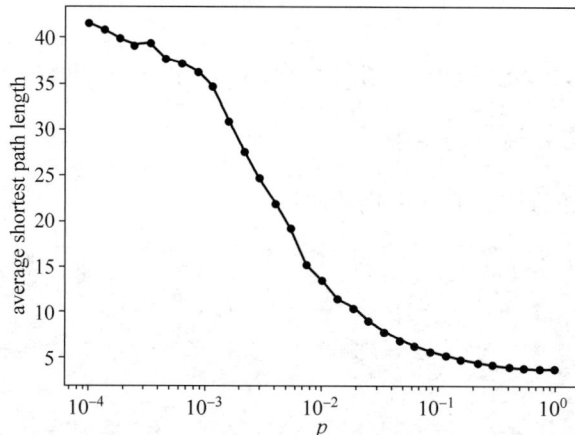

图 6.17　WS小世界网络中平均最短路径随重连边概率的变化

```
1    import networkx as nx
2    import numpy as np
```

```
3    import matplotlib.pyplot as plt
4
5    p = np.logspace(-4,0,31)
6    N_p = 50
7
8    ac = []
9    aspl = []
10   ws0 = nx.watts_strogatz_graph(500,6,0)
11   ac0 = nx.average_clustering(ws0)
12   aspl0 = nx.average_shortest_path_length(ws0)
13
14   for i in p:
15     temp_ac = 0
16     temp_aspl = 0
17     for j in range(N_p):
18       ws = nx.watts_strogatz_graph(500,6,i)
19       temp_ac += nx.average_clustering(ws)
20       temp_aspl += nx.average_shortest_path_length(ws)
21     ac.append(temp_ac/N_p)
22     aspl.append(temp_aspl/N_p)
23
24   plt.plot(p,np.array(ac)/ac0,marker='o',label='$ C(p)/C(0) $')
25   plt.plot(p,np.array(aspl)/aspl0,marker='^',label='$ L(p)/L(0) $')
26   plt.legend()
27   plt.xlabel('$ p $')
28   plt.xscale('log')
29   plt.show()
```

WS 小世界网络中同时包含平均聚类系数和平均路径长度随重连边概率变化的曲线如图 6.18 所示,可以看到,当 p 的取值为 0.01~0.1 时获得的聚类系数较大且平均路径长度较小。

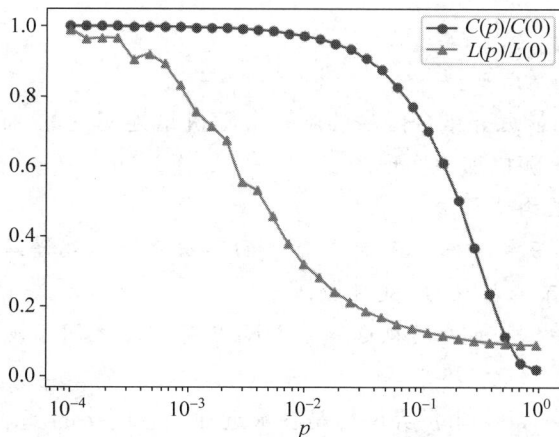

图 6.18 WS 小世界网络中同时包含平均聚类系数和平均路径长度随重连边概率变化的曲线

(3)度分布随重连边概率的变化。

```
1    def ws_degree(p,s):
2      ws = nx.watts_strogatz_graph(1000,6,p)
3      degree_hist = enumerate(nx.degree_histogram(ws))
4      degree_hist = np.array(list(degree_hist))
```

```
5    plt.plot(degree_hist[:,0],degree_hist[:,1]/1000,marker = s,label = 'p = {}'.format(p))
6
7    ws_degree(0.1,'o')
8    ws_degree(0.2,'s')
9    ws_degree(0.3,'+')
10   ws_degree(0.4,'>')
11   ws_degree(0.5,'^')
12   ws_degree(0.6,'<')
13   plt.xlabel('degree')
14   plt.ylabel('frequency')
15   plt.legend()
16   plt.show()
```

WS 小世界网络中不同重连边概率下网络度分布的变化如图 6.19 所示。可以看到,随着重连边概率的增加,度分布逐渐被压扁,分布变宽。

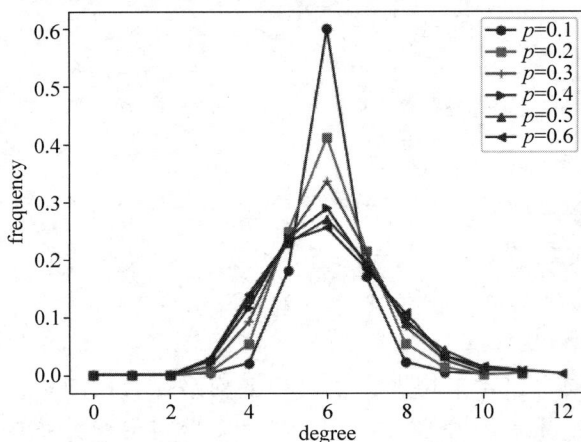

图 6.19 WS 小世界网络中不同重连边概率下网络度分布的变化

6.2.2 NW 小世界网络

WS 小世界网络是在最近邻耦合网络的基础上随机重连实现的,而 NW 小世界网络是在最近邻耦合网络的基础上随机加边实现的。

NW 小世界网络模型构造算法。

(1) 从规则图开始:给定一个含有 N 个节点的环状最近邻耦合网络,其中每个节点都与它左右相邻的各 $K/2$ 个节点相连,K 是偶数。

(2) 随机化加边:以概率 p 在随机选取的 $NK/2$ 对节点之间添加边,其中规定不得有重边和自环。

相比 WS 小世界网络,NW 小世界网络是在最近邻耦合网络的基础上通过加边得到的,边的数量明显增多了,如图 6.20 所示。

```
1    import networkx as nx
2
3    ws = nx.newman_watts_strogatz_graph(10,4,0.8)
4    pos = nx.circular_layout(ws)
5    nx.draw(ws,pos = pos)
```

不同加边概率下的 NW 小世界网络结构如图 6.20 所示。最左边是最近邻耦合网络($p=0$),最

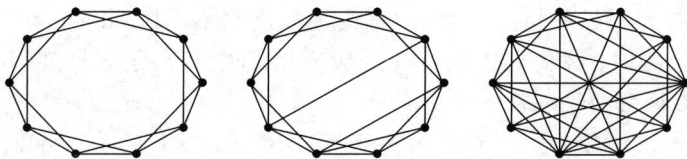

图 6.20　NW 小世界网络结构

右边连边数量明显增多,但由于算法中加边数量的限制,使模型不会达到全连接网络的边数($p \approx 1$),中间的网络在最近邻网络的基础上添加了少量的长程连边。

NW 小世界网络中平均聚类系数和平均路径长度随加边概率变化的曲线如图 6.21 所示,可以看到当 p 的取值为 $0.01 \sim 0.1$ 时获得的聚类系数较大且平均路径长度较小。

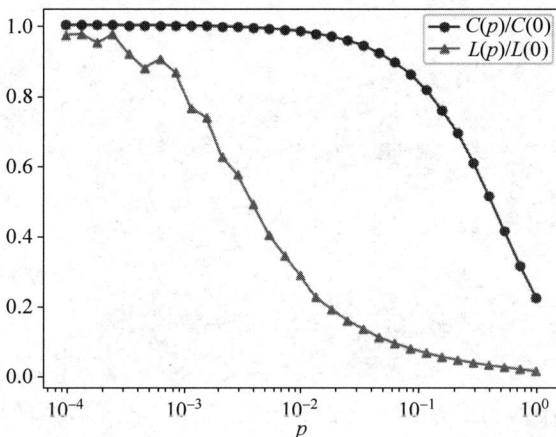

图 6.21　NW 小世界网络中平均聚类系数和平均路径长度随加边概率变化的曲线

不同加边概率下 NW 小世界网络度分布的变化如图 6.22 所示。从图中可以看出,随着 p 值不断增大,分布逐渐被压扁,且度分布的极大值逐渐右移。主要原因是网络中的节点数不变,边数增加,从而导致平均度增大。

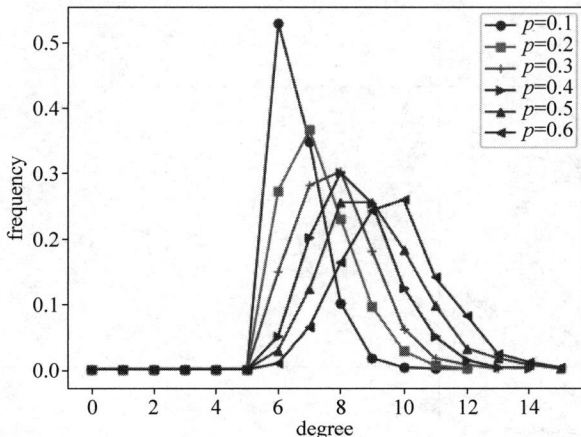

图 6.22　不同加边概率下 NW 小世界网络度分布的变化

6.3　无标度网络

ER 随机网络和 WS 小世界网络的度分布近似为泊松分布,但实证研究发现,很多实际网络的度分布具有幂律特性,如 Internet、WWW、科学家合作网络和蛋白质交互网络等。这类网络的节点度分布没有明显的特征长度,故称为无标度网络。Barabási 和 Albert 研究发现实际网络具有:①增长特性;②优先连接特性。基于此,他们提出了无标度网络模型。

BA 无标度网络模型构造算法。

(1)增长:从一个具有 m_0 个节点的连通网络开始,每次引入一个新的节点并且连到 m 个已存在的节点上,这里 $m \leqslant m_0$。

(2)优先连接:一个新节点与一个已经存在的节点 i 相连接的概率 Π_i,与节点 i 的度 k_i 之间满足如下关系:

$$\Pi_i = \frac{k_i}{\sum_j k_j} \tag{6-5}$$

动态图生成程序如下。

```
1   initial_graph = nx.complete_graph(3)
2   for i in range(9):
3       ba = nx.barabasi_albert_graph(3 + i, 2, seed = 50, initial_graph = initial_graph)
4       node_size = [40 * i ** 2.4 for i in dict(ba.degree()).values()]
5       if i == 0:
6           node_color = ['y'] * ba.number_of_nodes()
7       else:
8           node_color = ['y'] * (ba.number_of_nodes() - 1) + ['r']
9       nx.draw(ba, node_size = node_size, node_color = node_color)
10      plt.show()
```

BA 无标度网络动态生成过程如图 6.23 所示。m_0 为一个 3 节点的完全图(三角形),$m=2$,

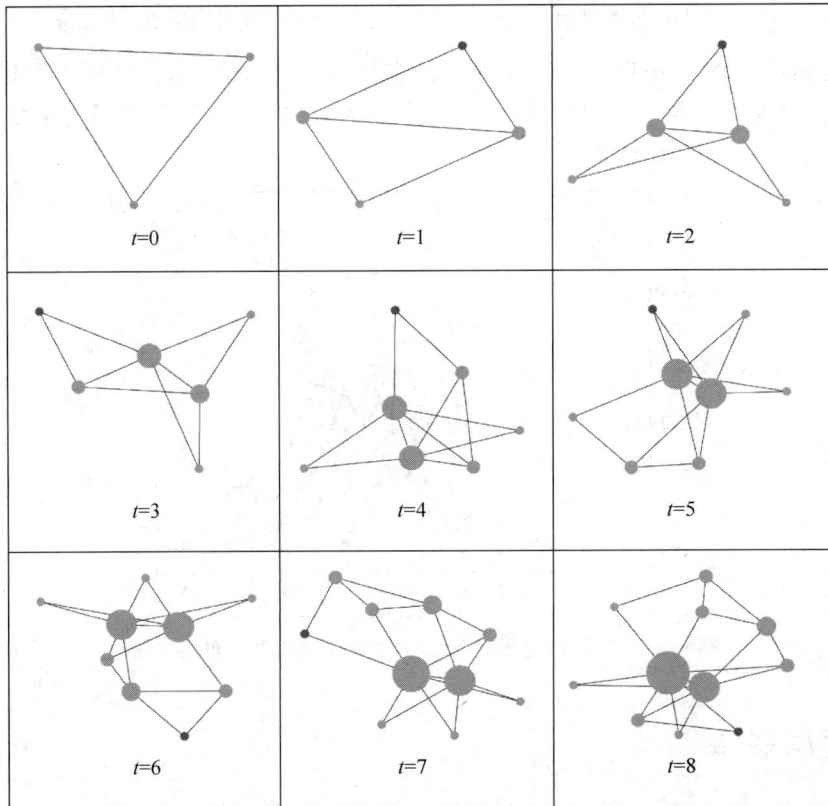

图 6.23　BA 无标度网络动态生成过程,红色节点表示每一步新加入的节点

每一时间步加入一个红色的新节点,该节点按照优先连接规则与网络中的节点建立连边。从图中可以看出,随着时间的推移,节点度值的差异性逐渐增大(度值越大,节点越大)。

6.3.1 BA 无标度网络的度分布

通过平均场理论分析可得 BA 无标度网络的度分布为

$$P(k) = 2m^2 k^{-3} \tag{6-6}$$

显然,BA 无标度网络的度分布是指数为 3 的幂律分布,对式(6-6)连边取对数可得

$$\ln P = -3\ln k + 2\ln m + \ln 2 \tag{6-7}$$

对于常数 m 确定的网络,式(6-7)表示斜率为 -3 的直线方程,截距与常数 m 有关。计算机模拟的结果如下:

```
1  N = 10000
2  ba = nx.barabasi_albert_graph(N,2)
3  degree_hist = nx.degree_histogram(ba)
4  degree_hist = [i/N for i in degree_hist]
5
6  plt.scatter(range(len(degree_hist)),degree_hist)
7  plt.xscale('log')
8  plt.yscale('log')
9  plt.xlabel('degree')
10 plt.ylabel('frequency')
11 plt.show()
```

BA 无标度网络的度分布如图 6.24 所示。从图中可以看出,去掉部分度值较大的区域后度分布的双对数曲线近似为一条直线,直线的斜率可以通过线性回归确定,但需要截去度值较大的区域。接下来讨论节点数和每次加入新节点的连边数对度分布的影响。

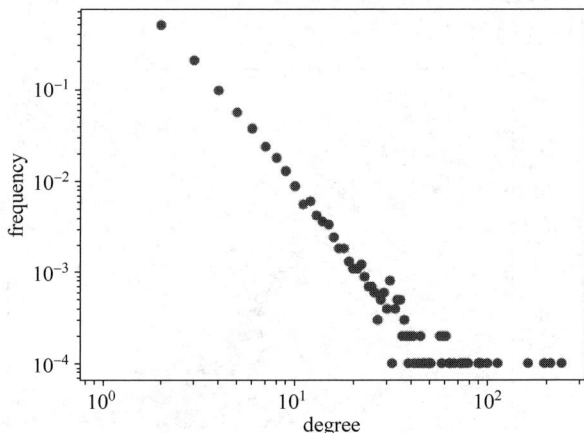

图 6.24 BA 无标度网络的度分布

```
1  def BA_degree(N,m):
2      ba = nx.barabasi_albert_graph(N,m)
3      degree_hist = nx.degree_histogram(ba)
4      degree_hist = [i/N for i in degree_hist]
5
6      plt.scatter(range(len(degree_hist)),degree_hist,label = 'N = {},m = {}'.format(N,m))
7
8  BA_degree(10000,2)
```

```
 9  BA_degree(10000,4)
10  BA_degree(10000,6)
11  plt.xscale('log')
12  plt.yscale('log')
13  plt.xlabel('degree')
14  plt.ylabel('frequency')
15  plt.legend()
16  plt.show()
```

BA 网络上不同 m 对度分布的影响如图 6.25 所示。该结果验证了前面的理论，m 值仅仅影响了曲线的截距，曲线近似保持平行，具有相同的斜率。紧接着我们再看一下节点数量对度分布的影响。

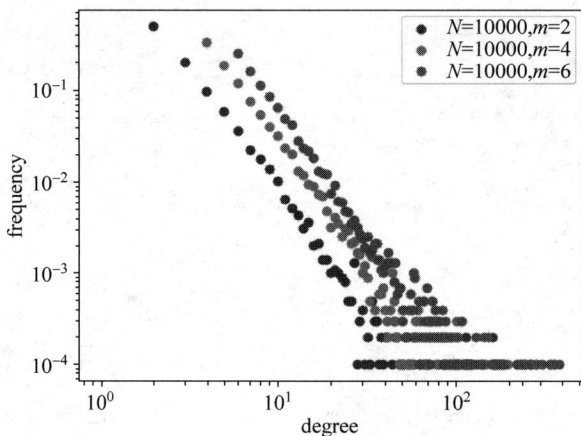

图 6.25　BA 网络上不同 m 对度分布的影响

不同节点数量对 BA 无标度网络的度分布的影响如图 6.26 所示。从图中可以看出，节点数量的增加没有影响到直线的斜率。

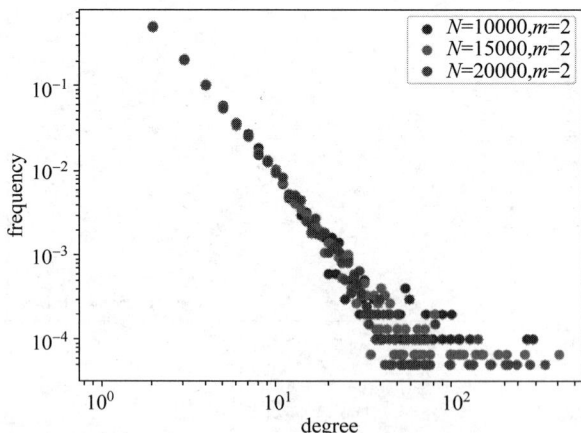

图 6.26　不同节点数量对 BA 无标度网络的度分布的影响

6.3.2　BA 无标度网络的聚类系数

BA 无标度网络的聚类系数近似满足：

$$C \sim \frac{(\ln t)^2}{t} \tag{6-8}$$

其中，t 表示第 t 次添加节点，在 BA 无标度网络中 $t = N - m_0$。

BA 无标度网络上平均聚类系数随节点数量增加的变化关系如图 6.27 所示,从图中可以看出,随着节点数量的增加,BA 无标度网络的平均聚类系数逐渐减小,且数值也不大,说明该网络具有较小的聚类系数。

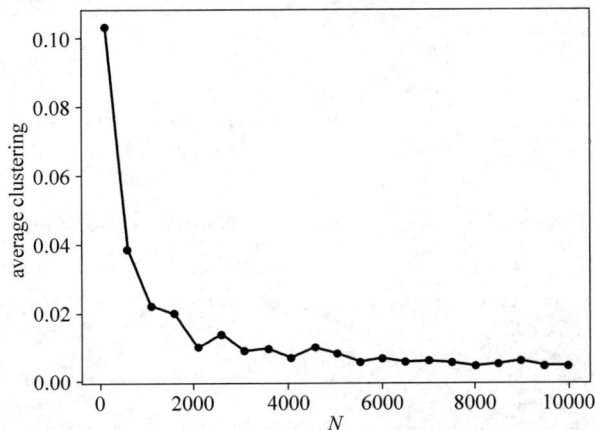

图 6.27　平均聚类系数随节点数量增加的变化关系

6.3.3　BA 无标度网络的平均路径长度

BA 无标度网络的平均路径长度近似满足:

$$L \sim \frac{\ln N}{\ln \ln N} \tag{6-9}$$

BA 无标度网络上平均路径长度随节点数量增加的变化关系如图 6.28 所示。从图中可以看出,BA 网络的平均路径长度较小,在六度分割的范围内。综上,BA 无标度网络模型生成的网络,聚类系数和平均路径长度较小且度分布为幂律。

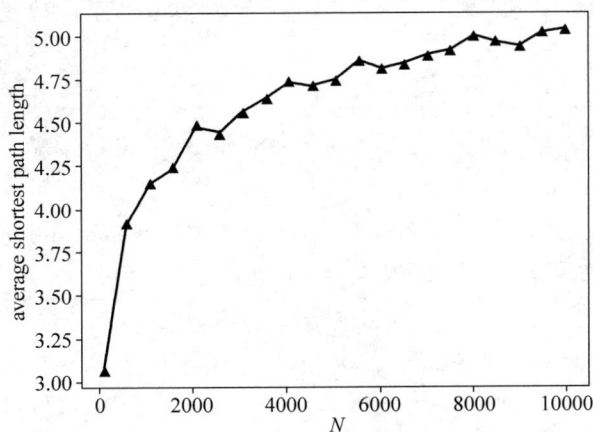

图 6.28　平均路径长度随节点数量增加的变化关系

6.3.4　无标度网络幂指数的测定

本节将分别使用 igraph 库和 powerlaw 测定幂指数。

（1）igraph。

```
1   import networkx as nx
2   import igraph as ig
```

```
 3
 4   g = nx.barabasi_albert_graph(20000,m=2)
 5   degree_list = [j for i,j in g.degree]
 6   ig.power_law_fit(degree_list)
```

运行结果如下：

FittedPowerLaw(continuous＝False, alpha＝2.7023047712043917, xmin＝4.0, L＝－13729.781370796565, D＝0.01117369217916725, p＝0.004)

结果中 alpha 表示拟合得到的幂指数，xmin 表示拟合幂律分布的最小起始值，其他参数可参考 igraph 帮助文档。

```
 1   import numpy as np
 2   y = np.array(nx.degree_histogram(g))
 3
 4   x1 = np.linspace(2,200,10)
 5   alpha = 2.7023047712043917
 6   xmin = 4.0
 7   y1 = (alpha-1)/xmin*((x1/xmin)**(-alpha))
 8   n = 10000
 9   c = sum([(i+xmin)**(-alpha) for i in range(n)])
10   y2 = x1**(-alpha)/c
11   y3 = 8*x1**(-alpha)
12
13   plt.plot(x1,y1,linestyle='--',label='Continuous')
14   plt.plot(x1,y2,linestyle='-.',label='Discrete')
15   plt.plot(x1,y3,linestyle=':',label='Theory')
16   plt.scatter(range(len(y)),y/(2*g.number_of_edges()))
17   plt.xscale('log')
18   plt.yscale('log')
19   plt.xlabel('$\ln k$')
20   plt.xlabel('$\ln P$')
21   plt.legend()
22   plt.show()
```

结果如图 6.29(a)所示。

BA 无标度网络幂指数的测定如图 6.29 所示。图中的虚线表示拟合曲线的斜率，Theory 表示 BA 无标度网络的度分布函数，如式(6-6)所示。Continuous 表示将度分布当作连续

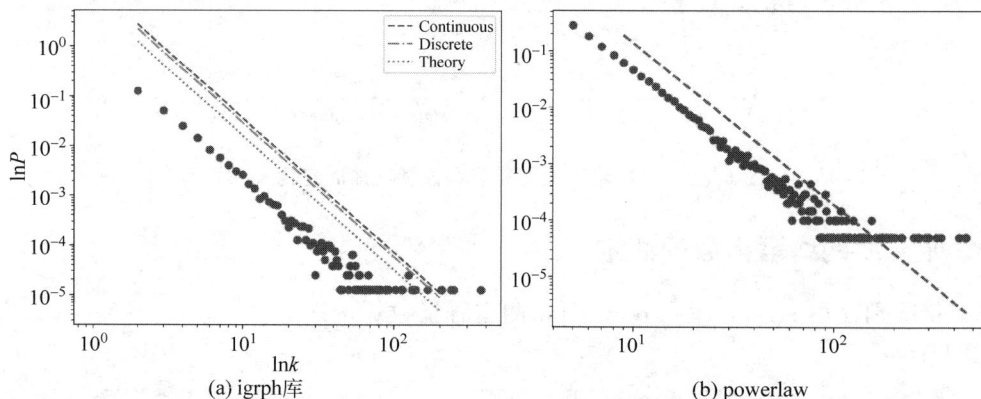

图 6.29　BA 无标度网络幂指数的测定

powerlaw 分布处理的结果,其表达式为

$$p(x) = \frac{\alpha - 1}{x_{\min}} \left(\frac{x}{x_{\min}} \right)^{-\alpha} \tag{6-10}$$

Discrete 表示将度分布当作离散 powerlaw 分布处理的结果,其表达式为

$$p(x) = \frac{x^{-\alpha}}{\sum_{n=0}^{\infty} (n + x_{\min})^{-\alpha}} \tag{6-11}$$

（2）powerlaw。

powerlaw 是分析幂律分布的 Python 包,需要安装后再调用。

```
1   import matplotlib.pyplot as plt
2   import networkx as nx
3   import powerlaw
4
5   def power_law(degree_sequence):
6       fit = powerlaw.Fit(degree_sequence)
7       print("幂指数为: {},D 为: {}.".format(fit.power_law.alpha,fit.power_law.D))
8       x, y = powerlaw.pdf(degree_sequence, linear_bins = True)
9       plt.scatter(x[: -1][y > 0],y[y > 0])
10      fit.power_law.plot_pdf(color = 'red', linewidth = 2,linestyle = '--')
11      plt.savefig('figure.pdf')
12      plt.show()
13
14  g = nx.barabasi_albert_graph(20000, 5)
15  degree_sequence = list(dict(g.degree()).values())
16  power_law(degree_sequence)
```

运行结果如下:

```
Calculating best minimal value for power law fit
幂指数为: 3.040930218843176,D 为: 0.0180400019160678877。
```

拟合曲线如图 6.29(b)所示。若想获得兼具小世界(聚类系数较大,平均路径长度较小)和无标度特性(度分布服从幂律)的网络,可以使用 nx.powerlaw_cluster_graph()。它基于 Holme-Kim 模型,在 BA 模型的基础上引入三角闭合机制,这使得生成的网络既服从幂律度分布,又具有较高的聚类系数。

6.4 配置模型

配置模型指具有任意给定度分布但在其他方面完全随机的广义随机图。到目前为止研究最多的广义随机图模型是配置模型(Configuration Model)。在配置模型中事先给定的是网络的度序列 $\{d_1, d_2, \cdots, d_N\}$,其中非负整数 d_i 为节点 i 的度。显然,度序列并不能完全任意给定,否则有可能无法生成符合度序列的简单图。

配置模型构造算法。

（1）初始化：根据给定度序列确定 N 个节点的度值。

（2）引出线头：从度为 k_i 的节点 i 引出 k_i 个线头。共有 $2M$ 个线头,M 为网络的边数。

（3）随机配对：完全随机地选取一对线头,把它们连在一起,形成一条边;再在剩余的线

头中完全随机地选取另一对线头连成一条边；以此进行下去，直至用完所有的线头。

需要特别说明的是：①网络中所有节点的度之和为偶数；②生成具有给定度分布的网络；③等概率随机配对；④生成模型的不唯一性；⑤有可能产生自环和重边。

举例：获取空手道俱乐部网络的度序列，并由该度序列构造相应的广义随机图。

```
1   import networkx as nx
2   karate = nx.karate_club_graph()
3   deg_sequence = [j for i,j in karate.degree]
4   config_g = nx.configuration_model(deg_sequence)              #包含自环和重边
5   #config_g = nx.random_degree_sequence_graph(deg_sequence)    #没有自环和重边
6   nx.draw(config_g)
```

与由空手道俱乐部网络具有相同度序列的广义随机网络见图 6.30，左图包含自环和重边，右图没有自环和重边。在探究网络的某些高阶特性时常会将实际网络与广义随机网络进行对比，如模块度的计算和模体的研究等。

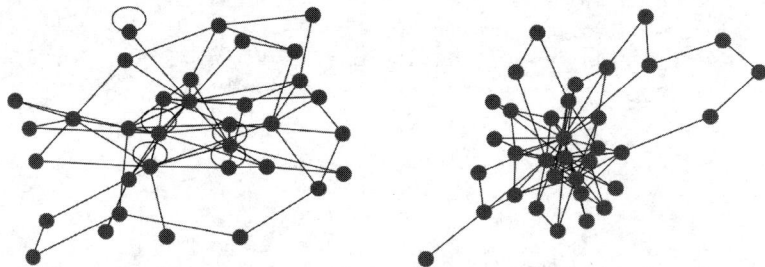

图 6.30   与由空手道俱乐部网络具有相同度序列的广义随机网络

第 7 章

渗流相变和网络鲁棒性

7.1 渗流相变基础

渗流模型描述的是随着节点或边的占据概率增加,系统宏观几何性质的转变。以开放边界条件(Open Boundary Condition)下二维方格点中的点渗流(Site Percolation)为例,以概率 $0<p<1$ 占据系统中的每个格点(也可以认为是以概率 $1-p$ 不占据格点),相邻的被占据格点属于同一个团(Cluster)。当 p 较小时,系统中只存在微观尺度的团甚至只有孤立的格点。当 p 较大时,系统中绝大多数的被占据格点都属于同一个团,从而使得这个团从系统的横向或纵向的一端跨越到另一端,此时渗流已经发生,而这个跨越系统边界的团则称为 Spanning Cluster,也即渗流团(Percolating Cluster)。在 p 增加的过程中存在一个 p_c,对于无穷大系统,当 $p<p_c$ 时,系统中不存在渗流团;相反,当 $p>p_c$ 时则存在渗流团。p_c 通常称为临界点。二维方格点中点渗流的临界点为 $p_c=0.59274621$。

类似地,也可以讨论边渗流(Bond Percolation)。此时,系统中所有的格点都已经被占据,而连接近邻格点之间的边则以概率 $0<p<1$ 被占据,通过边连接的相邻格点属于同一个团。二维方格点中边渗流的临界点为 $p_c=0.5$。在临界点附近观测量由一组临界指数刻画,临界指数间存在标度律。不同的临界指数描述了不同的普适类。二维格点中的点渗流和边渗流都属于同一普适类,且与格点的微观结构无关,仅与系统的维度、相互作用范围及动力学特性有关。二维格点渗流的临界指数包括用来表征关联长度在临界点附近发散行为的临界指数 $\nu=4/3$,与序参量相关的临界指数 $\beta=5/36$,其他相关的临界指数还包括 $\gamma=43/18$,$\sigma=36/91$,$\tau=187/91$。

ER 随机网络上边渗流相变的临界点为 $\langle k \rangle_c=1$,即 $p_c=1/(N-1)$,$M_c=N/2$(需要添加 $N/2$ 条边才会发生渗流相变)。为了方便,研究者常采用约化边数 $r=M/N$ 作为控制变量开展研究,此时 $r_c=0.5$。一般认为 ER 随机网络是无穷维的,此时平均场近似是适用的,所以渗流的临界指数为:$\beta=1,\gamma=1,\nu=3,\sigma=1/2,\tau=5/2$。

渗流模型研究的是节点或边在不同占据概率下所呈现的相变和临界现象,而网络的鲁棒性则主要关注节点或边的失效(移除)对网络拓扑特性的影响,相关讨论见 5.5 节。这里的失效可能有多种原因:①在交通网络中,可能由于高峰期交通拥堵、大型节假日或大型活动导致某些区域人流激增,暴雨等自然灾害引起的部分道路毁坏等。②在 Internet 中,由于路由器或者线路故障造成部分节点或边从网络中移除。③在疾病传播网络中,如果有一个人接种了预防某种疾病的疫苗,既避免了这个人被传染,也避免了他传染给其他人,此时这个人仍处在网络中,但从疾病传播的角度来看,他已经不起作用了,因此接种疫苗的这个过程也可以通过删除节点的方式来表示。从而渗流和网络鲁棒性可以认为是一枚硬币的两面,以 p 的概率占据节点等价于以 $1-p$ 的概率移除节点。接下来将介绍两种通过计算机模拟研究渗流模型的方法。

方法一,通过最大团和次大团的相对大小测定临界点的位置和临界指数。

在大小为 $N=L\times L$ 的方格点中,能够与 N 相比拟的集团的出现预示着渗流相变的发生。用 $S_R(r,L)$ 来表示系统中第 R 大团的平均大小(团中包含的节点数),其中 r 为控制变量。对于点渗流,r 为系统中占据的节点数 N_n 与 N 的比值,即 $r=N_n/N$;相应地,对于边渗流,r 为系统中占据的边数 N_e 与总边数 $2N$ 的比值,即 $r=N_e/(2N)$。根据 $S_R(r,L)$ 定义团的约化大小

$$s_R(r,L)=S_R(r,L)/N \tag{7-1}$$

其中,$s_1(r,L)$ 可用作渗流相变的序参量。在临界点附近,不仅最大团的约化大小 $s_1(r,L)$ 可以与 N 相比拟,次大团的大小 $s_2(r,L)$ 也可以。

根据有限尺度标度理论,团的约化大小 $s_R(r,L)$ 满足如下有限尺度标度形式

$$s_R(r,L)=L^{-\beta/\nu}\widetilde{s}_R(tL^{1/\nu}) \tag{7-2}$$

$$s_1(r,L)=L^{-\beta/\nu}\widetilde{s}_1(tL^{1/\nu}) \tag{7-3}$$

$$s_2(r,L)=L^{-\beta/\nu}\widetilde{s}_2(tL^{1/\nu}) \tag{7-4}$$

其中,$t=(r-r_c)/r_c$ 为控制变量与临界点的偏离程度,$\widetilde{s}_R(tL^{1/\nu})$ 为标度函数。ν 是与关联长度相关的临界指数,在临界点 r_c 处,关联长度发散 $\xi=\xi_0|t|^{-\nu}$。上述标度形式只在 $L\gg1$ 且 $|t|\ll1$ 时成立。

将次大团与最大团的标度关系相除可得

$$s_2(r,L)/s_1(r,L)=U(tL^{1/\nu}) \tag{7-5}$$

其中,$U(tL^{1/\nu})$ 为 s_2/s_1 的标度函数。在临界点 r_c 处,$s_2/s_1=U(0)$,不依赖系统尺度 L。所以,不同系统尺度下 s_2/s_1 的曲线在临界点处相交,从而可以利用 s_2/s_1 的交点来确定临界点。

对最大团标度关系式(7-3)两边取对数可得

$$\ln s_1(r,L)=-(\beta/\nu)\ln L+\ln\widetilde{s}_1(tL^{1/\nu}) \tag{7-6}$$

当 $r=r_c$ 时,

$$\ln s_1(r,L)=-(\beta/\nu)\ln L+\ln\widetilde{s}_1(0) \tag{7-7}$$

说明 $\ln s_1(r,L)$ 与 $\ln L$ 是线性关系,其斜率的绝对值就是临界指数 β/ν。当 $r\neq r_c$ 时,线性关系不成立。因此可以利用这个性质来同时确定临界点 r_c 和临界指数 β/ν。通过引入标度变量 $tL^{1/\nu}$,使不同系统尺度 L 下的 s_2/s_1 的曲线重合,可以得到临界指数 $1/\nu$ 及标度函数 $U(tL^{1/\nu})$ 的图像。

式(7-2)和式(7-5)对 t 求导可得

$$s'_R=\frac{\partial s_R}{\partial t}=L^{1/\nu-\beta/\nu}\widetilde{s}'_R(tL^{1/\nu}) \tag{7-8}$$

$$(s_2/s_1)'=\frac{\partial(s_2/s_1)}{\partial t}=L^{1/\nu}U'(tL^{1/\nu}) \tag{7-9}$$

类似地,对式(7-8)和式(7-9)取对数,然后计算 $r=r_c$ 时的直线斜率,可以确定临界指数 $1/\nu$ 和 β/ν。由于曲线的斜率显著地依赖 r,所以在没有足够精确的 r_c 和足够精细的采样点的情况下用此方法得到的结果精度并不高。

方法二,通过最大团的最大跳跃判断相变的类型和普适类。

我们将系统的演化定义为向由孤立节点构成的系统中逐一加边直至达到规定的边数(边渗流),或逐一占据系统中的节点直至所有的节点都被占据(点渗流)。在系统的单次演化中的第 T 步,系统中的边数或占据的节点数由 $T-1$ 增加到 T,而最大团的大小由 $S_1(T-1)$ 变为 $S_1(T)$,其约化大小变化的幅度记为 $\delta T=[S_1(T)-S_1(T-1)]/N$。那么系统演化过程中最大团的最大跳跃定义为

$$\Delta = \max\{\delta_1,\delta_2,\delta_3,\cdots,\delta_n\} \tag{7-10}$$

最大团发生最大跳跃的时刻记为 T_c,其约化量记为 $r_c=T_c/N$。在网络的每一次演化过程中 Δ 和 r_c 会发生改变,即存在样本涨落(Sample fluctuation)。对于系统的第 i 次演化,最大团的最大跳跃和相应的位置分别记为 $\Delta^{(i)}$ 和 $r_c^{(i)}$,从而二者的平均值可表达为

$$\bar{\Delta}(N)=\frac{1}{M}\sum_{i=1}^{M}\Delta^{(i)} \tag{7-11}$$

$$\bar{r}_c(N)=\frac{1}{M}\sum_{i=1}^{M}r_c^{(i)} \tag{7-12}$$

其中,M 为实际模拟中系统的演化次数。在 bulk 极限 $L\to\infty$ 情况下,$\bar{r}_c(N)$ 以幂律形式趋于临界点

$$\bar{r}_c(L)=r_c(\infty)+a_r L^{-1/\nu 1} \tag{7-13}$$

根据 $\bar{r}_c(N)$ 的渐近行为可以判断渗流相变的连续性。如果 $\bar{r}_c(N)$ 在 $L\to\infty$ 的情况下收敛到非零值,那么渗流为不连续相变。而对于连续渗流相变,$\bar{r}_c(N)$ 以幂律形式收敛到零。此外

$$\bar{\Delta}(L)=a_\Delta L^{-\beta_1} \tag{7-14}$$

r_c 的涨落量 $\delta r_c=r_c-r_c(N)$ 和 Δ 的涨落量 $\delta\Delta=\Delta-\Delta(N)$ 的均方根,即 $r_c^{(i)}$ 和 $\Delta^{(i)}$ 的标准差为

$$\chi_r=\sqrt{\langle(\delta r_c)^2\rangle} \tag{7-15}$$

$$\chi_\Delta=\sqrt{\langle(\delta\Delta)^2\rangle} \tag{7-16}$$

χ_r 和 χ_Δ 也具有幂律形式

$$\chi_r\propto L^{-1/\nu 2} \tag{7-17}$$

$$\chi_\Delta\propto L^{-\beta 2} \tag{7-18}$$

7.2 规则格子上的点渗流和边渗流

常见的二维规则格子包括正方晶格、三角格子和六角晶格,如图 7.1 所示。

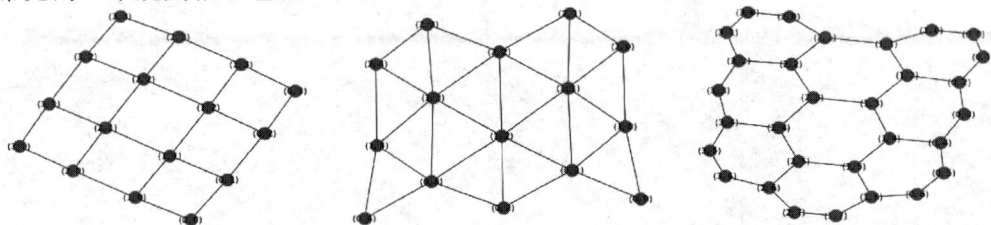

图 7.1 不同结构的二维空间格子的正方晶格、三角格子和六角晶格

晶格可视化可使用以下代码：

```
1  import networkx as nx
2  square_lattice = nx.grid_2d_graph(4,4)
3  nx.draw(square_lattice,with_labels = True)
```

也可以把节点的编号作为位置坐标进行可视化，如图 7.2 所示。

```
1  import networkx as nx
2  square_lattice8 = nx.grid_2d_graph(4,4)
3  pos = {i:i for i in square_lattice8.nodes}
4  nx.draw(square_lattice8,pos = pos,with_labels = True,node_color = 'yellow')
```

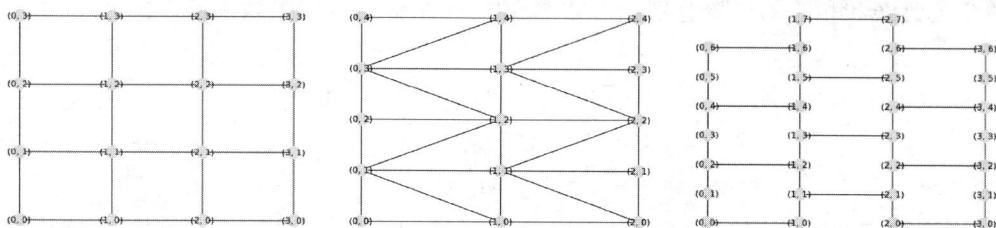

图 7.2　不同结构的二维格子

7.2.1　二维正方格子上的点渗流

为了实现方便，此处首先生成二维方格子，然后再按照 $1-p$ 的概率检查每个节点是否删除。最后从剩下的节点中寻找各个连通子图，再依据连通子图所含节点数量进行排序。在具体实现时，如果想获得较快的运算速度可以直接使用二维数组实现。

```
1  import networkx as nx
2  import random
3
4  p = 0.8
5  L = 8
6  square_lattice8 = nx.grid_2d_graph(L,L)
7  square_lattice8_copy = square_lattice8.copy()
8  remove_nodes = []
9  for i in square_lattice8.nodes():
10    if random.random()<(1 - p):
11      remove_nodes.append(i)
12      square_lattice8_copy.remove_node(i)
13  components = nx.connected_components(square_lattice8_copy)
14  components_n = sorted(list(components),key = lambda x:len(x),reverse = True)
15
16  for i in square_lattice8.nodes:
17    square_lattice8.nodes[i]['color'] = 'black'        #初始化节点颜色为黑色
18
19  for i in remove_nodes:
20    square_lattice8.nodes[i]['color'] = 'lightgray'    #将移除节点的颜色设置为灰色
21
22  for i in components_n[0]:
23    square_lattice8.nodes[i]['color'] = 'red'          #将最大连通子图设置为红色
24
25  for i in components_n[1]:
```

```
26        square_lattice8.nodes[i]['color'] = 'yellow'           # 次大连通子图设置为黄色
27
28   for i,j in square_lattice8.edges:
29        square_lattice8.edges[i,j]['color'] = 'black'          # 边的颜色设置为黑色
30
31   for i,j in square_lattice8.edges:
32        if i in remove_nodes or j in remove_nodes:
33            square_lattice8.edges[i,j]['color'] = 'lightgray'   # 移除边的颜色设置为灰色
34
35   node_color = [square_lattice8.nodes[i]['color'] for i in square_lattice8.nodes]
                                                                   # 提取节点颜色
36   edge_color = [square_lattice8.edges[i]['color'] for i in square_lattice8.edges]
                                                                   # 提取连边颜色
37
38   pos = {i:i for i in square_lattice8.nodes}
39   nx.draw(square_lattice8,pos = pos,node_color = node_color,edge_color = edge_color)
```

点渗流示意图如图 7.3 所示,浅灰色表示没有被点亮的节点,红色显示最大连通子图,黄色显示次大连通子图,黑色为除最大和次大连通子图外被点亮的节点,需要说明的是,该示意图仅为对应概率下的某一个构型,占据的过程伴随随机性,同一概率下可能有多种不同构型。

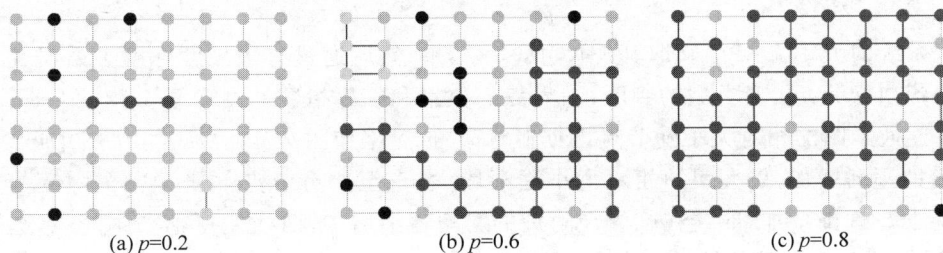

(a) p=0.2   (b) p=0.6   (c) p=0.8

图 7.3 点渗流示意图

以最大团和次大团的相对大小以及次大团与最大团相对大小的比值作为观测量研究渗流模型的相变和临界现象,代码如下:

```
1    import random
2    import networkx as nx
3    import numpy as np
4
5    def lattice_site_percolation(L,p):
6        square_lattice8 = nx.grid_2d_graph(L,L)
7        square_lattice8_copy = square_lattice8.copy()
8
9        for i in square_lattice8.nodes():
10           if random.random()<(1 - p):
11               square_lattice8_copy.remove_node(i)
12       components_size = sorted([len(i) for i in nx.connected_components(square_lattice8_
         copy)],reverse = True)
13       if len(components_size) == 0:
14           first_component = 0
15       else:
16           first_component = components_size[0]
17       if len(components_size) == 0 or len(components_size) == 1:
18           second_component = 0
19       else:
```

```
20      second_component = components_size[1]
21      ratio = second_component/first_component
22      return first_component,second_component,ratio
23
24  def configration_average(Nc,L,p):
25      f,s,g = 0,0,0
26      for i in range(Nc):
27          temp = lattice_site_percolation(L,p)
28          f += temp[0]
29          s += temp[1]
30          g += temp[2]
31      return f/(Nc * L * L),s/(Nc * L * L),g/Nc
32
33
34  L = 8
35  p = 0.5
36  Nc = 1000 ♯构型平均
37  p = np.linspace(0.2,0.9,21)
38  result8 = []
39  for i in p:
40      result8.append(configration_average(Nc,8,i))
41  result8
```

  改变系统的大小 L 可以获取其他尺寸下的结果,然后通过有限尺度标度关系研究渗流相变相关的各项指标:相变类型的判断、临界点的位置和临界指数的测定等。

  最大连通子图的相对大小随节点占据概率 p 的变化如图 7.4(a)所示,从图中可以看出,随着 p 值的逐渐增加,最大团的相对大小逐渐增大,直至所有节点都属于一个团簇为止。随着系统尺寸 L 逐渐增加,曲线在临界点附近的斜率逐渐增加,曲线变得越来越陡峭,越来越接近幂律发散,这一现象就是统计物理中的尺度效应。

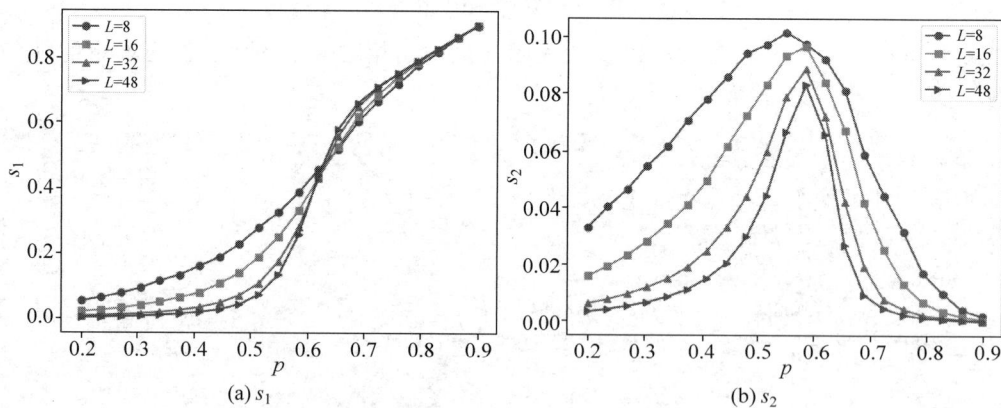

图 7.4 最大连通子图和次大连通子图的相对大小随节点占据概率 p 的变化

  次大连通子图的相对大小随节点占据概率 p 的变化如图 7.4(b)所示,从图中可以看出,次大团的大小先增大后减小,当 p 值较小时,团簇的大小逐渐增加,当 p 值增加到一定程度时,团簇开始逐渐合并,最终合并为一个团簇,此时次大团的大小为零。

  次大连通子图与最大连通子图相对大小的比值随节点占据概率 p 的变化如图 7.5(a)所示。显然,次大团与最大团的比值相交于一点,该点即为临界点的位置,大约在 0.59 附近,若想获得较为精确的结果,需增加 p 的取值个数,构型平均的次数以及系统尺度的大小。

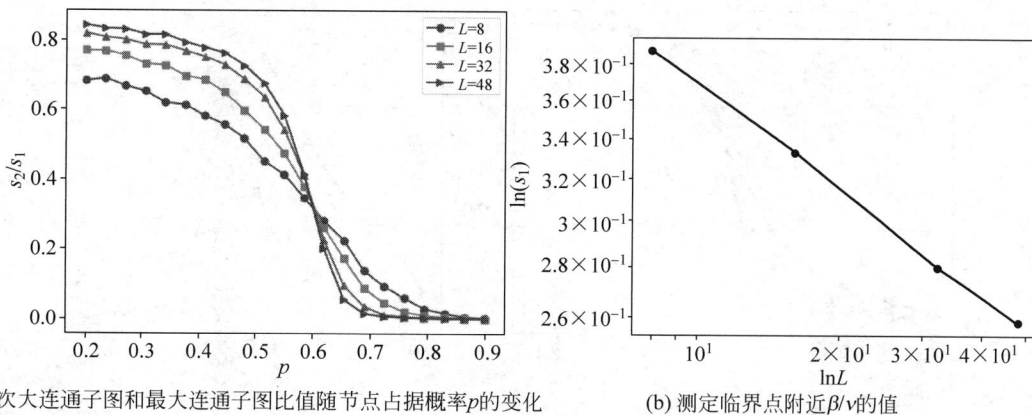

(a) 次大连通子图和最大连通子图比值随节点占据概率p的变化　　(b) 测定临界点附近β/ν的值

图 7.5　次大连通子图与最大连通子图相对大小的比值随节点占据概率 p 的变化

测定临界点附近 β/ν 的值的曲线如图 7.5(b) 所示。该曲线为最大连通子图的相对大小 s_1 随系统尺寸 L 变化的双对数曲线。测量结果 β/ν 的值为 0.2289，与准确值存在一定的差异。主要原因是同一概率下使用的构型数量较少且所取体系的尺寸数量不够。若想获得较为准确的结果可增加构型数量和系统尺度大小。此处将不再进一步测量其他临界指数并通过数据坍缩验证所得结果。

7.2.2　二维正方格子上的边渗流

类似地，对点渗流的程序进行简单的修改可以得到边渗流。即在生成二维正方格子中按照 $1-p$ 的删除概率判断每条边是否删除。当然也可以通过加边实现，初始仅生成节点，然后依据概率 p 判断每条可能边是否被加入网络中。

边渗流示意图如图 7.6 所示。图中浅灰色的边为未占据的边，蓝色的边为占据的边，红色为最大连通子图构成的团簇，黄色为次大连通子图构成的团簇，黑色为除最大连通子图和次大连通子图外的节点。从图中可以看出，随着连边概率的增加，边的数量逐渐增多，最大连通片逐渐增大。

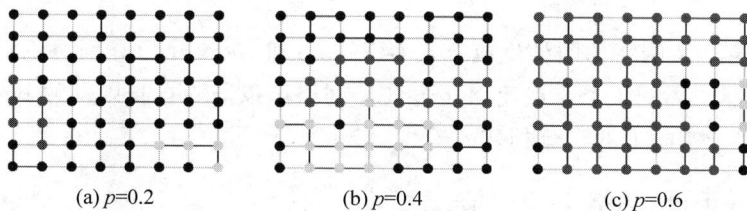

(a) $p=0.2$　　　　(b) $p=0.4$　　　　(c) $p=0.6$

图 7.6　边渗流示意图

边渗流中最大团占比随边占据概率的变化如图 7.7(a) 所示。图 7.7(b) 表示边渗流中次大团的相对大小随边占据概率的变化。从图中可以看出，曲线的大致趋势与点渗流的结果类似，但最大连通子图曲线交点的位置和次大连通子图极大值点的位置不同，点渗流在 0.6 附近，而边渗流在 0.5 附近。

边渗流中次大团与最大团的比值随连边概率的变化如图 7.8 所示。从图中可以看出，次大连通子图和最大连通子图的比值相交于 0.5 附近。若想获得更准确的结果，需要增加 p 的取值数量，构型平均的次数以及系统尺度的大小。

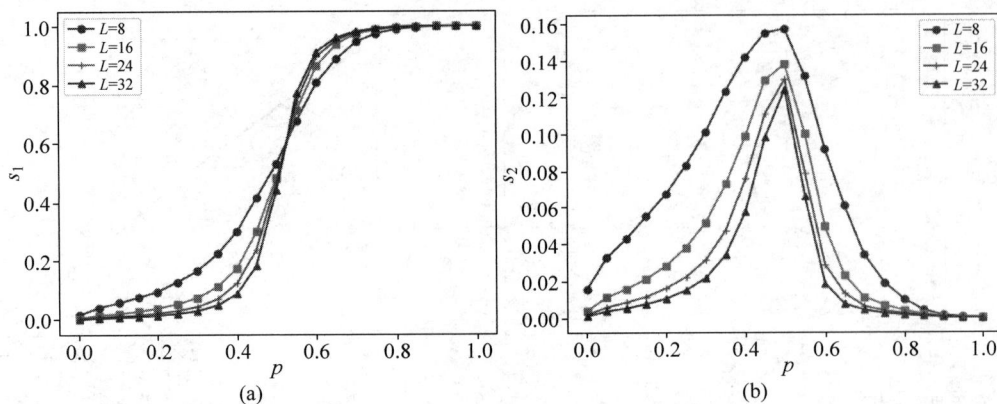

图 7.7　边渗流中最大团和次大团的相对大小随边占据概率的变化

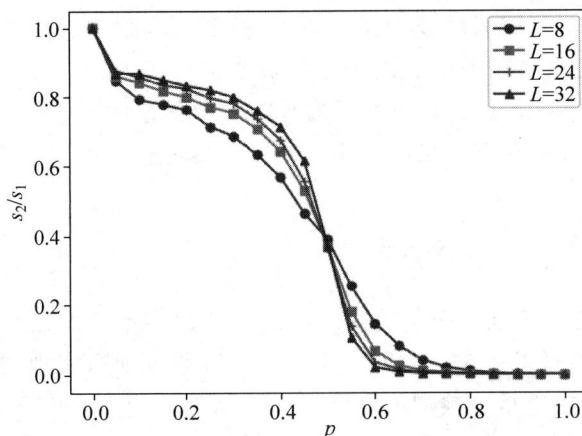

图 7.8　边渗流中次大团与最大团的比值随连边概率的变化

7.3　ER 网络上的渗流相变

接下来将针对 ER 网络的两种生成方式 $G(N,p)$ 和 $G(N,M)$ 分别讨论渗流相变。相比二维正方格子只能与周围 4 个节点建立连边,ER 网络可以与除自身以外的 $N-1$ 个节点建立连边,相当于无穷维空间上的渗流相变。

7.3.1　$G(N,p)$ 随机网络上的渗流

```
1  def ER_percolation(N,N_p,p):
2    first_component_size = []
3    second_component_size = []
4    ratio = []
5    for i in p:
6      first_temp = 0
7      second_temp = 0
8      ratio_temp = 0
9      for j in range(N_p):
10       ER_np = nx.erdos_renyi_graph(N,i)
11       components = sorted(nx.connected_components(ER_np),key = lambda x: len(x),reverse = True)
```

```
12        first_temp += len(components[0])
13        if len(components) == 1:
14          second_temp += 0
15        else:
16          second_temp += len(components[1])
17        ratio_temp += second_temp/first_temp
18      first_component_size.append(first_temp/N_p/N)
19      second_component_size.append(second_temp/N_p/N)
20      ratio.append(ratio_temp/N_p)
21    return first_component_size,second_component_size,ratio
```

不同尺度下最大连通子图随连边概率的变化曲线如图 7.9(a)所示。可以看到,随着节点数量的增加,最大连通子图会快速增大,变化的位置与节点数量有关,节点数量越大,转变的概率值越小。由于 ER 网络临界点的位置为 $\langle k \rangle_c = 1$,所以接下来还以 $\langle k \rangle = p(N-1)$ 为横坐标进行讨论,如图 7.9(b)所示。

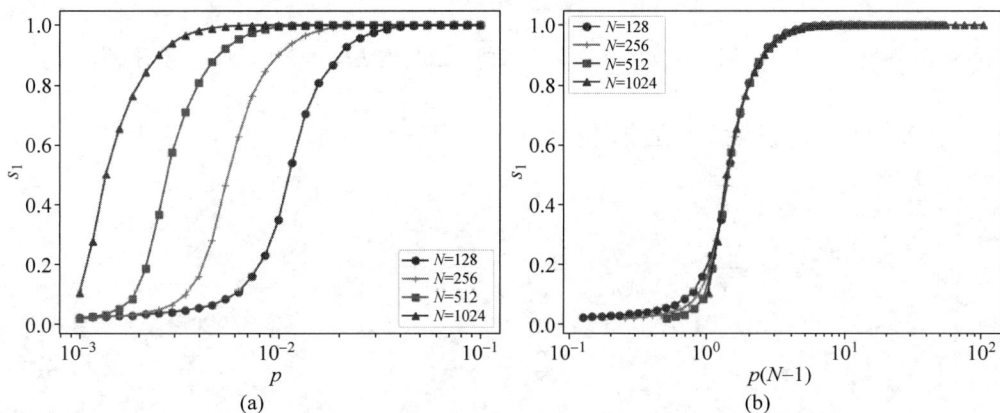

图 7.9 $G(N,p)$ 网络中最大团随连边概率和平均度变化的曲线

因为 $\langle k \rangle_c = 1$,所以 $p_c = 1/(N-1)$,从图中可以看出,随着节点数量的增加,曲线逐渐变得陡峭。类似地,可以继续研究次大连通子图随连边概率的变化。

$G(N,p)$ 网络中次大团随连边概率和平均度变化的曲线如图 7.10 所示。显然,从次大连通子图的变化规律中可以看到 N 越大,峰值对应的连边概率值 p 越小。如果将横坐标转换为平均度,峰值将移动至 $\langle k \rangle = 1$ 附近。接下来研究次大连通子图和最大连通子图的比值。

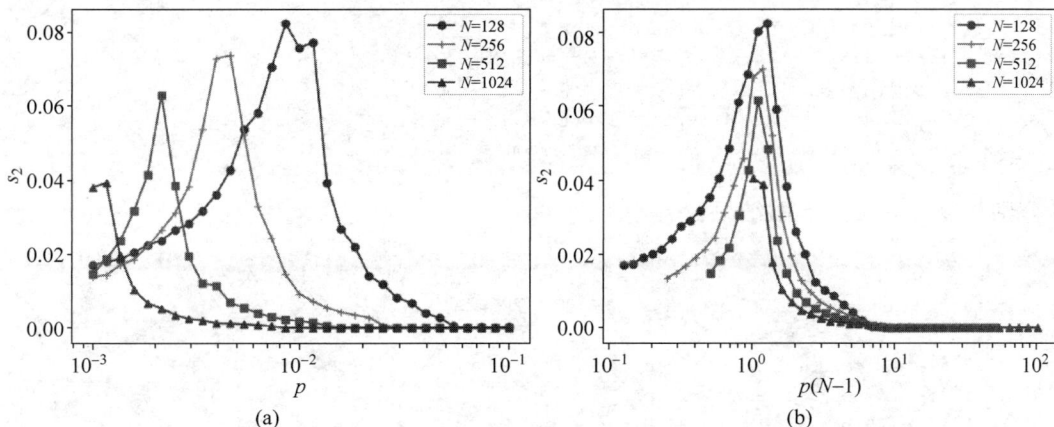

图 7.10 $G(N,p)$ 网络中次大团随连边概率和平均度变化的曲线

$G(N,p)$网络中次大团与最大团的比值随连边概率和平均度变化的曲线如图 7.11 所示。若以 p 为横坐标,曲线没有交点,若以$\langle k \rangle$为横坐标,曲线在$\langle k \rangle = 1$附近相交。图中曲线涨落较大,主要是由构型平均的次数不够造成的。

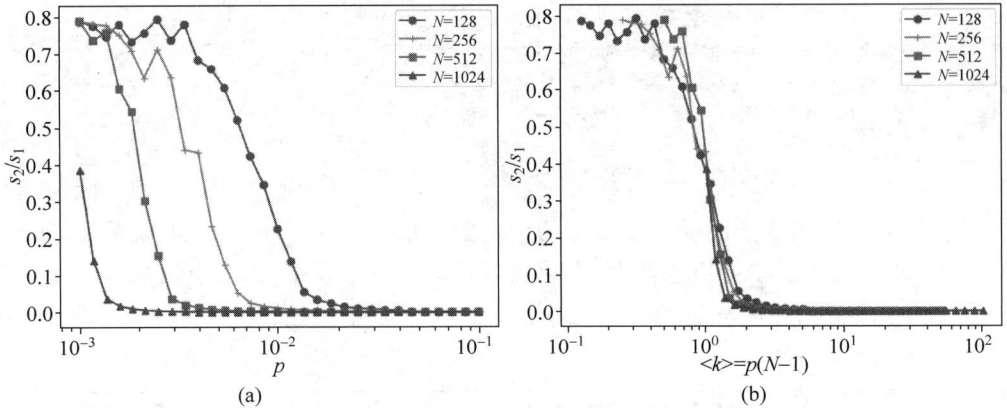

图 7.11　$G(N,p)$网络中次大团与最大团的比值随连边概率和平均度变化的曲线

7.3.2　$G(N,M)$随机网络上的渗流

```
1   def ER_percolation_M(N,N_m,M):
2     first_component_size = []
3     second_component_size = []
4     ratio = []
5     for i in M:
6       first_temp = 0
7       second_temp = 0
8       ratio_temp = 0
9       for j in range(N_m):
10        ER_nm = nx.gnm_random_graph(N,int(i))
11        components = sorted(nx.connected_components(ER_nm),key = lambda x: len(x),reverse = True)
12        first_temp += len(components[0])
13        if len(components) == 1:
14          second_temp += 0
15        else:
16          second_temp += len(components[1])
17        ratio_temp += second_temp/first_temp
18      first_component_size.append(first_temp/N_m/N)
19      second_component_size.append(second_temp/N_m/N)
20      ratio.append(ratio_temp/N_m)
21    return first_component_size,second_component_size,ratio
```

分别计算不同尺寸下的结果:

```
1   N_p = 100                          # 某个确定的p值需要平均的次数
2   p = np.logspace(-3,-1,31)          # 连边概率
3   ER_128 = ER_percolation(128,N_p,p)
4   ER_256 = ER_percolation(256,N_p,p)
5   ER_512 = ER_percolation(512,N_p,p)
6   ER_1024 = ER_percolation(1024,N_p,p)
```

讨论各参数的变化关系:

```
 1  plt.plot(p,ER_128[0],marker = 'o',label = '$ N = 128 $')
 2  plt.plot(p,ER_256[0],marker = '+',label = '$ N = 256 $')
 3  plt.plot(p,ER_512[0],marker = 's',label = '$ N = 512 $')
 4  plt.plot(p,ER_1024[0],marker = '^',label = '$ N = 1024 $')
 5
 6  plt.xscale('log')
 7  plt.xlabel('$ p $')
 8  plt.ylabel('$ s_1 $')
 9  plt.legend()
10  plt.show()
```

　　类比 $G(N,p)$，首先研究最大连通子图的相对大小随连边数量的变化曲线如图 7.12(a) 所示，横坐标进行 $\langle k \rangle = 2M/N$ 变换后的曲线如图 7.12(b) 所示。

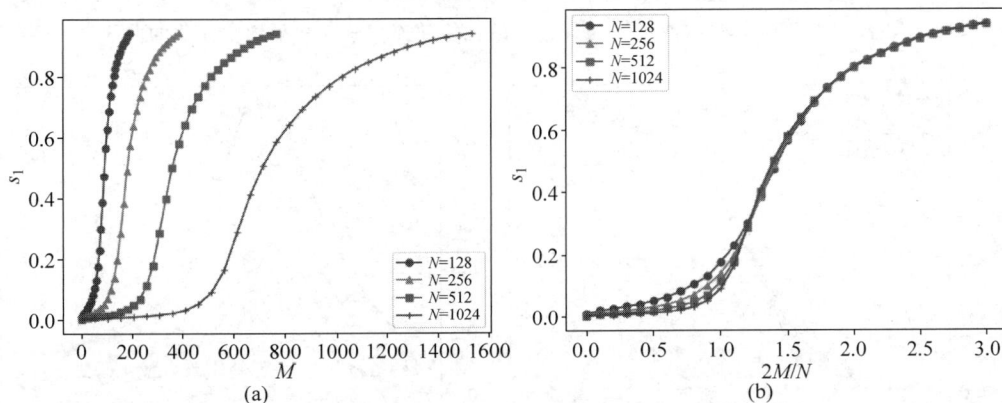

图 7.12　$G(N,M)$ 中最大团随连边概率和平均度变化的曲线

　　次大连通子图的相对大小随连边数量增加的变化曲线如图 7.13(a) 所示。横坐标进行 $\langle k \rangle = 2M/N$ 变换后的曲线如图 7.13(b) 所示。

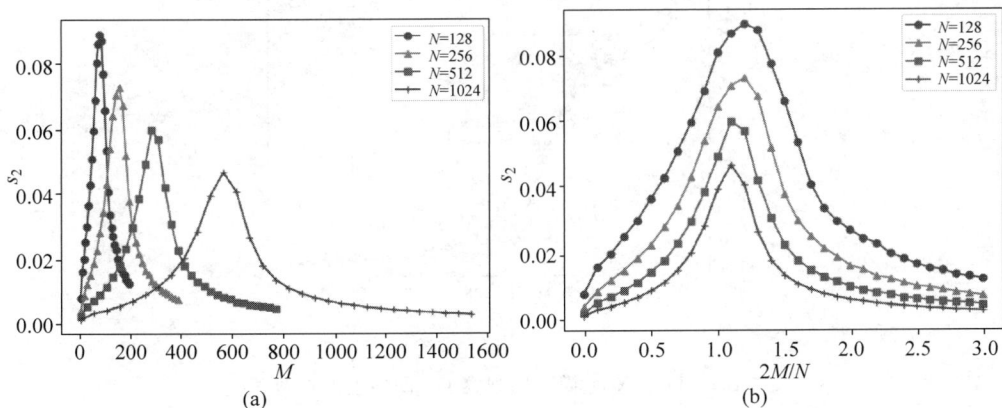

图 7.13　$G(N,M)$ 中次大团随连边概率和平均度变化的曲线

　　为了获得临界点的位置，需要分析次大连通子图与最大连通子图的比值，如图 7.14 所示，不同节点数对应曲线的交点即为临界点的位置(不包含概率较小时，所有节点都处于孤立状态和概率较大时，所有节点都属于一个连通集团)。

　　在很多文献中，还使用当前加入的边数 t 与节点数 N 的比值作为横坐标讨论 ER 网络的相变和临界现象。即 $r = t/N$ 常称为约化时间步或者约化边数。此时临界点的位置为 $r_c = 1/2$。相关曲线如图 7.15 所示。

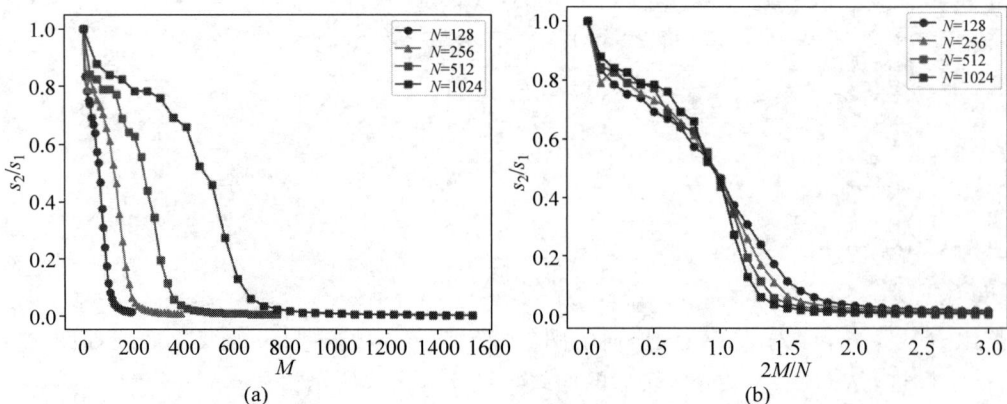

图 7.14　$G(N,M)$中次大团与最大团的比值随连边概率和平均度变化的曲线

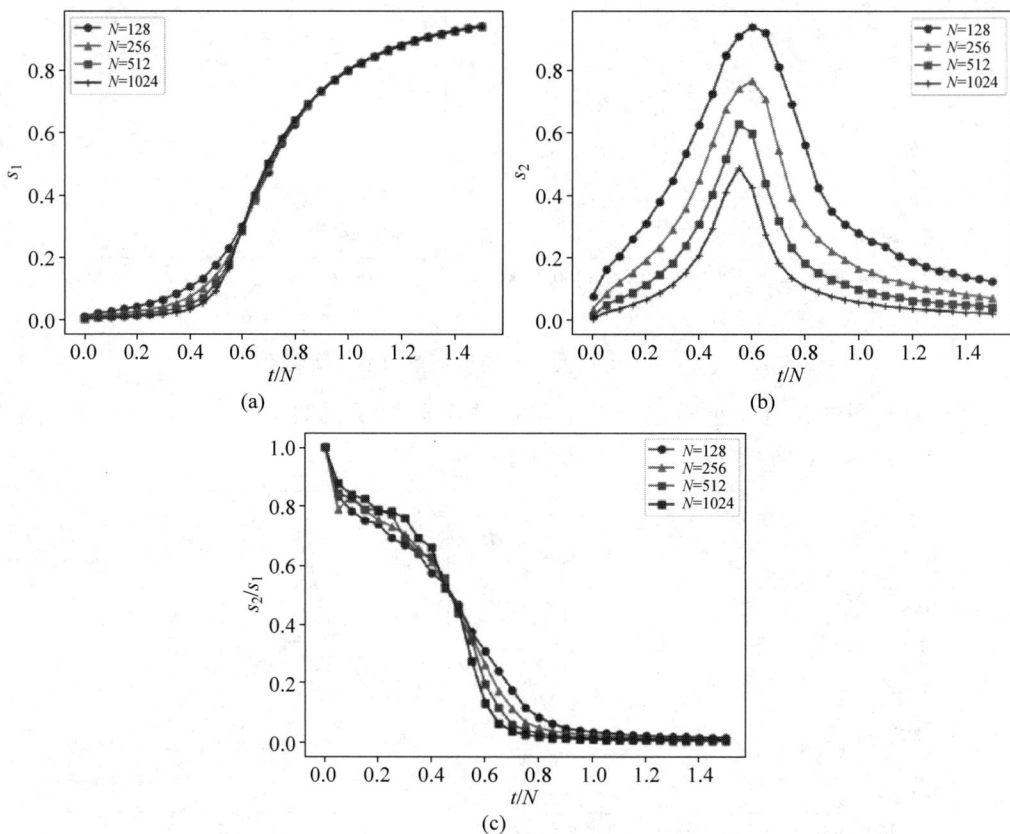

图 7.15　以 t/N 为横坐标观察 ER 网络上的渗流相变

在模拟过程中,我们使用$G(N,M)$研究最大连通子图和次大连通子图随约化边数的变化关系。对于 ER 网络,临界点位于:$\langle k \rangle_c = p_c(N-1) = 2M_c/N = 1$,即 $p_c = 1/(N-1)$,$M_c = N/2$,约化边数:$r = M/N = \langle k \rangle/2$。此外,树状 k 正则图(k-regular graph)中渗流的临界点为 $p_c = 1/(k-1)$,临界指数与 ER 模型中的渗流相同。

无标度网络中渗流的临界性质与其度分布 $P(k) \propto k^{-\gamma}$ 的幂指数 γ 有关。当 $2 < \gamma < 3$ 时,$p_c = 0$,系统只有一个渗流相;当 $3 < \gamma < 4$ 时,系统存在一个有限阈值 p_c 的相变,但临界指数与无穷维规则渗流平均场的结果不同,$\beta = 1/(\gamma-3)$;当 $\gamma > 4$ 时,临界指数与无穷维规则渗流平均场的结果相同，$\beta = 1$。

7.4 其他渗流相变模型

除了网络结构和度分布对相变有影响外，网络的聚类系数、同配和异配特性也对相变有影响，此处不再介绍。此外，研究者还对以下几类情况下的渗流模型进行了详细研究：演化规则对渗流相变的影响，如爆炸式渗流(Explosive Percolation)；网络基本组成单元对渗流模型的影响，如 k-clique 渗流和 k-loop 渗流等；网络连通方式对渗流模型的影响，如 k-core 渗流和 k 连通分量渗流等。接下来将分别介绍 k-clique 渗流和 k-core 渗流。

7.4.1 k-clique 渗流相变

网络中的全连通子图叫作 Clique，k 个节点构成的全连通子图就叫作 k-clique。任意两个 k-cliques 被认为是邻居如果它们共享 l 个节点，也就是说它们可以互相连通，一个 clique 社团是指所有可以连通的 k-cliques 集合，或者叫作 (k,l) clique 社团，当 (k,l)-clique 社团的大小能够与系统的尺寸 N 相比较时，称这样的社团为"巨社团"，这时系统发生相变。

通过粗粒化和生成函数方法，ER 网络上 (k,l)-clique 渗流相变临界点的近似表达式为

$$p_c(k,l) = a(k,l)N^{-\frac{2}{k+l-1}}\left[1 + O(N^{-\frac{k-l-1}{k+l-1}})\right] \tag{7-19}$$

$$a(k,l) = \left[\frac{C_k^l - 1}{(k-l)!}\right]^{-\frac{2}{(k-l)(k+l-1)}} \tag{7-20}$$

当 $l = k-1$ 时，修正项为 0，此时

$$p_c(k,k-1) = a(k,l)N^{-\frac{2}{k+l-1}} = a(k,k-1)N^{-\frac{1}{k-1}} \tag{7-21}$$

$$a(k,k-1) = (C_k^{k-1} - 1)^{-\frac{1}{k-1}} = (k-1)^{-\frac{1}{k-1}} \tag{7-22}$$

因为边数与连边概率之间满足：

$$T = p \times N(N-1)/2 \tag{7-23}$$

从而

$$T_c = p_c \times N(N-1)/2 \tag{7-24}$$

$$T_c(k,l) = \frac{1}{2}a(k,l)N^{1-\frac{2}{k+l-1}}(N-1)\left[1 + O(N^{-\frac{k-l-1}{k+l-1}})\right] \tag{7-25}$$

当 $N \to \infty$ 时

$$T_c \propto N^{2-\frac{2}{k+l-1}} \tag{7-26}$$

从而可定义约化时间步或者约化边数

$$r = \frac{T}{N^{2-\frac{2}{k+l-1}}} \tag{7-27}$$

或者约化概率

$$\rho = \frac{p}{N^{-\frac{2}{k+l-1}}} \tag{7-28}$$

引入约化边数后

$$r_c = \frac{T_c}{N^{2-\frac{2}{k+l-1}}} \tag{7-29}$$

当系统无穷大时，

$$r_c(\infty) \approx \frac{1}{2}a(k,l) \tag{7-30}$$

相变的普适类依赖 l，而且与 k 无关。

```
1   def ER_percolation_M_clique_k(N,N_m,M,k = 3):
2     first_component_size = []
3     second_component_size = []
4     ratio = []
5     for i in M:
6       first_temp = 0
7       second_temp = 0
8       for j in range(N_m):
9         ER_nm = nx.gnm_random_graph(N,int(i))
10        components = sorted(nx.community.k_clique_communities(ER_nm,k), key= lambda x: len(x),
          reverse = True)
11        if len(components) == 0:
12          first_temp += 0
13        else:
14          first_temp += len(components[0])
15        if len(components) == 1 or len(components) == 0:
16          second_temp += 0
17        else:
18          second_temp += len(components[1])
19      first_component_size.append(first_temp/N_m/N)
20      second_component_size.append(second_temp/N_m/N)
21    return first_component_size,second_component_size
```

ER 网络上的 $(3,2)$-clique 渗流相变如图 7.16 所示。由式（7-30），当系统趋于无穷大时，$(3,2)$-clique 的临界点 $r_c(\infty) \approx 2^{-3/2} \approx 0.3536$。从图 7.16(b) 中发现，次大连通子图的极值点随着节点数 N 的增大向 r 值减小的方向移动，主要原因是横坐标为约化边数，如式（7-27），此处做的约化只有在节点数量为无穷大时才成立。若修改约化边数的式子为

$$r = \frac{T}{N^{1-\frac{2}{k+l-1}}(N-1)} \tag{7-31}$$

极大值的位置将不会移动。

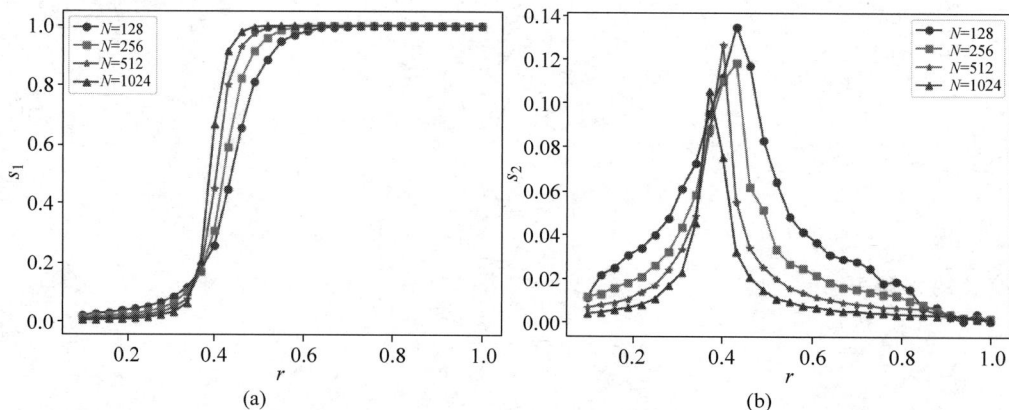

图 7.16 ER 网络上的 $(3,2)$-clique 渗流相变

7.4.2　*k*-core 渗流相变

在复杂网络中，*k*-core 定义为网络中所有节点的度都至少为 *k* 的最大子图(Subgraph)，这里的度仅仅指的是与 *k*-core 内部节点之间的连边数，具体过程可参照 3.1.6 节。通常研究的巨团其实就是 1-core。具体来说，给定一个网络的构型，删除网络中度小于 *k* 的节点及其连边；在删除的过程中又会产生新的度小于 *k* 的节点，不断进行上述删除操作直至网络中所有剩下的节点的度都大于 *k*。在 ER 网络中，$k=1$ 的 *k*-core 对应普通的连通集团，渗流为连续相变；$k=2$ 的 *k*-core 对应随机网络的双连通分量，渗流仍为连续相变，且相变点仍为 $r_c=0.5$；当 $k \geqslant 3$ 时，渗流为不连续相变，在加边过程中突然出现一个可以与系统尺度相比拟的 *k*-core。此处使用的约化边数与 ER 网络相同，$r=M/N$。不同 *k* 值的相变特性如表 7.1 所示。

表 7.1　不同 *k* 值的相变特性

k	1	2	3	4	5
临界点	$r_c=0.5$	$r_c=0.5$	$r_c=1.675459435$	$r_c=2.574701375$	$r_c=3.399637745$
相变类型	连续	连续	不连续	不连续	不连续

ER 网络上的 *k*-core 渗流程序如下：

```
1  def ER_percolation_M_k_core(N,N_m,M,k = 2):
2    first_component_size = []
3    ratio = []
4    for i in M:
5      first_temp = 0
6      for j in range(N_m):
7        ER_nm = nx.gnm_random_graph(N,int(i))
8        components = nx.k_core(ER_nm,k).number_of_nodes()
9        first_temp += components
10
11     first_component_size.append(first_temp/N_m/N)
12   return first_component_size
```

ER 网络上的 2-core 和 3-core 渗流相变的曲线如图 7.17 所示。将所得结果与表 7.1 对比，可验证模拟结果的正确性。

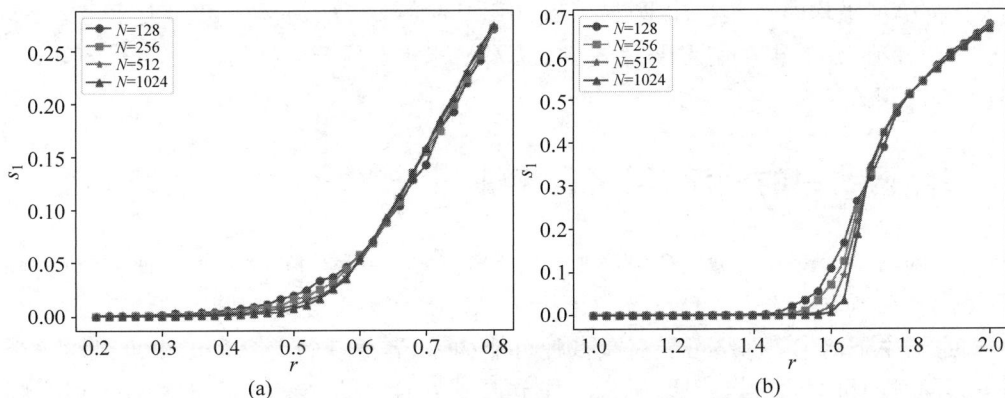

图 7.17　ER 网络上的 2-core 和 3-core 渗流相变的曲线

需要说明的是，本章没有对"通过最大团的最大跳跃判断相变的类型和普适类"进行详细讨论，主要原因是测量准确性不高，猜测是由所模拟的系统尺度不够大且构型的平均次数不够造成的。相关的程序如下。

```
1   def lattice_site_percolation(L,p,Nm):
2     N = L * L
3     square_lattice8 = nx.grid_2d_graph(L,L)
4     first_component_ave = 0
5     for j in range(Nm):
6       square_lattice8_copy = square_lattice8.copy()
7       for i in square_lattice8.nodes():
8         if random.random()<(1-p):
9           square_lattice8_copy.remove_node(i)
10      components_size = sorted([len(i) for i in nx.connected_components(square_lattice8_
        copy)],reverse = True)
11      if len(components_size) == 0:
12        first_component = 0
13      else:
14        first_component = components_size[0]
15      first_component_ave += first_component
16    return first_component_ave/Nm/N
```

计算观测量，代码如下。

```
1   def gap_method(L,Nm,p,Ng):
2     gap_temp = 0
3     gap_temp2 = 0
4     gap_p = 0
5     gap_p2 = 0
6     for j in range(Ng):
7       first_con_list = []
8       for i in p:
9         first_con_list.append(lattice_site_percolation(L,i,Nm))
10      gap = [first_con_list[i+1]-first_con_list[i] for i in range(len(first_con_list)-1)]
11      gap_max = max(gap)
12      gap_position = p[gap.index(max(gap))]
13      gap_temp += gap_max
14      gap_temp2 += gap_max * gap_max
15      gap_p += gap_position
16      gap_p2 += gap_position * gap_position
17    return gap_temp/Ng,gap_p/Ng,gap_temp2/Ng-gap_temp/Ng * gap_temp/Ng,\
18  gap_p2/Ng-gap_p/Ng * gap_p/Ng
```

其中，N_m 为构型平均的次数，N_g 为最大跳跃平均的次数，L 为系统尺寸大小，p 为连边概率。此外，近年来，还有很多使用机器学习方法对渗流相变展开研究的论文，此处不再介绍，感兴趣的可查阅相关论文。

7.5 实际网络中的渗流/网络鲁棒性

与模型网络中对渗流模型的研究类似，在对某个实际网络的鲁棒性进行研究时，先随机删除网络中的部分节点或连边，而后讨论网络中最大连通子图的变化。模型网络可以多次生成，如某一确定概率下的 ER 网络可能存在多种可能构型，若想获得普适的结果可以对多个构型进行平均，同时随机移除节点或边（随机增加节点或边的逆过程）也具有随机性。但实际网络没办法多次生成，往往是已经给定的确定构型。这种情况下，很难精确地讨论临界点的位置和相应的临界指数，研究者更为关注网络的鲁棒性，即何种节点或边删除方式对网络的损害性最大，或者表述为在面对某种节点移除方式时，哪种结构稳定性更好，抗干扰能力更强。相关分析可参照 3.3 节。

第 **8** 章

Ising模型和网络博弈

空间演化博弈模型是网络动力学的重要研究领域之一，该过程与统计物理中 Ising 模型的蒙特卡洛模拟方法极为相似。因此，本章首先介绍 Ising 模型，然后介绍博弈模型，紧接着在二维正方格子上研究弱囚徒博弈模型，最后再在小世界网络和无标度网络上研究弱囚徒博弈模型。

8.1 Ising 模型的相变和临界现象

在空间网格上，每个节点放置一个自旋，任意节点 i 上的自旋有向上和向下两种取值（$S_i = \pm 1$），只考虑最近邻间的相互作用，i 和 j 之间的作用强度为 J_{ij}，体系受到外磁场的作用，其中自旋 i 受到的外场大小为 h_i，则该体系的哈密顿量可以写为

$$E = -\sum_{\langle ij \rangle} J_{ij} S_i S_j - \sum_i h_i S_i \tag{8-1}$$

其中，S_i 表示自旋取值，第一项表示对最近邻求和，每对节点求和一次，$\langle ij \rangle$ 表示节点 i 和节点 j 互为最近邻。通过 J_{ij} 可以对 Ising 模型进行分类：当 $J_{ij} > 0$ 时，相互作用为铁磁相互作用（自旋倾向于全部朝上或朝下）；当 $J_{ij} < 0$ 时为反铁磁相互作用（自旋倾向于朝上朝下交替出现）；当 $J_{ij} = 0$ 时，自旋间不存在相互作用。此外，自旋总是倾向于外场的方向，$h_i > 0$ 时，自旋 i 倾向于正向（自旋向上），$h_i < 0$ 时，自旋 i 更倾向于向下。$h_i = 0$ 时，不存在外场且此时自旋具有向上向下对称性，外场的引入打破了这种对称性，迫使自旋选择外场的方向。为便于讨论，下面使用统一的耦合强度 J，并且外场的值取为零。此时的哈密顿量 $E = J \sum S_i S_j$。

对于外场为零的二维 Ising 模型，铁磁的序参量为磁化强度，反铁磁的序参量为交错磁化强度。随着温度逐渐降低，系统将从顺磁态转变为铁磁态或者反铁磁态，转变温度称为临界温度，铁磁相变中把这个临界温度叫作居里温度（Curie Temperature），反铁磁相变中叫作尼尔温度（Néel Temperature）。二维正方格子上 Ising 的临界温度可以解析求解得到 $T_c = 2/\ln(1+\sqrt{2})J \approx 2.269J$。三角格子上 $T_c = 2/\ln(\sqrt{3})J \approx 3.641J$。

Ising 模型能量的概率分布服从玻尔兹曼分布，即

$$P(\{S_i\}) = \frac{e^{-\beta E(\{S_i\})}}{Z} \tag{8-2}$$

其中，E 表示能量；$\beta = \dfrac{1}{k_b T}$，k_b 是玻尔兹曼常数，T 是系统温度；$Z = \sum_{\{S_i\}} e^{-\beta E(\{S_i\})} = \sum_\mu e^{-\beta E_\mu}$，表示配分函数。当 $T \to 0$，系统受耦合强度和外场的影响，不考虑热运动。当 $T \to \infty$，热运动占据主动，自旋取向随机。

Ising 模型通常选取以下观测量。

（1）磁化强度

$$\langle M\rangle=\left\langle\sum_{i=1}^{N}S_i\right\rangle \tag{8-3}$$

平均磁化强度

$$\langle m\rangle=\frac{1}{N}\langle M\rangle=\frac{1}{N}\left\langle\sum_{i=1}^{N}S_i\right\rangle \tag{8-4}$$

其中，M 表示磁化强度。

（2）磁化率

$$\chi=\frac{\beta}{N}(\langle M^2\rangle-\langle M\rangle^2)=\beta N(\langle m^2\rangle-\langle m\rangle^2) \tag{8-5}$$

（3）能量

$$\langle E\rangle=\left\langle-J\sum_{\langle ij\rangle}S_iS_j\right\rangle \tag{8-6}$$

（4）比热

$$C=\frac{k\beta^2}{N}(\langle E^2\rangle-\langle E\rangle^2) \tag{8-7}$$

（5）Binder 积累比值（Binder Cumulant Ratio）

$$U=1-\frac{\langle m^4\rangle}{3\langle m^2\rangle^2} \tag{8-8}$$

对于无限大系统（$L\to\infty$），在临界点附近由于关联长度的发散，引起各观测在临界点附近具有幂律特性，且对应着不同的幂指数，关系如下：

$$\xi\propto|t|^{-\nu} \tag{8-9}$$
$$M\propto|t|^{\beta} \tag{8-10}$$
$$\chi\propto|t|^{-\gamma} \tag{8-11}$$
$$C\propto|t|^{-\alpha} \tag{8-12}$$
$$|m|\propto h^{1/\delta} \tag{8-13}$$

关联函数

$$\langle S_0S_x\rangle\propto\frac{1}{|x|^{d-2+\eta}} \tag{8-14}$$

其中，$t=\dfrac{T-T_C}{T_C}$，表示约化温度；d 为空间维度。

临界指数之间存在的关系称为标度律，表达式如下：

$$d\nu=2-\alpha \tag{8-15}$$
$$2\beta+\gamma=2-\alpha \tag{8-16}$$
$$\beta(\delta-1)=\gamma \tag{8-17}$$
$$(2-\eta)\nu=\gamma \tag{8-18}$$

Ising 模型的临界指数如表 8.1 所示。

表 8.1 Ising 模型的临界指数

dimension	ν	α	β	γ	δ	η
$d=2$	1	0(log)	1/8	7/4	15	1/4
$d=3$	0.63005(18)	0.10985	0.32648	1.23717(28)	4.7894	0.03639

利用标度假设和数据塌缩技术,可以从有限尺寸的模拟或实验数据中提取临界指数和临界点。有限尺度标度关系如下:

$$\xi_L(t,L) = LG_\xi(tL^{1/\nu}) \tag{8-19}$$

$$M_L(t,L) = L^{-\beta/\nu}G_M(tL^{1/\nu}) \tag{8-20}$$

$$\chi_L(t,L) = L^{\gamma/\nu}G_\chi(tL^{1/\nu}) \tag{8-21}$$

$$C_L(t,L) = L^{\alpha/\nu}G_C(tL^{1/\nu}) \tag{8-22}$$

$$U_L(t,L) = G_U(tL^{1/\nu}) \tag{8-23}$$

其中,L 表示系统尺寸,G 为对应观测量的普适函数。如果数值模拟了若干不同尺寸 L,对于式(8-23)来说,当临界点 $t=0$ 时,总有 $U(L,t)=G_U(0)$。它与系统尺寸无关,U 的曲线将相交于不动点。利用这个方法可以模拟有限大小体系来精确得到无穷大系统的临界点。临界指数的测量与渗流模型类似,在临界点处对标度关系取对数,然后求直线的斜率,可参照式(7-7)。

8.2 Ising 模型的蒙特卡洛模拟

8.2.1 Metropolis 算法

Ising 模型的蒙特卡洛模拟方法有很多,包括单自旋翻转的 Metropolis 算法、集团算法(Wolff 和 Swendsen-Wang)等。此处仅介绍较为简单的 Metropolis 算法。具体步骤包括以下 6 步。

(1) 在给定温度(或其他与相变相关的参数)下,为系统选择一个初始态,即为马尔可夫链选择一个初始节点。

(2) 选择一个格点 i。

(3) 计算能量差 ΔE,对于 Ising 模型,ΔE 是将格点 i 的自旋翻转后($S_i \rightarrow -S_i$)所产生的系统的能量差。

(4) 如果 $\Delta E \leqslant 0$,将 S_i 翻转(若原来是 1,则翻转为 -1,反之 -1 翻转为 1),否则在 $[0,1)$ 之间产生一个均匀分布的随机数 r,如果 $r < \exp(-\Delta E/k_B T)$,也将其翻转,否则保持当前状态不变。

(5) 获得该状态对应的观测量,选择下一个格点并跳到步骤(3)。

(6) 步骤(3)～步骤(5)循环一定步数后就可以得到当前温度(或其他参数条件)下各物理量的平均值,这时可以改变温度值(或其他参数值)并跳到步骤(2)。

8.2.2 蒙特卡洛模拟

下面讲解蒙特卡洛模拟过程。

(1) 初始化构型和可视化。

```
1   import networkx as nx
2   import matplotlib.pyplot as plt
3   from random import random
4   #生成网络
5   L = 8
6   square_lattice = nx.grid_2d_graph(L, L, periodic = True)
7   #初始化构型
8   for i in square_lattice.nodes:
```

```
 9     if random() < 0.5:
10       square_lattice.nodes[i]['spin'] = 1
11     else:
12       square_lattice.nodes[i]['spin'] = -1
13   #可视化
14   node_color = ['y' if square_lattice.nodes[i]['spin'] == 1 else 'c' for i in square_lattice.nodes]
15   pos = {i:i for i in square_lattice.nodes}
16   nx.draw(square_lattice,pos = pos,node_color = node_color)
17   plt.show()
```

Ising 模型的任意初始构型如图 8.1 所示。为了获得普适的结果,通常需要对多个不同初始构型下的演化结果进行平均,常被称为构型平均。

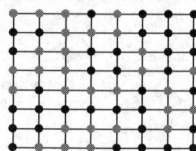

图 8.1 任意初始构型

(2) 按照规则进行自旋状态演化。

```
 1   #演化
 2   random_node = choice(list(square_lattice.nodes))
 3   sum_spin = 0
 4   for i in square_lattice.neighbors(random_node):
 5     sum_spin += square_lattice.nodes[i]['spin']
 6
 7   dE = -2 * square_lattice.nodes[random_node]['spin'] * sum_spin
 8   if dE <= 0:
 9     square_lattice.nodes[random_node]['spin'] = -square_lattice.nodes[random_node]['spin']
10   else:
11     if random() <= exp(-dE/T):
12       square_lattice.nodes[random_node]['spin'] = -square_lattice.nodes[random_node]['spin']
```

(3) 测量磁化强度程序。

```
 1   magnetisation = 0
 2   for i in square_lattice.nodes:
 3     magnetisation += square_lattice.nodes[i]['spin']
 4   print(magnetisation)
```

Ising 模型不同温度下的稳态构型和相应的磁化强度值如图 8.2 所示。可以看到,图 8.2(a)表示低温时,系统处于铁磁相,自旋的方向要么全部朝上,要么全部朝下;图 8.2(c)表示高温时,系统处于顺磁相,所有自旋随机决定自己的方向,此时平均磁化强度的期望值为 0;在由铁磁相向顺磁相转变的过程中,系统存在铁磁相变。

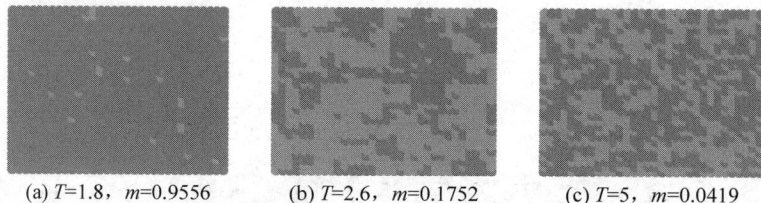

(a) $T=1.8$,$m=0.9556$ (b) $T=2.6$,$m=0.1752$ (c) $T=5$,$m=0.0419$

图 8.2 不同温度下的稳态构型和相应的磁化强度值

磁化率随 MCS(Monte Carlo Step,蒙特卡洛步,平均每个节点都会被判断是否翻转一次)变化的曲线如图 8.3 所示。显然系统演化需要一定的 MCS 才能趋近于稳定值,因此在测量前需要丢弃前期的演化过程,待系统稳定后再进行测量。此外,因初始构型和演化过程具有随机性,涨落在所难免。为了获得可靠的观测结果需要进行时间平均(不同 MCS 下的结果,有时为了排除结果之间的关联性还需要跳过几次 MCS 后再进行测量,需要跳过的步数由时间关联长度确定)和构型平均(不同初始状态下的结果)。

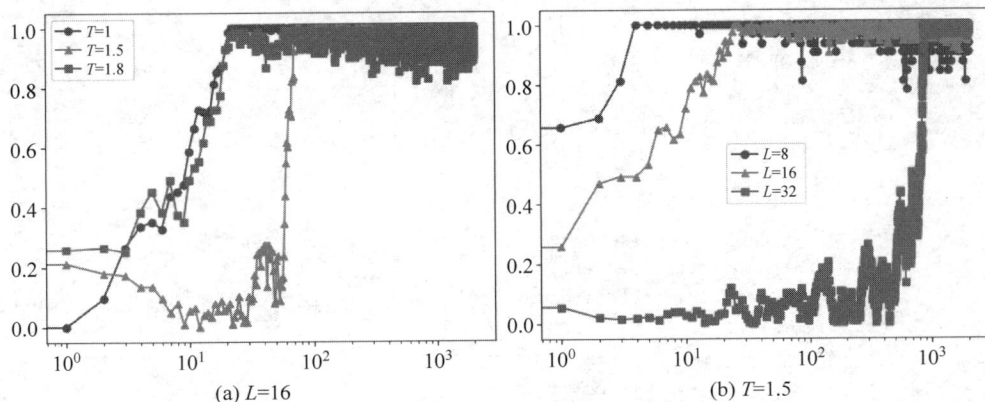

(a) L=16 (b) T=1.5

图 8.3 磁化率随 MCS 变化的曲线

为了编程方便,接下来将对编程过程进行函数封装,并对多个观测量进行测量。

```python
import matplotlib.pyplot as plt
from random import random
from random import choice
from math import exp
import networkx as nx
import numpy as np

# 初始化
def initialization(L):
    square_lattice = nx.grid_2d_graph(L, L, periodic = True)
    for i in square_lattice.nodes:
        if random() < 0.5:
            square_lattice.nodes[i]['spin'] = 1
        else:
            square_lattice.nodes[i]['spin'] = -1
    return square_lattice

# 演化
def MCS(square_lattice, L, T):
    for i in range(L * L):
        random_node = choice(list(square_lattice.nodes))
        sum_spin = 0
        for i in square_lattice.neighbors(random_node):
            sum_spin += square_lattice.nodes[i]['spin']

        dE = 2 * square_lattice.nodes[random_node]['spin'] * sum_spin
        if dE <= 0:
            square_lattice.nodes[random_node]['spin'] = - square_lattice.nodes[random_node]['spin']
        else:
            if random() <= exp(- dE/T):
                square_lattice.nodes[random_node]['spin'] = - square_lattice.nodes[random_node]['spin']

# 测量
def observation(square_lattice, L, T, N_average):
    N = L * L
    m = 0
```

```
37      m2 = 0
38      m4 = 0
39      e = 0
40      e2 = 0
41      for j in range(N_average):
42        for i in range(10):
43          MCS(square_lattice,L,T)
44        m_temp = 0
45        e_temp = 0
46        for i in square_lattice.nodes:
47          m_temp += square_lattice.nodes[i]['spin']
48        for i,j in square_lattice.edges:
49          e_temp += - square_lattice.nodes[i]['spin'] * square_lattice.nodes[j]['spin']
50        m += abs(m_temp)
51        m2 += m_temp * m_temp
52        m4 += m_temp * m_temp * m_temp * m_temp
53        e += e_temp
54        e2 += e_temp * e_temp
55      return m/(N_average * N), e/(N_average * N), (m2/N_average - (m/N_average) ** 2) /(N * T),
        (e2/N_average - (e/N_average) ** 2)/(N * T * T), 1 - (m4/N_average)/ (3 * (m2/N_average) ** 2)
56
57   # 可视化
58   def visualization(square_lattice):
59      node_color = ['y' if square_lattice.nodes[i]['spin'] == 1 else 'c' for i in square_lattice.
        nodes]
60      pos = {i:i for i in square_lattice.nodes}
61      nx.draw(square_lattice,pos = pos,node_color = node_color)
```

测试结果如下。

```
 1   import matplotlib as mpl
 2
 3   mpl.rcParams['font.family'] = 'Times New Roman'
 4   mpl.rcParams['font.size'] = 16
 5   mpl.rcParams['text.usetex'] = True
 6   L = 16
 7   T = np.linspace(1,4,21)
 8   N_drop = 5000
 9   N_average = 2000
10   m16 = []
11   for t in T:
12     square_lattice = initialization(L)
13     for i in range(N_drop):
14       MCS(square_lattice,L,t)
15     m16.append(observation(square_lattice,L,t,N_average))
16   results16 = np.array(m16)
17   plt.plot(T,results16[:,0],marker = 'o')
18   plt.xlabel('$T$')
19   plt.ylabel('$<m>$')
20   plt.show()
```

Ising 模型各观测量随温度变化的曲线如图 8.4 所示。从图中可以看到各观测量在临界点附近的有限尺度效应,如通过 4 阶 Binder 累积量可以获得临界点的位置,通过其他观测量在临界点附近的特性可以测定相应的临界指数。需要说明的是,由于模拟精度不够,这里获得的结果仅能作为定性的观察。若想获得较为准确的结果,则需要增加温度的取值、增加时间平

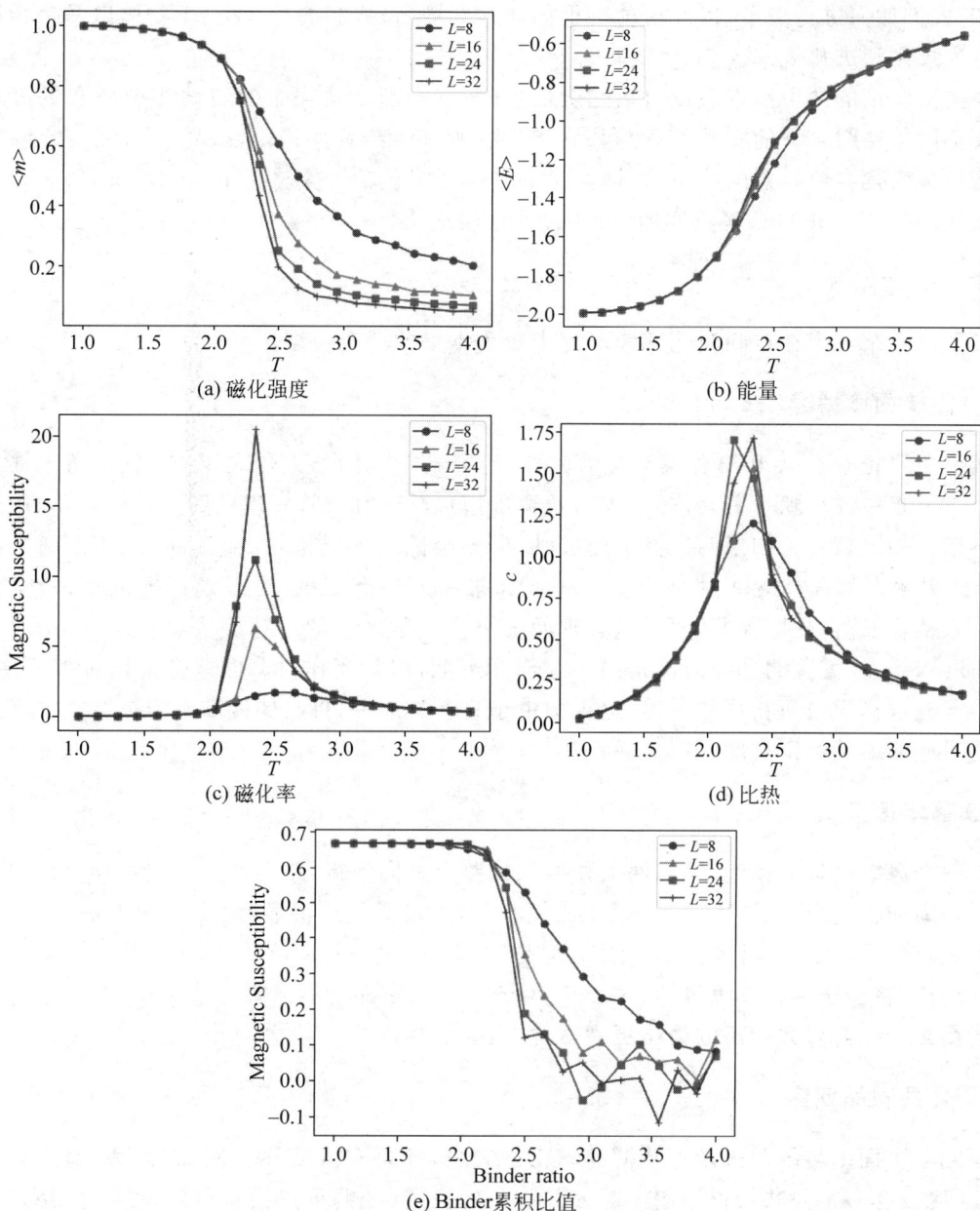

(a) 磁化强度

(b) 能量

(c) 磁化率

(d) 比热

(e) Binder累积比值

图 8.4　各观测量随温度变化的曲线

均和构型平均的次数。Ising 模型与 Percolation 模型的差异在于,Ising 考虑了个体间的相互作用,且需要经过演化才能达到最终的稳定状态,所以需要更长的模拟时间。

8.3　博弈论和博弈模型

8.3.1　博弈论

博弈论(Game Theory)也称为对策论、游戏论,是社会科学的定量描述。它把人与人、团体与团体、国家与国家之间的相互作用和利益关系进行量化,然后用数学的方法获得最优策略。它是研究多个智能主体(参与人或个体)间相互作用关系的重要理论方法,分析博弈关系

（即研究人们如何进行决策，以及这种决策如何达到均衡）能够揭示人类、生物体以及生物种群间的行为规则和进化规律。

经典博弈论的两个基本假设包括完全信息（所有参与者均完全知晓博弈中所有的策略集合以及不同策略组合下的收益信息）和完全理性（所有参与者均为理性决策者，在给定约束条件下选择最大化自身收益的策略）。博弈论的基本要素包括：参与者（player），策略（strategy）和收益或回报（payoff），在多轮博弈中，还包括策略演化。

8.3.2　博弈模型

接下来介绍三个在空间演化博弈研究中较为常见的博弈模型。

1. 囚徒困境博弈

两个犯罪嫌疑人 A 和 B 作案后被警察抓获，警察将他们二人隔离审查，A、B 两人都有两种选择——坦白或沉默。警察按照"坦白从宽抗拒从严"的原则，对坦白的人从轻发落，严惩那些拒不招供的沉默者。如果两人都选择沉默，警察会因为缺乏证据，而只能对 A、B 两人各判一年；如果两人都选择招供，两人各判八年；如果一人选择招供，另一人选择沉默，警察会将坦白的人从轻发落，立即释放，而沉默者则面临十年牢狱之灾的严惩。很容易发现，从两个囚徒的角度来看，最完美的选择应该是两人都选择沉默，跟警察作对。但这样的选择并不稳定，其中一方有选择坦白而获释的诱惑，也害怕由于另一方坦白，自己像傻瓜一样被欺骗。因此囚徒困境对应的纳什均衡是两人都选择坦白。

2. 雪堆博弈

在一个风雪交加的夜晚，甲乙两人在回家的路上相向而行，路上遇到一个雪堆拦住双方的去路。两人面临选择：下车铲雪（合作）或在车上等待（背叛），很显然，如果两人都下车铲雪，雪会很快铲完，甲乙两人也能很快回家；但是，当其中一方选择下车铲雪时，另一方受到不劳而获的诱惑，将会选择在车里等待；两人都不铲雪则大家都回不了家，两败俱伤。雪堆博弈的纳什均衡是选择与对方相反的策略更为占优，也更加稳定。

3. 公共物品博弈

不同于上面的传统两人两策略博弈，公共物品博弈是多人博弈。例如，某一社区有 N 个住户，社区设立一个公共投资池用于对公共物品的投资（如购买一批室外运动器材、修路等），每个个体有两种选择，投资或者不投资，投资是一个增值过程，最后的收益将是开始投资额的 r 倍。最终收益将会大家平分，但在博弈过程中，投资者将会付出更多，不投资者则不劳而获，搭上了集体的便车。从纳什均衡的角度出发，个体会将不投资作为自己的最佳策略，从而引起公共物品悲剧（The Tragedy of Commons）。

8.3.3　演化博弈模型

经典博弈有理性人假设的说法，即博弈个体都是完全理性的，个体会理性地选择自己的策略，并且个体具有博弈相关的完全信息。在这种情况下，个体最终会趋于一个均衡态，即纳什均衡。但在实际生活中，博弈个体很难做出完全理性的最佳策略，只能根据自身掌握的局部信息，做出尽可能占优的策略。为此，研究者提出了演化博弈理论（也称为进化博弈理论），它强调有限理性的个体在重复博弈过程中，通过自适应学习逐渐实现收益最大化，该理论的基本均衡概念是进化稳定策略。当考虑博弈是否在整个群体中等可能的进行时,人们将演化博弈模型与某种接触网络相结合,从而形成了空间演化博弈模型。

8.4 规则网络上的空间演化博弈模型

8.4.1 博弈模型

网络上的博弈是指将博弈个体放置在二维正方格子上,两个合作者博弈时得到"合作的奖励"R,两个背叛者博弈时得到"背叛的惩罚"P,当一个合作者与一个背叛者博弈时,合作者获得"傻瓜的报酬"S,背叛者获得"背叛的诱惑"T。该过程可以通过以下收益矩阵加以描述

$$\begin{array}{cc} & \begin{array}{cc} C & D \end{array} \\ \begin{array}{c} C \\ D \end{array} & \begin{pmatrix} R & S \\ T & P \end{pmatrix} \end{array} \tag{8-24}$$

对于囚徒困境,要求参数关系满足 $T>R>P>S$,在重复博弈中还必须满足 $2R>T+S$,否则博弈者容易出现交替使用合作和背叛策略以获得更大的收益;对于雪堆博弈需要满足 $T>R>S>P$。为了讨论方便,减少参数数量,在进行博弈研究时,常使用弱囚徒困境,即

$$\begin{array}{cc} & \begin{array}{cc} C & D \end{array} \\ \begin{array}{c} C \\ D \end{array} & \begin{pmatrix} 1 & 0 \\ b & 0 \end{pmatrix} \end{array} \tag{8-25}$$

其中,$b \in (1,2)$。如果讨论的是雪堆博弈则使用以下博弈矩阵

$$\begin{array}{cc} & \begin{array}{cc} C & D \end{array} \\ \begin{array}{c} \boldsymbol{C} \\ \boldsymbol{D} \end{array} & \begin{pmatrix} 1 & 1-r \\ 1+r & 0 \end{pmatrix} \end{array} \tag{8-26}$$

其中,$r \in (0,1)$。

8.4.2 演化规则

在博弈过程中,任意选择邻居中的某一个体,比较自己和被选邻居的收益差,如果被选邻居收益比自身大则以较大的概率采用它的策略,比自身小,则以较大的概率保持当前状态。假定博弈个体 x 随机选中邻居 y,比较二者本轮的收益后,x 下一轮采用 y 的策略 S_y 的概率为

$$W(S_x \leftarrow S_y) = \frac{1}{1 + \exp(-(G_y - G_x)/K)} \tag{8-27}$$

其中,S_x 和 S_y 分别表示个体 x 和 y 本轮的策略,相应的收益为 G_x 和 G_y,任意个体 x 本轮的收益定义为:它分别与周围所有邻居进行两两博弈所获得的收益总和。K 表示非理性参数,相当于物理中的温度和随机噪声等,K 较小时,个体理性决策,利益至上,K 较大时个体丧失理论,近乎随机决策。学习邻居策略的概率函数还有多种形式,并不局限于式(8-27)所示的费米函数。

综上,空间演化博弈模型包括三个要素——空间结构、博弈模型、演化规则。空间结构是指网络的拓扑结构,包括:规则网络、随机网络、小世界网络、无标度网络、实际网络等。博弈模型包括:囚徒困境博弈、雪堆博弈、公共物品博弈等。演化规则包括:学习、模仿更新规则,又可细分为确定性更新和随机配对比较(任选一个邻居,对比收益后,以一定概率模仿邻居);自我质疑更新规则采用反策略进行虚拟博弈,对比收益后,以一定的概率采用反策略。

8.4.3 博弈模型的计算机模拟

对比发现,空间演化博弈模型与传统的 Ising 模型存在很大的相似性,都是空间构型按照某一规则不断演化,最终达到稳定状态的过程。差别在于 Ising 模型依据玻尔兹曼分布按照能量越小越稳定原理演化,是相互作用和热运动二者相互竞争后的结果。而博弈模型追求利益最大化,是自私个体利益最大化和人的理性程度间竞争的结果。二者在代码实现上,仅演化规则部分需要重新编写,程序如下:

```
1  def pay_off(square_lattice,random_node,b):
2    sum_spin = 0
3    for i in square_lattice.neighbors(random_node):
4      if square_lattice.nodes[i]['spin'] == 1:
5        sum_spin += 1
6    if square_lattice.nodes[random_node]['spin'] == 1:
7      return sum_spin
8    else:
9      return sum_spin * b
10
11  #演化
12  def MCS_game(square_lattice,L,T,b):
13    for i in range(L * L):
14      random_node = choice(list(square_lattice.nodes))
15      payoff_A = pay_off(square_lattice,random_node,b)
16
17      random_neighbor = choice(list(square_lattice.neighbors(random_node)))
18      payoff_B = pay_off(square_lattice,random_neighbor,b)
19      w = 1/(1 + exp( - (payoff_B - payoff_A)/T))
20      if random() < w:
21        square_lattice.nodes[random_node]['spin'] = square_lattice.nodes[random_neighbor]['spin']
```

不同 b 值下,大小为 16×16 的二维正方格子上,合作者与非合作者的空间构型如图 8.5 所示。从图中可以看到,合作者基本都是成团共存,随着参数 b 的增大,合作者越来越少。但 $b > 1$ 时,仍有合作者存在,这正是空间演化博弈模型研究的意义所在,尽管背叛获得的收益较大,但仍然有部分个体选择合作策略,通常将其称为合作的涌现。

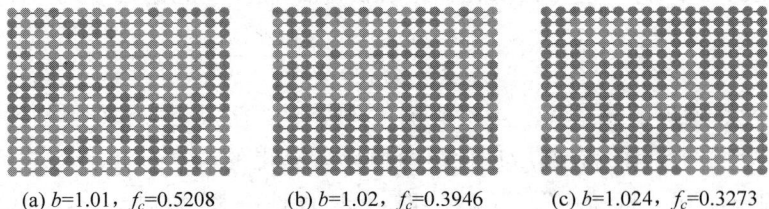

(a) b=1.01,f_c=0.5208　　(b) b=1.02,f_c=0.3946　　(c) b=1.024,f_c=0.3273

图 8.5　不同 b 值下,网络中合作者与非合作者的空间构型图

二维正方格点上合作者占比随 b 的变化曲线如图 8.6 所示。其中 $L = 16$,$K = 0.1$。可以发现,当背叛的诱惑大于合作的奖励,即 $b > 1$ 时,仍有一定比率的合作者存在,而非完全理性的全部转变为背叛。简单修改程序后,即可讨论不同网络结构和不同演化规则下的空间演化博弈模型。

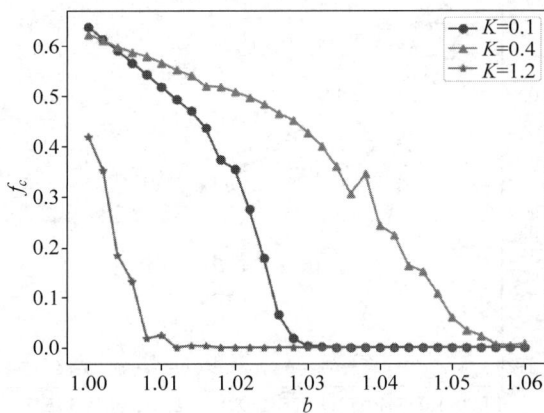

图 8.6　合作者占比随背叛的诱惑的变化关系

8.5　复杂网络上的空间演化博弈模型

本节将二维正方格子上的空间演化博弈模型推广到 WS 小世界网络和 BA 无标度网络上,讨论长程连边和度的异质性对合作涌现的影响。

8.5.1　WS 小世界网络上的弱囚徒博弈

不同重连边概率下,WS 小世界网络中合作者与非合作者的空间构型如图 8.7 所示。其中,节点数 $N=256$,$k=4$,噪声干扰 $K=0.1$。显然,对于 WS 小世界网络,随着重连边概率的增加,合作者占比逐渐增大。

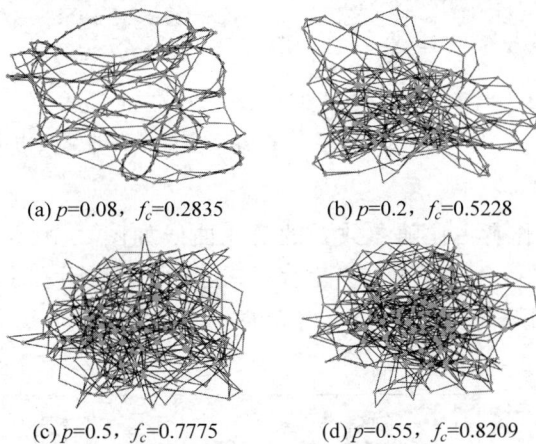

(a) $p=0.08$, $f_c=0.2835$　　　(b) $p=0.2$, $f_c=0.5228$

(c) $p=0.5$, $f_c=0.7775$　　　(d) $p=0.55$, $f_c=0.8209$

图 8.7　WS 小世界网络中合作者与非合作者的空间构型

WS 小世界网络上合作者占比随参数 b 的变化曲线如图 8.8 所示。随着重连边概率的增大,合作者更容易幸存下来,能够抵御更大的诱惑。

8.5.2　BA 无标度网络上的弱囚徒博弈

不同 b 值下,BA 无标度网络中合作者与非合作者的空间构型如图 8.9 所示。其中,节点数 $N=256$,每次新加入节点的连边数为 $m=2$。可以看到随着背叛的诱惑 b 值的逐渐增大,合作者占比逐渐减小。比较有意思的是合作者多为大度节点,即大度节点有更大的稳定性来

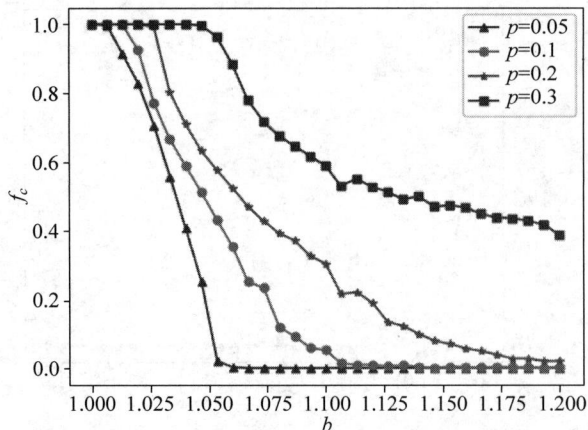

图 8.8　WS 小世界网络上合作者占比随参数 b 的变化曲线

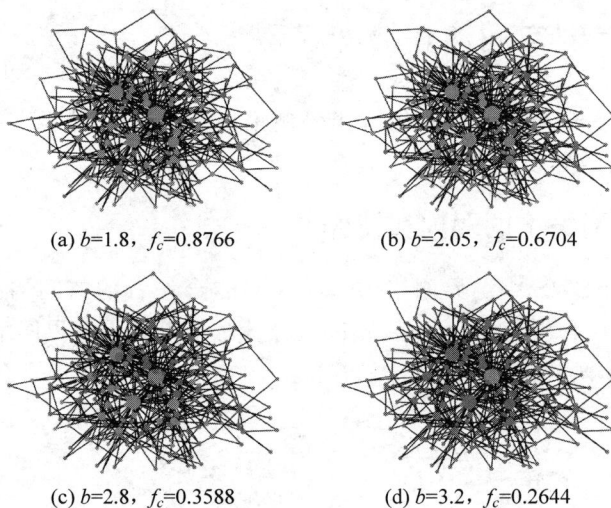

(a) b=1.8，f_c=0.8766

(b) b=2.05，f_c=0.6704

(c) b=2.8，f_c=0.3588

(d) b=3.2，f_c=0.2644

图 8.9　BA 无标度网络中合作者与非合作者的空间构型图

抵御背叛者的入侵。

　　BA 无标度网络上合作者占比随参数 b 的变化曲线如图 8.10 所示。显然相比二维正方格子，在 BA 无标度网络中，合作者更容易幸存下来，即当 b 值较大时，仍有一定比例的合作者存在，如当 K＝0.1 时，图 8.6 仅在 $1＜b＜1.03$ 时合作者存在，但图 8.10 在 $b＞1.03$ 时合作者仍然存在。

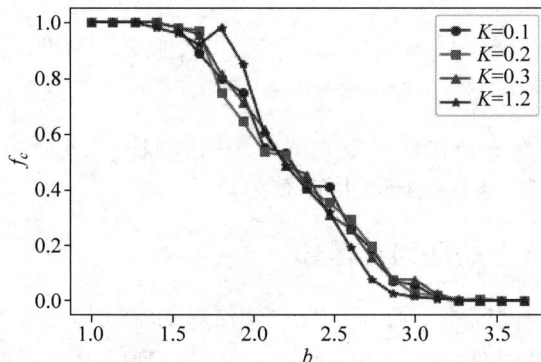

图 8.10　BA 无标度网络上合作者占比随参数 b 的变化曲线

第**9**章

网络传播

网络传播有着广泛的应用,包括:社交网络中的疾病传播和信息传播,通信网络中的病毒传播,电力网络中的相继故障和经济网络中的危机扩散等。本章将首先介绍几种常见的传染病模型,然后将这些模型运用到空间网络上,最后介绍免疫。

9.1 常见传染病模型

在典型的传染病模型中,种群(Population)内的 N 个个体的状态可分为以下几类。

(1)易染状态 S(Susceptible)。一个个体在感染之前是处于易染状态的,即该个体有可能被邻居个体感染。

(2)感染状态 I(Infected)。一个感染上某种病毒的个体就称为处于感染状态,该个体还会以一定概率感染其邻居个体。

(3)移除状态 R(Removed,Refractory 或 Recovered),也称为免疫状态或恢复状态。当一个个体经历过一个完整的感染周期后,该个体就不再被感染,因此就可以不再考虑该个体。

此外,在有些模型中还可以考虑引入暴露状态 E(Exposed),也称为潜伏期,即处于已感染但尚未发病且无传染性的状态。在初始时刻,通常假设网络中一个或者少数几个个体处于感染状态,其余个体都处于易染状态。为简化起见,本章假设传染的时间尺度远小于个体生命周期,从而不考虑个体的出生和自然死亡。经典模型的一个基本假设是完全混合(Fully mixed):一个个体在单位时间里与网络中任一其他个体接触的机会都是均等的。接下来介绍三种经典的传染病模型。

9.1.1 SI 模型

该模型假设一个个体一旦被感染就永久处于感染状态。一个易染个体在单位时间里与感染个体接触并被传染的概率为 β。记 t 时刻网络中易染人数的比例和感染人数的比例分别为 $s(t)$ 和 $i(t)$,且满足 $s(t)+i(t)=1$。假设个体处于完全混合(个体在单位时间里与网络中任一其他个体接触的机会都是均等的)状态,此时,它们随时间的演化可以使用以下微分方程进行描述:

$$\frac{\mathrm{d}s}{\mathrm{d}t} = -\beta si \tag{9-1}$$

$$\frac{\mathrm{d}i}{\mathrm{d}t} = \beta si \tag{9-2}$$

初始阶段,绝大部分个体都为易染个体,任何一个感染个体都很容易就遇到易染个体并把病毒传染给后者,因此感染个体的数量随时间指数增长;但是,随着易染个体数量的减少,感染个体数量的增长也呈现饱和效应。

接下来,将使用欧拉法对上述微分方程组(也可以利用 $s(t)+i(t)=1$ 将方程组化为一个微分方程)进行求解,迭代方程为 $s(t+1)=s(t)-\beta s(t)i(t)$, $i(i+1)=i(t)+\beta s(t)i(t)$。图 9.1(a)表示的是 $\beta=0.75$, $i_0=0.05$ 情形下感染个体的增长曲线。显然,随着时间推移,所有易感个体都将变成感染者。图 9.1(b)展示了不同感染率下,感染人群比率随时间变化的曲线。

```python
1   i0 = 0.05
2   s0 = 1 - i0
3   beta = 0.75
4   N = 15
5   I = [i0]
6   S = [s0]
7   for j in range(N):
8       i1 = i0 + beta * i0 * s0
9       s1 = s0 - beta * s0 * i0
10      I.append(i0)
11      S.append(s0)
12      i0 = i1
13      s0 = s1
14  plt.plot(range(N + 1), I, marker = 'o', label = '$ i(t) $')
15  plt.plot(range(N + 1), S, marker = 's', label = '$ s(t) $')
16  plt.xlabel('$ t $')
17  plt.legend()
18  plt.show()
```

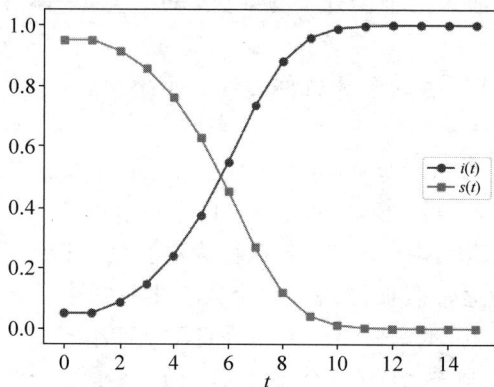

(a)

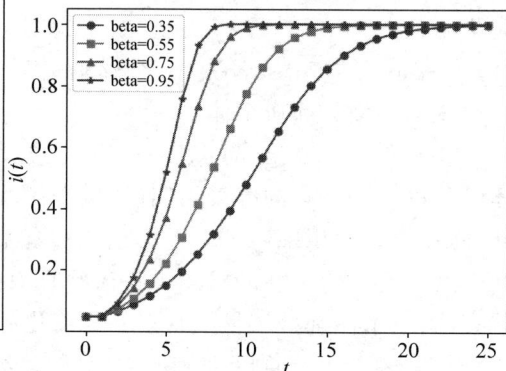

(b)

图 9.1 SI 模型的数值解

9.1.2 SIS 模型

与 SIR 模型不同,一个感染个体会以 γ 的概率再次变为易感个体。记 $s(t)$ 和 $i(t)$ 分别为时刻 t 的易染人群和感染人群占整个人群的比例,则有 $s(t)+i(t)=1$。SIS 模型的微分方程描述如下:

$$\frac{\mathrm{d}s}{\mathrm{d}t} = -\beta si + \gamma i \tag{9-3}$$

$$\frac{\mathrm{d}i}{\mathrm{d}t} = \beta si - \gamma i \tag{9-4}$$

记 $\lambda=\beta/\gamma$, $\lambda=1$ 是 SIS 模型的传播临界值:当 $\lambda<1$ 时,病毒无法传播;当 $\lambda>1$ 时,感染个体将以一个稳定比率在网络中存活下来,即地方病。

```
1   i0 = 0.05
2   s0 = 1 − i0
3   beta = 0.75
4   gama = 0.3
5   N = 30
6   I = [ i0 ]
7   S = [ s0 ]
8   for j in range(N):
9       i1 = i0 + beta * i0 * s0 − gama * i0
10      s1 = s0 − beta * s0 * i0 + gama * i0
11      I. append( i0 )
12      S. append( s0 )
13      i0 = i1
14      s0 = s1
15  plt. plot(range(N + 1), I, marker = 'o', label = '$ i(t) $')
16  plt. plot(range(N + 1), S, marker = 's', label = '$ s(t) $')
17  plt. xlabel('$ t $')
18  plt. legend()
19  plt. show()
```

SIS 模型的数值解如图 9.2 所示,固定 γ 值为 1,分别讨论 $\beta>1$ 和 $\beta<1$ 时,感染人群随时间变化的曲线。显然 $\beta>1$ 时,β 越大,稳定比率越高。

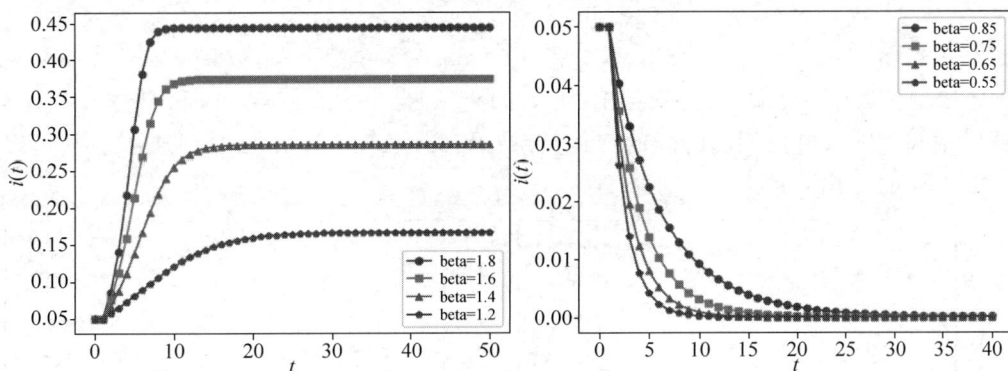

图 9.2　SIS 模型的数值解

9.1.3　SIR 模型

SIR 模型包含两个阶段,第一阶段与 SI 模型相同,一个易染个体在单位时间里与感染个体接触并被传染的概率为 β;在 SIR 模型的第二阶段,假设每个感染个体以概率 γ 变为移除状态,即该个体恢复为具有免疫性的个体或者死亡,不再可能被感染和传染别的个体。记 $s(t)$、$i(t)$ 和 $r(t)$ 分别为 t 时刻易染人群、感染人群和移除人群占整个人群的比例,则有 $s(t)+i(t)+r(t)=1$。SIR 模型的微分方程描述如下:

$$\frac{\mathrm{d}s}{\mathrm{d}t}=-\beta si \tag{9-5}$$

$$\frac{\mathrm{d}i}{\mathrm{d}t}=\beta si-\gamma i \tag{9-6}$$

$$\frac{\mathrm{d}r}{\mathrm{d}t}=\gamma i \tag{9-7}$$

记 $\lambda=\beta/\gamma$,$\lambda=1$ 是 SIR 模型的传播临界值:当 $\lambda<1$ 时,病毒无法传播;当 $\lambda>1$ 时,病毒将在网络中扩散开来。参数 λ 表示一个感染个体在恢复之前平均能够感染的其他易染个体的数目,因此也常称为基本再生数(Basic reproduction number),文献中常用 R_0 表示。

```
1   i0 = 0.05
2   s0 = 1 - i0
3   r0 = 0
4   beta = 0.75
5   gama = 0.3
6   N = 50
7   I = [i0]
8   S = [s0]
9   R = [r0]
10  for j in range(N):
11      i1 = i0 + beta * i0 * s0 - gama * i0
12      s1 = s0 - beta * s0 * i0
13      r1 = r0 + gama * i0
14      I.append(i1)
15      S.append(s1)
16      R.append(r1)
17      i0 = i1
18      s0 = s1
19      r0 = r1
20  plt.plot(range(N+1),I,marker = 'o',label = '$i(t)$')
21  plt.plot(range(N+1),S,marker = 's',label = '$s(t)$')
22  plt.plot(range(N+1),R,marker = '^',label = '$r(t)$')
23  plt.xlabel('$t$')
24  plt.legend()
25  plt.show()
```

SIR 模型的数值解如图 9.3 所示，图 9.3(a)表示 $\beta=0.75$，$\gamma=0.3$ 时，易感人群比率，感染人群比率和移除人群比例随时间的变化关系；图 9.3(b)～图 9.3(d)则展示了不同移除概率下三类人群的变化关系。

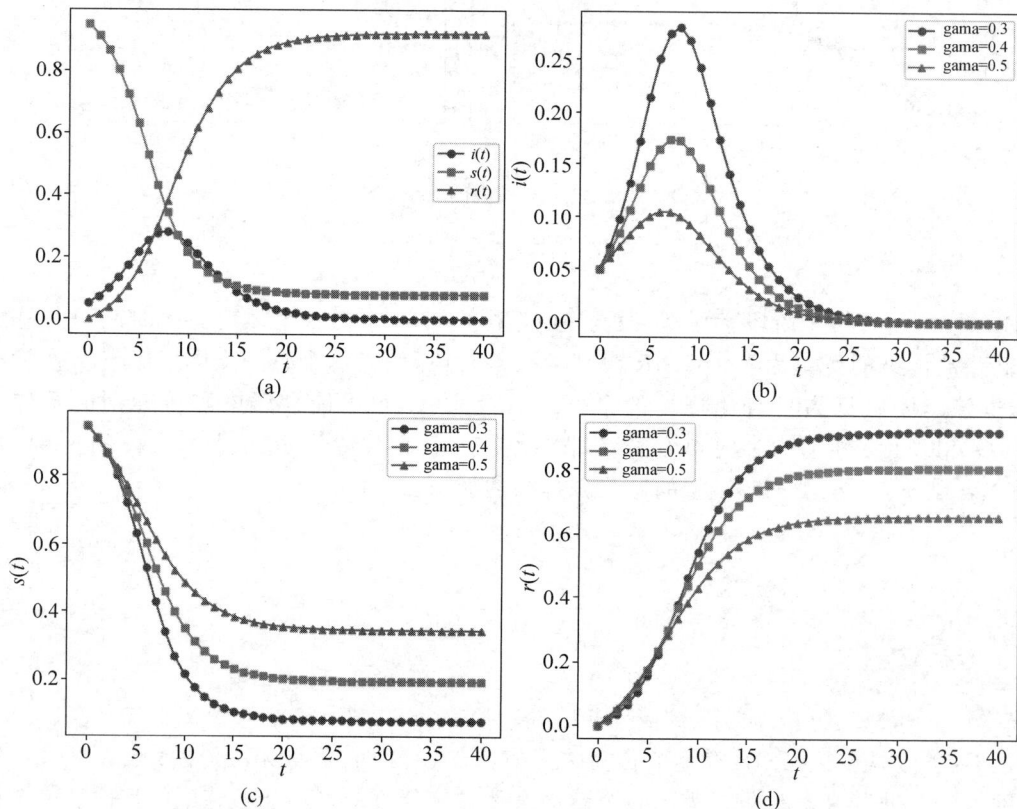

图 9.3　SIR 模型的数值解

对于具有潜伏期的疾病(如流感等)可以构建 SEIR 模型和 SEIRS 模型等。有时也会引入死亡状态、隔离状态和住院状态等,以满足复杂的建模要求。

9.2 网络上的传染病模型

9.1 节介绍的经典的 SI 模型、SIS 模型和 SIR 模型所基于的完全混合假设意味着一个感染节点把病毒传染给任意一个易染节点的机会都是均等的。但是在现实世界中,一个个体通常只能和接触网络中很少一些节点是直接邻居。也就是说,一个感染个体通常只可能把病毒直接传染给那些与之直接接触的部分节点。因此,研究网络结构对于传播行为的影响自然就成为一个重要课题。本节将通过计算机模拟研究网络上的 SI、SIS 和 SIR 模型。

9.2.1 网络上的 SI 模型

我们的模拟以网络为底板,将个体放置在节点上,每个个体的状态通过节点新增的 state 属性加以描述,s 表示易感状态,i 表示感染状态。后续的可视化也将依靠这一属性。

```
1  #初始化,该节点赋初始状态,infected_set 为初始感染节点集合
2  def initialization(network_structure,infected_set):
3    for i in network_structure.nodes:
4      if i in infected_set:
5        network_structure.nodes[i]['state'] = 'i'
6      else:
7        network_structure.nodes[i]['state'] = 's'
```

每一步演化需要对感染节点的邻居中的易感染节点做判断,判定是否被感染。

```
1  #一步演化
2  def one_step(network_structure,infected_set,beta):
3    last_step_infected = infected_set.copy()
4    for i in last_step_infected:
5      for j in network_structure.neighbors(i):
6        if random()<= beta:
7          if j not in infected_set:
8            infected_set.add(j)
9            network_structure.nodes[j]['state'] = 'i'
```

依据 state 属性对演化网络进行可视化,代码如下。

```
1  #可视化
2  def visualization(network_structure):
3    node_color = ['c' if network_structure.nodes[i]['state'] == 's' else 'y' for i in network_structure.nodes]
4    nx.draw(network_structure,node_color = node_color)
```

此外,考虑到随机感染中每次初始感染节点不同,还需要进行初始状态平均。

```
1  #感染任意节点
2  def si_epidemic_rand(network_structure,t,Nt,beta):
3    infected_number = np.zeros(t)
4    for j in range(Nt):   #初始感染节点平均次数
5      infected_set = {choice(list(network_structure.nodes))}
6      initialization(network_structure,infected_set)
7      for i in range(t):
8        one_step(network_structure,infected_set,beta)
```

```
 9          infected_number[i] += len(infected_set)
10     return infected_number/(N * Nt)
```

以空手道俱乐部为例测试感染人数随时间的变化。

```
 1  beta = 0.2
 2  t = 30
 3  Nt = 5000
 4
 5  network_structure = nx.karate_club_graph()
 6  N = network_structure.number_of_nodes()
 7
 8  plt.plot(range(1,t+1),si_epidemic_rand(network_structure,t,Nt,beta),marker = 'o',label = 'i(t)')
 9  plt.xlabel('$ t $')
10  plt.ylabel('$ i(t) $')
11  plt.show()
```

空手道俱乐部网络上 SI 模型的模拟结果如图 9.4 所示。随着时间的推移,感染人数占比逐渐增大,直到整个群体都感染为止。

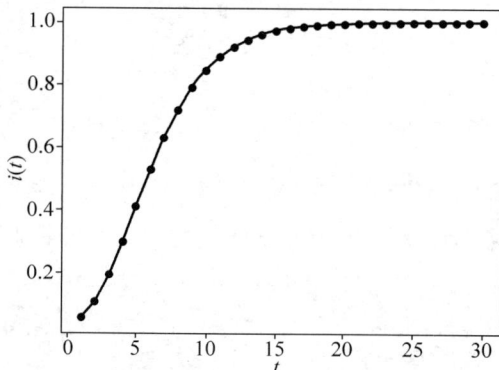

图 9.4　空手道俱乐部网络上 SI 模型的模拟结果

为了展示人群感染的全过程,图 9.5 给出空手道俱乐部网络的某次感染过程。

9.2.2　网络上的 SIS 模型

SIS 模型与 SI 模型的区别在于,每步演化时还需要判断感染节点是否被治好,重新变为易感节点。

```
 1  def one_step_sis(network_structure,infected_set,beta,gama):
 2    last_step_infected = infected_set.copy()
 3    for i in last_step_infected:
 4      for j in network_structure.neighbors(i):
 5        if random()<= beta:
 6          if j not in infected_set:
 7            network_structure.nodes[j]['state'] = 'i'
 8            infected_set.add(j)
 9      if random()<= gama:
10        network_structure.nodes[i]['state'] = 's'
11        infected_set.remove(i)
```

空手道俱乐部网络上 SIS 模型的模拟结果如图 9.6 所示,固定 $\beta=0.75$,$\gamma=0.3$,可以看到感染比例的稳定态在 80% 左右。

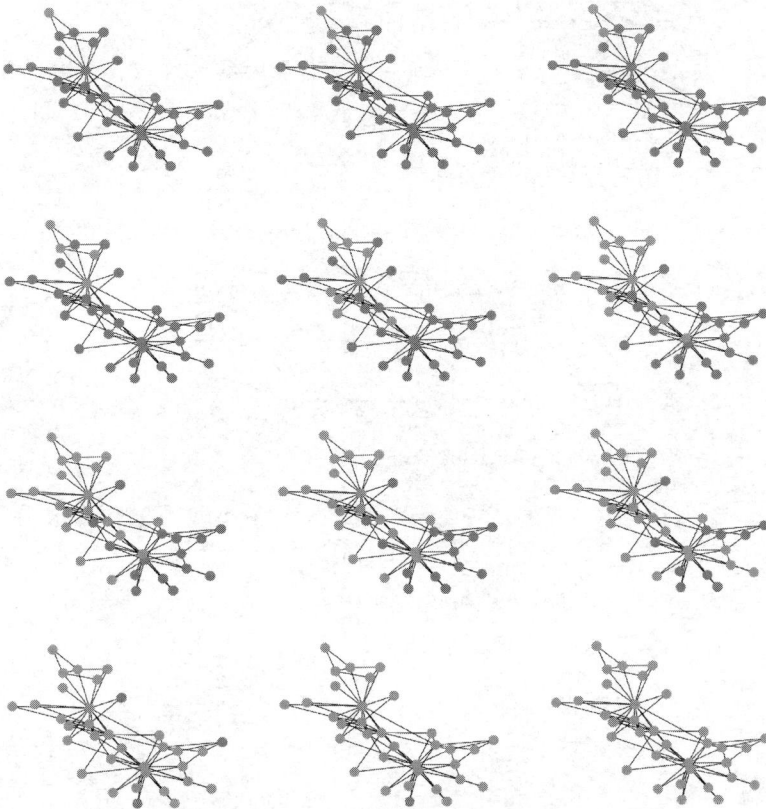

图 9.5　空手道俱乐部网络的某次感染过程

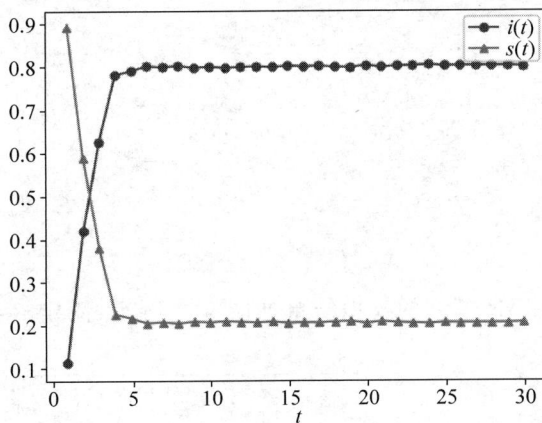

图 9.6　空手道俱乐部网络上 SIS 模型的模拟结果

9.2.3　网络上的 SIR 模型

由于模型中涉及了 s、i、r 三种状态，因此需要对所涉及的函数都进行修改。

```
1   def one_step_sir(network_structure,infected_set,removed_set,beta,gama):
2     last_step_infected = infected_set.copy()
3     for i in last_step_infected:
4       for j in network_structure.neighbors(i):
5         if random()<= beta:
6           if j not in infected_set and j not in removed_set:
```

```
7        network_structure.nodes[j]['state'] = 'i'
8        infected_set.add(j)
9      if random() <= gama:
10       network_structure.nodes[i]['state'] = 'r'
11       infected_set.remove(i)
12       removed_set.add(i)
```

感染任意节点,代码如下。

```
1  def sir_epidemic_rand(network_structure,t,Nt,beta,gama):
2    infected_number = np.zeros(t)
3    removed_number = np.zeros(t)
4    for j in range(Nt):
5      infected_set = {choice(list(network_structure.nodes))}
6      removed_set = set()
7      initialization(network_structure,infected_set)
8      for i in range(t):
9        one_step_sir(network_structure,infected_set,removed_set,beta,gama)
10       infected_number[i] += len(infected_set)
11       removed_number[i] += len(removed_set)
12   return infected_number/(N*Nt),removed_number/(N*Nt)
```

测试结果如下。

```
1  beta = 0.75
2  gama = 0.3
3  t = 30
4  Nt = 2000
5  network_structure = nx.karate_club_graph()
6  N = network_structure.number_of_nodes()
7
8  results = sir_epidemic_rand(network_structure,t,Nt,beta,gama)
9  sus = 1 - results[0] - results[1]
10 plt.plot(range(1,t+1),results[0],marker = 'o',label = '$ i(t) $')
11 plt.plot(range(1,t+1),results[1],marker = 's',label = '$ r(t))')
12 plt.plot(range(1,t+1),sus,marker = '^',label = '$ s(t) $')
13 plt.xlabel('$ t $')
14 plt.legend()
15 plt.show()
```

空手道俱乐部网络上 SIR 模型的模拟结果如图 9.7 所示,固定 $\beta=0.75,\gamma=0.3$,曲线的趋势与数值解相似。

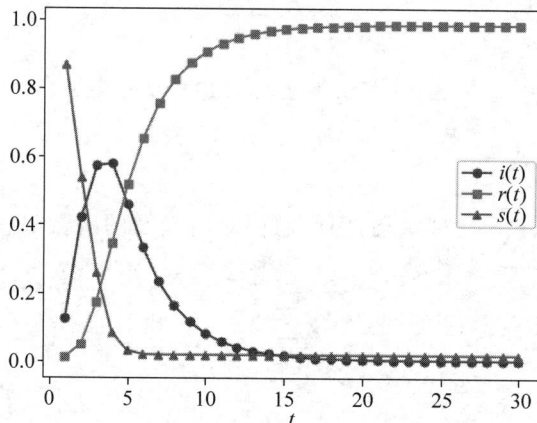

图 9.7 空手道俱乐部网络上 SIR 模型的模拟结果

9.3 免疫

9.3.1 随机免疫

随机免疫也称均匀免疫,它是完全随机地选取网络中的一部分节点进行免疫。免疫节点不会再被感染,所以它们也不会再影响它们的邻居,在9.3节的模拟过程中相当于将这部分节点从传播网络中移除。

9.3.2 目标免疫

目标免疫也称选择免疫,它会按照节点的某一中心性指标有目的地进行免疫,如度中心性、接近度中心性或介数中心性等的降序排列。

9.3.3 熟人免疫

熟人免疫策略的基本思想是从 N 个节点中随机选出比例为 p 的节点,再从每一个被选出的节点中依据某一规则选择一个邻居节点进行免疫(如度值最大的邻居)。该策略不需要知道网络的全局特性,仅需要了解网络的局部特性即可。

本节将使用 SIS 模型,比较不同免疫策略的效果。具体做法是,开始给定免疫人群比例 g,然后分别在不同免疫策略下获取免疫后的稳态感染密度。通过比较稳态感染密度判断策略的优劣。为了便于比较并达到归一化的目的,通常会使用免疫后的稳态感染密度除以未加免疫时的稳态感染密度。因此,我们首先计算未加免疫时网络中感染个体的稳态密度。

```
1  from random import sample
2  beta = 0.4
3  gama = 1
4  t = 40
5  Nt = 2000
6  network_structure = nx.karate_club_graph()
7  N = network_structure.number_of_nodes()
8  results0 = np.mean(sis_epidemic_rand(network_structure,t,Nt,beta,gama)[-5:-1])
```

随机免疫的程序如下:

```
1  Nr = 40
2  results = np.zeros(N)
3  for i in range(N):
4    for j in range(Nr):
5      remove_nodes = sample(list(network_structure.nodes),i)
6      network_structure_copy = network_structure.copy()
7      network_structure_copy.remove_nodes_from(remove_nodes)
8      results[i] += np.mean(sis_epidemic_rand(network_structure_copy,t,Nt,beta,gama)[-5:
       -1])/results0
```

依据度值大小进行目标免疫的程序如下:

```
1  results_degree = []
2  node_list = [i[0] for i in sorted(list(network_structure.degree()),key = lambda x:x[1],
   reverse = True)]
3  for i in range(N):
4    remove_nodes = node_list[:i]
```

```
5   network_structure_copy = network_structure.copy()
6   network_structure_copy.remove_nodes_from(remove_nodes)
7   results_degree.append(np.mean(sis_epidemic_rand(network_structure_copy,t,Nt,beta,gama)
    [-5:-1])/results0)
```

任选一个节点，再任选该节点的某个邻居的算法如下：

```
1   Nr = 40
2   results_friend_rand = np.zeros(N)
3   for i in range(N):
4     for j in range(Nr):
5       sample_nodes = sample(list(network_structure.nodes),i)
6       remove_nodes = [choice(list(network_structure.neighbors(k))) for k in sample_nodes]
7       network_structure_copy = network_structure.copy()
8       network_structure_copy.remove_nodes_from(remove_nodes)
9       results_friend_rand[i] += np.mean(sis_epidemic_rand(network_structure_copy,t,Nt,
        beta,gama)[-5:-1])/results0
10
11  plt.plot(np.arange(N)/N,results_friend_rand/Nr,marker = 's')
12  plt.show()
```

任选一个节点，然后选择该节点度值最大的邻居进行熟人免疫的程序只需要对上一个代码的 remove_nodes 进行简单修改即可：remove_nodes = [sorted(list(network_structure.degree(list(network_structure.neighbors(k)))),key=lambda x:x[1],reverse=True)[0][0] for k in sample_nodes]。

对于空手道俱乐部网络，SIS 模型上不同免疫策略的比较结果如图 9.8 所示。其中横坐标表示免疫密度 g，纵坐标 p_g/p_0，p_0 为网络未加免疫时的稳态感染密度，p_g 为对网络中比例为 g 的节点进行免疫后的稳态感染密度。可以看到，当免疫比例较小时，依据节点度中心性的目标免疫>熟人免疫>随机免疫。当然，曲线存在交叉，若要获得较为可靠的结果还需开展进一步研究，如计算免疫曲线与坐标轴围城的面积，可参考 3.3.1 节。

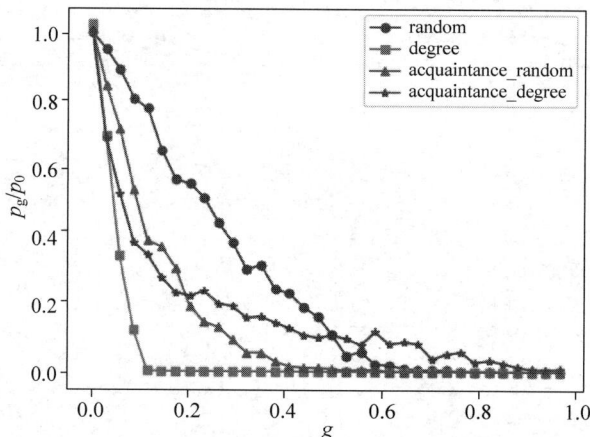

图 9.8　SIS 模型上不同免疫策略的比较

第 **10** 章

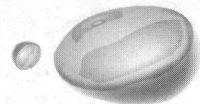

网络上的混沌同步

同步是指性质全同或相近的两个或多个动力系统,通过系统间的相互作用,使得在不同的初始条件下各自演化的动力学系统其状态逐步接近,最后达到全同的状态。本章以 Lorenz 模型为例,主要依靠计算机模拟方法,首先讨论单个动力学系统,然后分析互相耦合的两个动力学系统,最后研究网络上的多个耦合动力学系统。

10.1 非线性动力学和混沌简介

Lorenz 模型,是由美国气象学家 Lorenz 在研究大气运动的时候,通过对流模型简化,只保留三个变量提出的一个完全确定性的三阶自治常微分方程组。其方程形式为

$$\frac{\mathrm{d}x}{\mathrm{d}t} = \sigma(y - x) \tag{10-1}$$

$$\frac{\mathrm{d}y}{\mathrm{d}t} = \rho x - y - xz \tag{10-2}$$

$$\frac{\mathrm{d}z}{\mathrm{d}t} = xy - \beta z \tag{10-3}$$

其中,σ 为普朗特数,ρ 为瑞利数,β 为方向比。它们取值的不同将带来不同的动力学特性。当 $\sigma = 10, \beta = 8/3$ 时,不同 ρ 值下 Lorenz 模型的稳定解如表 10.1 所示。

表 10.1　不同 ρ 值下 Lorenz 模型的稳定解

ρ	稳　定　点
$[0,1]$	$(0,0,0)$
$(1,24.74)$	$K1, K2$ 两个稳定点
$[24.74,30.1)$	没有稳定点,出现混沌
$[30.1,\infty)$	间歇性(未证明)

接下来,将使用欧拉法求该方程组的数值解。为此,先由上一时刻的状态计算下一时刻的状态,程序如下:

```
1   import matplotlib.pyplot as plt
2   import numpy as np
3
4   def lorenz(xyz, s = 10, r = 28, b = 2.667):
5       x, y, z = xyz
6       x_dot = s * (y - x)
```

```
7    y_dot = r * x - y - x * z
8    z_dot = x * y - b * z
9    return np.array([x_dot, y_dot, z_dot])
```

随时演化并保存中间结果：

```
1  dt = 0.01
2  num_steps = 10000
3  xyzs = np.empty((num_steps + 1, 3))        #保存中间演化状态
4  xyzs[0] = (0., 1., 1.05)                    #设置初始值
5  for i in range(num_steps):
6    xyzs[i + 1] = xyzs[i] + lorenz(xyzs[i], r = 28) * dt
```

分别绘制 x 随时间的演化，xy 的空间平面轨迹图和 xyz 的三维空间轨迹图，初始位置设为 $(0,1,1.05)$。

（1）x 值随时间的演化。

```
1  T = 2000
2  t = np.arange(0, T * dt, dt)
3  plt.plot(t, xyzs[:,0][0:T])
4  plt.xlabel('$ t $')
5  plt.ylabel('$ X $')
6  plt.show()
```

（2）xz 的空间平面轨迹图。

```
1  T = 2000
2  plt.plot(xyzs[:,0][0:T], xyzs[:,2][0:T])
3  plt.xlabel('$ X $')
4  plt.ylabel('$ Z $')
5  plt.show()
```

（3）xyz 的三维空间轨迹图。

```
1  ax = plt.figure().add_subplot(projection = '3d')
2  ax.plot( * xyzs.T, lw = 0.5)
3  ax.set_xlabel("X Axis")
4  ax.set_ylabel("Y Axis")
5  ax.set_zlabel("Z Axis")
6  plt.show()
```

不同 ρ 值下，Lorenz 模型的演化过程分别如图 10.1～图 10.3 所示，它们分别对应了一个稳定解、两个稳定解和混沌状态（蝴蝶效应）。可以看到图 10.1 快速收敛到稳定解 $(0,0,0)$，图 10.2 螺旋式收敛到稳定解，图 10.3 发生了混沌效应，即通常说的蝴蝶效应，解不收敛。蝴蝶效应通常描述为，"一只南美洲亚马孙河流域热带雨林中的蝴蝶，偶尔扇动几下翅膀，可以在两周以后引起美国得克萨斯州的一场龙卷风。"它实际上是指，在一个动态系统中，初始条件的微小变化，可能带动整个系统长期且巨大的链式反应。

上面说到混沌系统对初始条件极为敏感，初始条件的极小偏差，将会引起结果的极大差异。为了验证这一结论，初始值的敏感性如图 10.4 所示，模拟过程中分别取 $z_0 = 1.05$ 和 1.052，可以看到初始时，两个轨迹基本重合在一起，但随着时间的推移轨迹开始分离，最终形成两个差异较大的轨迹。

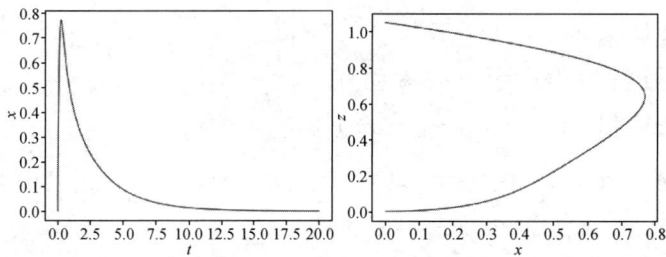

图 10.1 $\rho=0.6$ 时，Lorenz 模型的演化过程

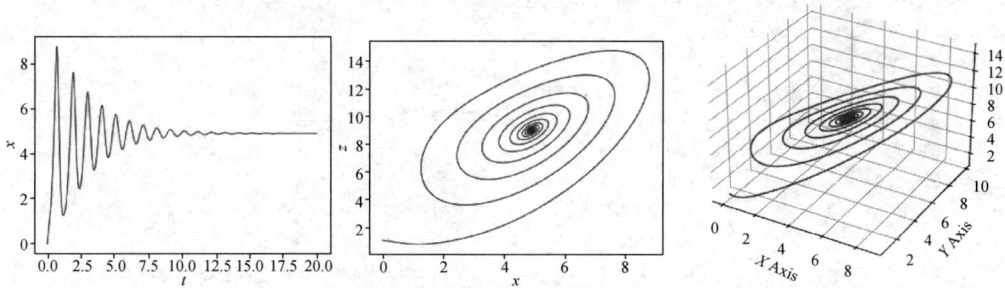

图 10.2 $\rho=10$ 时，Lorenz 模型的演化过程

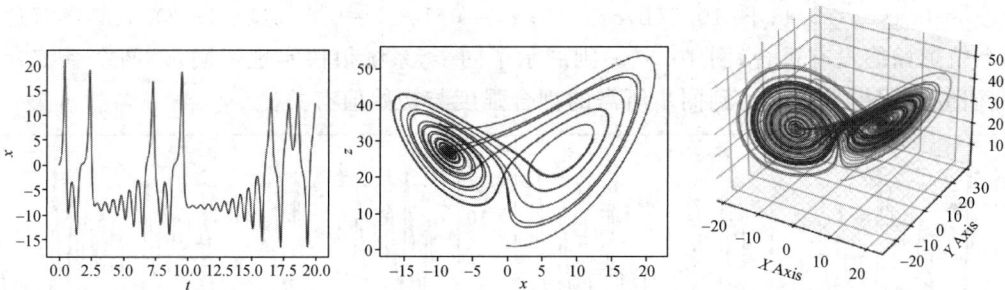

图 10.3 $\rho=28$ 时，Lorenz 模型的演化过程

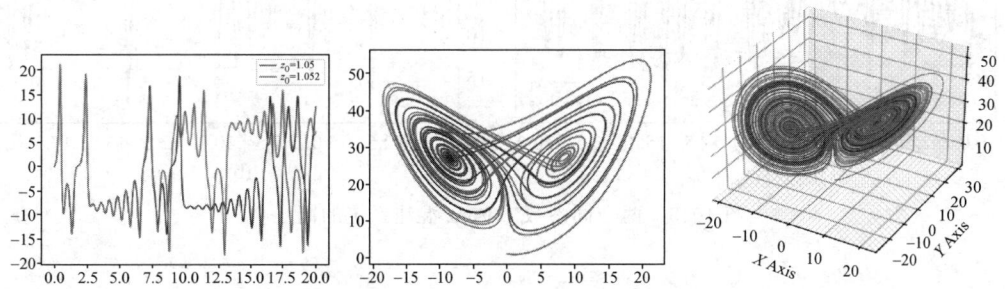

图 10.4 初始值的敏感性

10.2 线性双耦合系统的同步

分析以下两个同参数 Lorenz 混沌系统的线性双耦合系统的同步稳定性，$\sigma=10$，$\rho=28$，$\beta=8/3$，c_1、c_2、c_3 为耦合强度。

$$\begin{cases} \dot{x}_1 = \sigma(y_1 - x_1) + c_1(x_2 - x_1) \\ \dot{y}_1 = \rho x_1 - y_1 - x_1 z_1 + c_2(y_2 - y_1) \\ \dot{z}_1 = x_1 y_1 - \beta z_1 + c_3(z_2 - z_1) \end{cases} \tag{10-4}$$

$$\begin{cases} \dot{x}_2 = \sigma(y_2 - x_2) + c_1(x_1 - x_2) \\ \dot{y}_2 = \rho x_2 - y_2 - x_2 z_2 + c_2(y_1 - y_2) \\ \dot{z}_2 = x_2 y_2 - \beta z_2 + c_3(z_1 - z_2) \end{cases} \tag{10-5}$$

具有耦合作用的两个 Lorenz 混沌系统从上一时刻演化到下一时刻的函数，代码如下。

```
1  def lorenz_two(xyz1,xyz2,c1 = 1,c2 = 1,c3 = 1,s = 10, r = 28, b = 2.667):
2    x1, y1, z1 = xyz1
3    x2, y2, z2 = xyz2
4    x1_dot = s * (y1 - x1) + c1 * (x2 - x1)
5    y1_dot = r * x1 - y1 - x1 * z1 + c2 * (y2 - y1)
6    z1_dot = x1 * y1 - b * z1 + c3 * (z2 - z1)
7    x2_dot = s * (y2 - x2) + c1 * (x1 - x2)
8    y2_dot = r * x2 - y2 - x2 * z2 + c2 * (y1 - y2)
9    z2_dot = x2 * y2 - b * z2 + c3 * (z1 - z2)
10   return np.array([x1_dot, y1_dot, z1_dot]),np.array([x2_dot, y2_dot, z2_dot])
```

初始值分别取(10.,1.,1.05)和(−10.,0.,1)，图 10.5 中的耦合强度依次为图 10.5(a) $c_1=1, c_2=0.1, c_3=0.1$；图 10.5(b) $c_1=10$；$c_2=0.1$；$c_3=0.1$。显然图 10.5(a)没有达到同步，两个轨道始终没有重合，图 10.5(b)则展示了同步，系统很快实现了同步，两个系统合二为一。在研究过程中发现要达到同步所需的耦合强度与初始值有关。

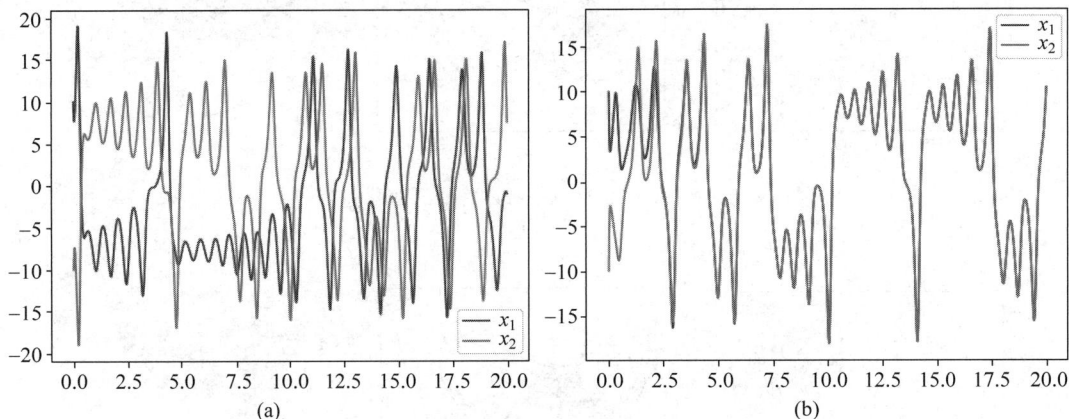

图 10.5　两个同参数 Lorenz 混沌系统的同步

10.3　网络上的连续时间线性耗散耦合

10.2 节讨论了两个相互耦合的动力学系统，可以进一步推广到多个互相耦合的动力学系统，其中涉及一个基本的假设，即系统间的相互作用是全局的，且动力学系统是全同的。若将每一个动力学系统用一个节点来表示，存在相互作用的两个系统间连一条边，就形成了一个动力学网络。从这个角度看，10.2 节讨论的同步现象可以认为是完全图上的同步问题。

描述网络上节点的状态方程为

$$\dot{\boldsymbol{X}}_i = \boldsymbol{F}(\boldsymbol{X}_i) + c\sum_{j=1}^{N} a_{ij}\left[H(\boldsymbol{X}_j) - H(\boldsymbol{X}_i)\right], \quad i = 1, 2, \cdots, N \tag{10-6}$$

其中，$X_i \in \mathbf{R}^d$ 为节点 i 的状态变量，等式右边包括两项，第一项为节点 i 自身的动力学演化，第二项为耦合项，c 为耦合强度，$\boldsymbol{A} = (a_{ij})_{N \times N}$ 为相应网络的邻接矩阵，它限制了仅存在连边的个体间具有耦合作用。H 为各个节点间的内部耦合函数，后续将使用线性耦合(即 $H(X) = X$)，此时 $H(X_j) - H(X_i) = X_j - X_i$。

式(10-6)可使用拉普拉斯矩阵 l_{ij} 进行改写

$$\dot{\boldsymbol{X}}_i = \boldsymbol{F}(\boldsymbol{X}_i) - c\sum_{j=1}^{N} l_{ij} H(\boldsymbol{X}_j) \tag{10-7}$$

$$l_{ij} = \begin{cases} -a_{ij}, & i \neq j \\ k_i, & i = j \end{cases} \tag{10-8}$$

拉普拉斯矩阵每行元素之和均为 0，即有

$$\sum_{j=1}^{N} l_{ij} = 0 \tag{10-9}$$

式(10-9)也称为耗散耦合条件，它意味着当所有节点状态都相同时，耦合方程右端的耦合项自动消失。

如果当 $t \to \infty$ 时，有

$$\boldsymbol{X}_i(t) - \boldsymbol{X}_j(t) \to 0, \quad i, j = 1, 2, 3, \cdots, N \tag{10-10}$$

那么，称网络是(自我)完全(渐近)同步的。

10.3.1 网络同步的计算机模拟

```
1   def network_lorenz(network_structure, node_i, c=1, s=10, r=28, b=2.667, dt=0.01):
2     x, y, z = network_structure.nodes[node_i]['values']
3     temp = np.zeros(3)
4     k = network_structure.degree(node_i)
5     for i in network_structure.neighbors(node_i):
6       temp += network_structure.nodes[i]['values']
7
8     x_new = x + (s * (y - x) + c * temp[0] - c * k * x) * dt
9     y_new = y + (r * x - y - x * z + c * temp[1] - c * k * y) * dt
10    z_new = z + (x * y - b * z + c * temp[2] - c * k * z) * dt
11    return np.array([x_new, y_new, z_new])
```

设置三个观测量，观察耦合后的结果，代码如下。

```
1   dt = 0.01
2   num_steps = 10000
3   #生成网络
4   network_structure = nx.karate_club_graph()
5   #初始化
6   for i in network_structure.nodes():
7     network_structure.nodes[i]['values'] = np.random.rand(3)
8   #设置三个观测值 x1, x2 和 x3
9   x1 = [network_structure.nodes[1]['values']]
10  x2 = [network_structure.nodes[2]['values']]
11  x3 = [network_structure.nodes[3]['values']]
12  #演化
```

```
13  for i in range(num_steps):
14    for j in network_structure.nodes():
15      network_structure.nodes[j]['values'] = network_lorenz(network_structure,j,c = 2)
16    x1.append(network_structure.nodes[1]['values'])
17    x2.append(network_structure.nodes[2]['values'])
18    x3.append(network_structure.nodes[3]['values'])
```

绘图函数如下所示。

```
1  t = np.arange(0,(num_steps + 1) * dt,0.01)
2  x1 = np.array(x1)
3  x2 = np.array(x2)
4  x3 = np.array(x3)
5  plt.plot(t,x1[:,0])
6  plt.plot(t,x2[:,0])
7  plt.plot(t,x3[:,0])
8  plt.show()
```

空手道俱乐部网络上 Lorenz 混沌系统的同步如图 10.6 所示。耦合强度分别为 $c = 0.1$ 和 $c = 3$，可以看到耦合强度较小时，没有实现同步，耦合强度较大时，系统发生同步。接下来，尝试通过节点坐标值的方差来判定产生同步需要的最小耦合强度。

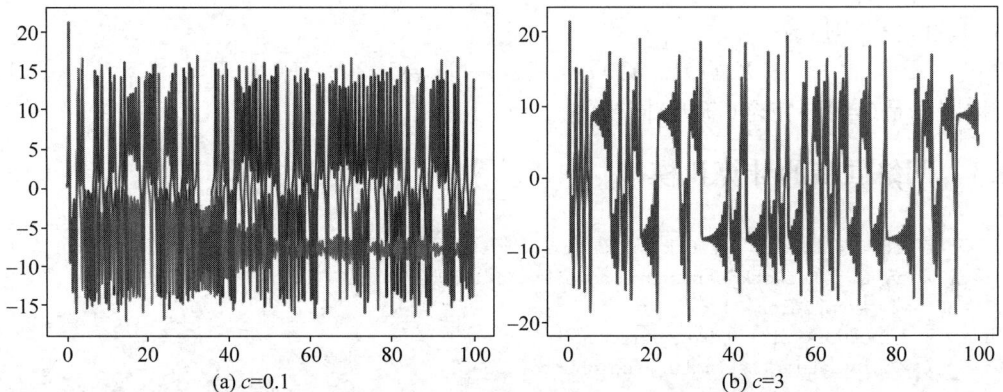

图 10.6　空手道俱乐部网络上 Lorenz 混沌系统的同步

```
1  def std_results(network_structure,num_steps,c):
2    network_structure_copy = network_structure.copy()
3    for i in range(num_steps):
4      for j in network_structure.nodes():
5        network_structure_copy.nodes[j]['values'] = network_lorenz(network_structure_copy,j,c)
6    data = []
7    for i in dict(network_structure_copy.nodes.data()).values():
8      data.append(i['values'])
9    data = np.array(data)
10   return np.std(data,axis = 0)
```

通过方差衡量混沌同步的曲线如图 10.7 所示。显然，当耦合强度大于 2 时，各节点同一时刻的方差值迅速减小，系统近似达到同步状态。

10.3.2　网络同步判据

在判断网络是否达到同步时，需要用到网络的拉普拉斯矩阵。拉普拉斯矩阵的定义和解

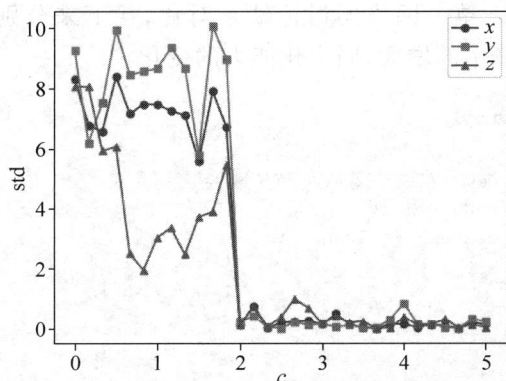

图 10.7　通过方差衡量混沌同步的曲线

的讨论参照本书 4.5 节。假设拉普拉斯矩阵的特征根依次为

$$0 = \lambda_1 < \lambda_2 \leqslant \lambda_3 \leqslant \cdots \leqslant \lambda_N \tag{10-11}$$

依据同步化区域的不同，存在两种判断同步化能力的方法：

（1）用拉普拉斯矩阵的最小非零特征值 λ_2 来刻画。λ_2 值越大，实现同步所需的耦合强度 c 越小，在这个意义下，网络的同步化能力越强。

（2）用对应的拉普拉斯矩阵的最大非零特征值 λ_N 与最小非零特征值 λ_2 的比率 $R = \lambda_N / \lambda_2$ 来刻画。R 值越小，同步化能力越强。

接下来使用该判据对空手道俱乐部网络进行分析：

```
1  karate = nx.karate_club_graph()
2  LM = nx.laplacian_matrix(karate).toarray()
3  eigenvalues, eigenvectors = np.linalg.eig(LM)
4  eig = sorted(eigenvalues)
5  eig[1],eig[-1]/eig[1]
```

（1.1871073019962068，43.85900158335896）

```
1  plt.scatter(range(len(eig)),eig)
2  plt.xlabel('rank')
3  plt.ylabel('eigenvalues')
4  plt.show()
```

空手道俱乐部对应拉普拉斯矩阵的特征值排序如图 10.8 所示。这里比较有用的是最小

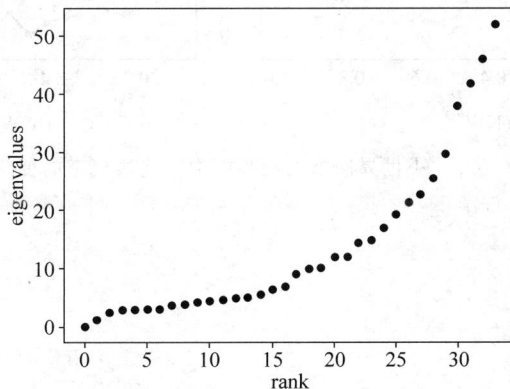

图 10.8　空手道俱乐部对应拉普拉斯矩阵的特征值排序

非零特征值和最大特征值。单一网络的讨论缺乏对比,接下来分别讨论 NW 小世界网络和 WS 小世界网络随着连边概率的增大,同步化能力的变化。

```
1   import matplotlib as mpl
2
3   mpl.rcParams['font.family'] = 'Times New Roman'
4   mpl.rcParams['font.size'] = 16
5   mpl.rcParams['text.usetex'] = True
6   p = np.linspace(0.1,1,21)
7   Np = 50
8   ln_l2 = []
9   for i in p:
10    for j in range(Np):
11      temp = 0
12      ws = nx.watts_strogatz_graph(1000,k=4,p=i)
13      LM = nx.laplacian_matrix(ws).toarray()
14      eigenvalues, eigenvectors = np.linalg.eig(LM)
15      eig = sorted(eigenvalues)
16      temp += eig[-1]/eig[1]
17    ln_l2.append(temp/Np)
18
19  plt.plot(p,ln_l2,marker='o')
20  plt.xlabel('$p$')
21  plt.ylabel('$\lambda_N/\lambda_2$')
22  plt.show()
```

小世界网络的同步能力随连边概率的变化如图 10.9 所示。图 10.9(a)为 NW 小世界网络上最小非零特征值随加边概率的变化,显然随着加边概率增大,最小非零特征值也逐渐增大,网络的同步化能力逐渐增强。图 10.9(b)为 WS 小世界网络上最大特征值与最小非零特征值之比随重连边概率的变化,显然随着重连边概率增大,最大特征值与最小非零特征值的比值逐渐减小,网络的同步化能力逐渐增强。

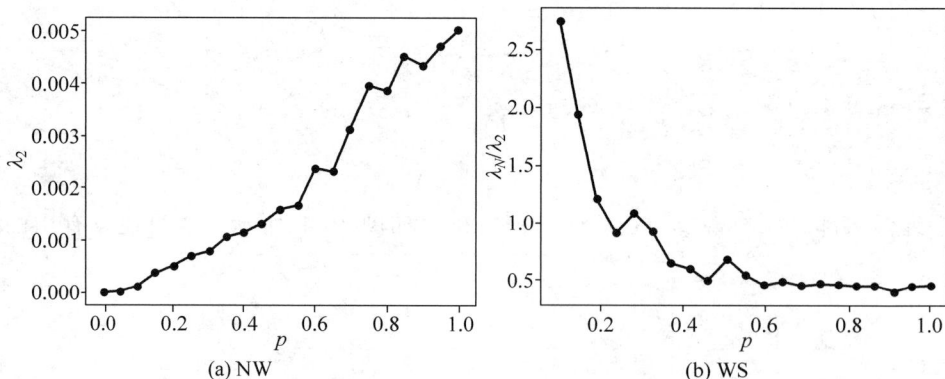

(a) NW   (b) WS

图 10.9　小世界网络的同步能力随连边概率的变化

第11章

随机游走与node2vec模型

11.1 随机游走简介

11.1.1 一维随机游走

自 1906 年 Pearson 提出"随机游走"模型以来,该模型在物理学、生物学和社会科学等领域都得到了广泛的关注和应用。一维随机游走示意图如图 11.1 所示。

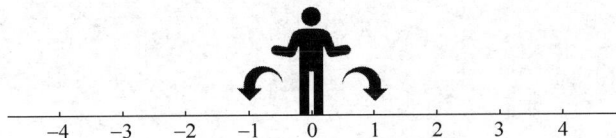

图 11.1 一维随机游走示意图

一维随机游走模型,假设醉汉开始从一根电线杆的位置出发(其坐标为 $x=0$,坐标向右为正,向左为负)。假定醉汉的步长为 l,他走每一步的取向都是随机的,与前一步的方向无关,他只有向左和向右两种选择。如果醉汉在每个时间间隔内向右走一步的概率为 p,则向左走一步的概率为 $q=1-p$。记录醉汉向右走了 n_R 步,向左走了 n_L 步,则总共走了 $N=n_R+n_L$ 步。那么醉汉在行走了 N 步以后,离电线杆的距离为 $x=(n_R-n_L)l$,其中 $-Nl \leqslant x \leqslant Nl$。然后比较有趣的问题是,醉汉行走了 N 步以后,离电线杆的位移 x 可能的取值,及其相应的概率。

N 步后醉汉向右走了 n_R 步,向左走了 n_L 步的概率为 N 次伯努利实验,即

$$P(n_R) = C_N^{n_R} p^{n_R} (1-p)^{N-n_R} \tag{11-1}$$

通过相关推导可得,醉汉在走了 N 步后的位移和方差的平均值分别为

$$\langle x_N \rangle = (p-q)Nl \tag{11-2}$$

$$\langle \Delta x_N^2 \rangle = \langle x_N^2 \rangle - \langle x_N \rangle^2 = 4pqNl^2 \tag{11-3}$$

为了计算简单,在模拟时,选择 $p=q=1/2, l=1$,此时的分布退化为 N 次抛硬币实验,位移和方差分别为 0 和 N。

此时醉汉位移的取值和分布如表 11.1 所示。

表 11.1 一维随机游走中不同步数下位移的概率分布

步数	−5	−4	−3	−2	−1	0	1	2	3	4	5
0						1					
1					1/2	0	1/2				
2				1/4	0	2/4	0	1/4			
3			1/8	0	3/8	0	3/8	0	1/8		
4		1/16	0	4/16	0	6/16	0	4/16	0	1/16	
5	1/32	0	5/32	0	10/32	0	10/32	0	5/32	0	1/32

为了获得较为准确的结果,首先模拟一次随机游走,然后多次重复模拟后求平均值。类似每次抛一枚硬币,在计算正面出现的概率时,需要重复抛很多次。

```
1   import matplotlib.pyplot as plt
2   from random import random
3
4   N = 3                    #行走的步数
5   M = 100000               #模拟次数
6   xs = []                  #离电线杆的距离
7   for j in range(M):
8     x = 0                  #初始位置
9     for i in range(N):
10      if random() > 0.5:
11        x = x + 1
12      else:
13        x = x - 1
14    xs.append(x)
15
16  xs1 = set(xs)
17  for i in list(xs1):
18    print("离电线杆的距离为{}的概率为:{}".format(i,xs.count(i)/M))
19  print(f'平均位移为:{sum(xs)/M}.')
20  xs2 = [i * i for i in xs]
21  print(f'位移的标准差为:{sum(xs2)/M - (sum(xs)/M) ** 2}.')
```

运行结果如下:

```
离电线杆的距离为 1 的概率为:0.37629
离电线杆的距离为 3 的概率为:0.12507
离电线杆的距离为−3 的概率为:0.12553
离电线杆的距离为−1 的概率为:0.37311
平均位移为:0.0018
位移的标准差为:3.00479676
```

为了提高运算效率,使用 NumPy 中的多维数组,并行的同时模拟多次随机游走,与一次抛多枚硬币对应。

```
1   import numpy as np
2   Np = 20000               #游走的人数
3   N = 3                    #游走的步数
4   x = np.zeros(Np)
5   for i in range(N):
6     y = np.random.rand(Np)
7     x = x + np.where(y > 0.5,1, - 1)
8   unique,counts = np.unique(x,return_counts = True)
```

```
 9    print(unique)
10    print(counts)
11    print(counts/Np)
12    print(np.mean(x))
13    print(np.std(x))
```

运行结果如下：

```
[−3. −1. 1. 3.]
[2418 7550 7395 2637]
[0.1209 0.3775 0.36975 0.13185]
0.0251
1.73820884533476
```

可视化展示多次随机游走后一维随机游走位移的变化。

```
 1   def RW_state(N):
 2     data = [0]
 3     state = 0
 4     for i in range(N):
 5       if random()<= 0.5:
 6         state = state + 1
 7       else:
 8         state = state − 1
 9       data.append(state)
10   return data
11
12   N = 10000
13   for i in range(5):
14     plt.plot(range(N + 1),RW_state(N))
15   plt.show()
```

一维随机游走位移随游走步数的变化如图11.2所示。第一个图横坐标是步数，纵坐标是位移，图中画了5次随机游走的位移曲线。第二个图是游走100次后，x位置的分布。此时的分布近似为(参照正态分布的概率密度函数，期望和方差通过式(11-2)和式(11-4)获得)：

$$P(x) = \frac{2}{\sqrt{2\pi N}}e^{-x^2/2N} \tag{11-4}$$

可以验证，当$N=100, x=0$时，$P(0)=0.08$。

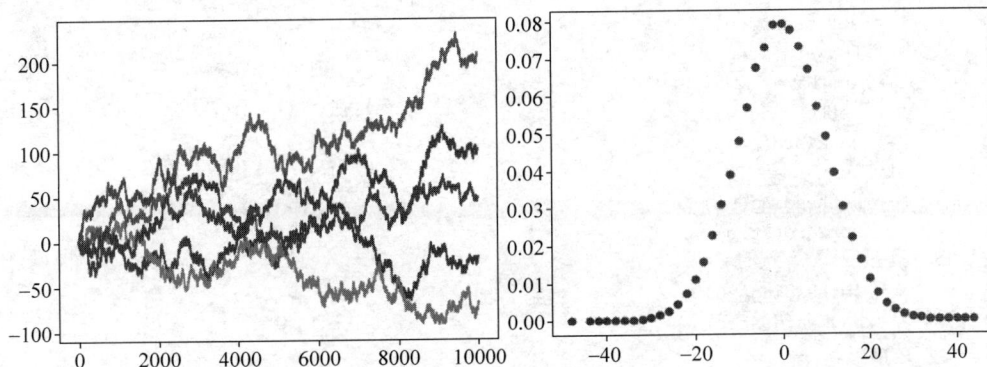

图11.2　一维随机游走位移随游走步数的变化和游走100步时位移分布图

11.1.2 二维随机游走

一维随机游走较为简单，接下来将介绍二维随机游走。仍然假设醉汉初始位于坐标原点，他下一步可以选择上下左右四个方向中的一个，为了简单，假设四个方向的概率相同。二维随机游走示意图如图 11.3 所示。

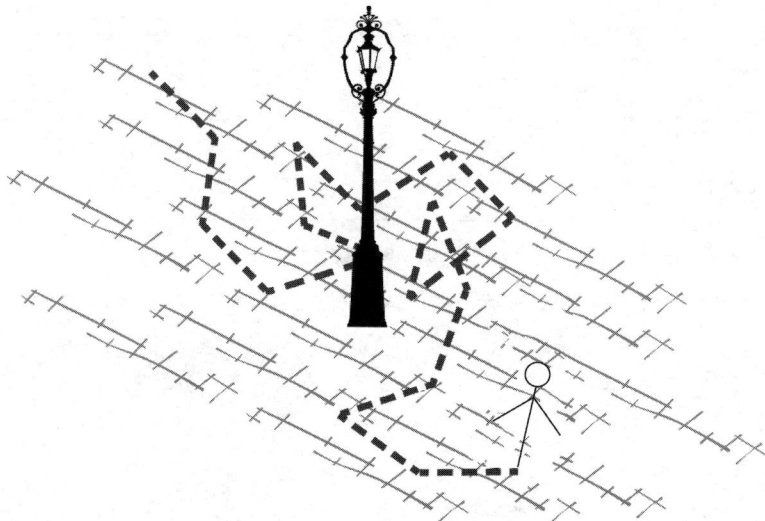

图 11.3 二维随机游走示意图

使用 turtle 库模拟二维随机游走，代码如下。

```
1  import turtle as t
2  from random import randint
3
4  color = ['red','black','blue','green','purple','pink','grey','orange']
5  L = 400
6  step = 10
7  t.penup()
8  for k in color:
9    t.pendown()
10   t.pencolor(k)
11   for i in range(L):
12     angle = randint(1,4)
13     if angle == 1:
14       t.setheading(0)
15       t.forward(step)
16     elif angle == 2:
17       t.setheading(0)
18       t.backward(step)
19     elif angle == 3:
20       t.setheading(90)
21       t.forward(step)
22     else:
23       t.setheading(90)
24       t.backward(step)
25   t.penup()
26   t.goto(0,0)
27 t.done()
```

二维随机游走的空间分布如图 11.4 所示。由于只有上下左右四个方向可供选择,个体相当于在空间格子上游走。图中给出了 8 次游走后的分布,可以看到中心位置游走路径交叉较多,不同颜色的曲线相互覆盖。外侧的轨迹则相对清晰。这说明多次游走后,游走者分布在原点附近的概率较大,远离原点的概率较小。类似地,可以得到游走者位置随时间的分布近似为二维高斯分布。

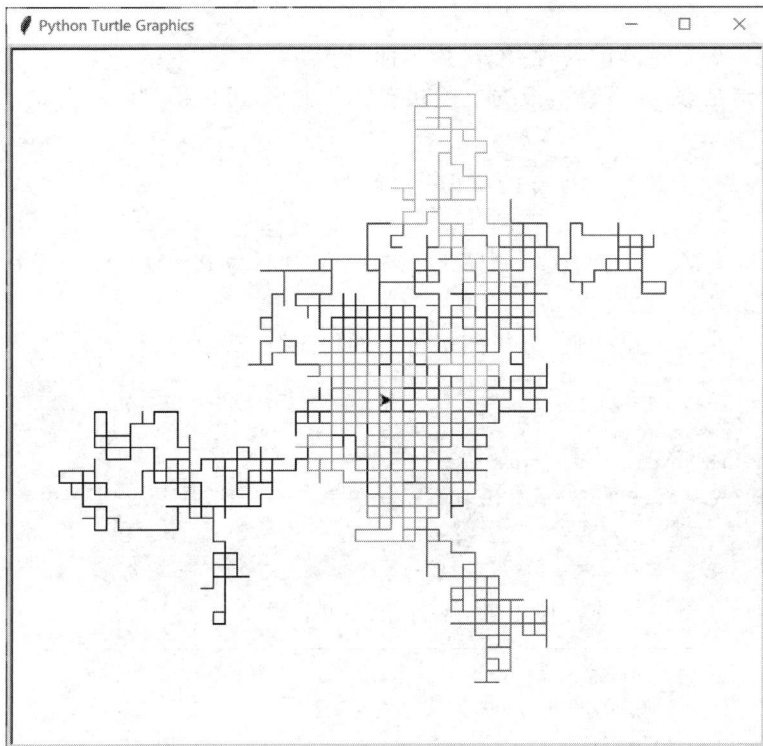

图 11.4　通过 turtle 库模拟二维随机游走

11.2　网络上随机游走的稳态分布

复杂网络上的随机游走是指以网络节点为载体,按照一定概率从网络上任一节点转移到与之有连接的其他节点的状态转移过程。

转移概率矩阵描述了一个随机游走者从一个节点 i 转移到另一个节点 j 的概率,是一个非对称矩阵。在无向无权网络中,随机游走者将以相等的概率从当前节点转移到它的任意一个邻居节点。

$$\boldsymbol{M} = \begin{pmatrix} 0 & M_{12} & \cdots & M_{1j} & \cdots & M_{1n} \\ M_{21} & 0 & \cdots & M_{2j} & \cdots & M_{2n} \\ \vdots & \vdots & & \vdots & & \vdots \\ M_{i1} & M_{i2} & \cdots & M_{ij} & \cdots & M_{in} \\ \vdots & \vdots & & \vdots & & \vdots \\ M_{n1} & M_{n2} & \cdots & M_{nj} & \cdots & M_{nn} \end{pmatrix} \tag{11-5}$$

其中,$\boldsymbol{M}_{ij} = \dfrac{a_{ij}}{k_i}$。也可以写成矩阵形式 $M = D^{-1}A$,其中 D 为度矩阵,$\boldsymbol{A}$ 为邻接矩阵。

用 $p_i(t)$ 表示一个随机游走者在 t 时刻位于节点 i 的概率。根据随机游走规则,该游走者在下一时刻 $t+1$,位于节点 j 的概率为

$$p_j(t+1) = \sum_{i=1}^{N} p_i(t) M_{ij}, \quad j \in \{1, 2, \cdots, N\} \tag{11-6}$$

写成矩阵形式

$$\boldsymbol{P}(t+1) = \boldsymbol{M}^{\mathrm{T}} \boldsymbol{P}(t) \tag{11-7}$$

式(11-7)中上标 T 表示矩阵的转置,$\boldsymbol{P}(t)$ 为列向量。

当游走者行走足够的步数后,根据上述状态转移方程,可以得到随机游走的稳态分布:

$$p_i^* = \frac{k_i}{\sum_{j=1}^{N} k_j} = \frac{k_i}{2M}, \quad i \in \{1, 2, \cdots, N\} \tag{11-8}$$

当达到稳态时,$P(t+1) = P(t)$,则矩阵形式可以改写为 $\boldsymbol{P} = \boldsymbol{M}^{\mathrm{T}} \boldsymbol{P}$,从而 $\boldsymbol{P}$ 为 $\boldsymbol{M}^{\mathrm{T}}$ 矩阵特征值为 1 时对应的特征向量。

【例 11-1】 以风筝网络为例,分析随机游走的稳态分布。

```
1   import numpy as np
2   import networkx as nx
3   kite = nx.krackhardt_kite_graph()
4   M = nx.adjacency_matrix(kite).toarray()/np.array(list(dict(kite.degree()).values())).
    reshape((-1,1))
5   M
```

从而可以得到风筝网络的转移矩阵,运行结果如下:

```
[[0. 0.25 0.25 0.25 0. 0.25 0. 0. 0. 0.]
 [0.25 0. 0. 0.25 0.25 0. 0.25 0. 0. 0.]
 [0.333 0. 0. 0.333 0. 0.333 0. 0. 0. 0.]
 [0.167 0.167 0.167 0. 0.167 0.167 0.167 0. 0. 0.]
 [0. 0.333 0. 0.333 0. 0. 0.333 0. 0. 0.]
 [0.2 0. 0.2 0.2 0. 0. 0.2 0.2 0. 0.]
 [0. 0.2 0. 0.2 0.2 0.2 0. 0.2 0. 0.]
 [0. 0. 0. 0. 0. 0.333 0.333 0. 0.333 0.]
 [0. 0. 0. 0. 0. 0. 0. 0.5 0. 0.5]
 [0. 0. 0. 0. 0. 0. 0. 0. 1. 0.]]
```

为了显示效果,已对输出结果进行了适当排版。以下给出 3 种计算稳态分布的方法:

方法一,迭代求解。

初始值都取为 1/10,然后迭代可得:

```
1   P0 = np.full((10,1),1/10)
2   for i in range(20):
3       P1 = np.dot(M.T,P0)
4       P0 = P1
5   P0
```

运行结果如下:

```
array([[0.11080826],
       [0.11080826],
       [0.08313708],
```

```
[0.16627416],
[0.08313708],
[0.13855185],
[0.13855185],
[0.08435071],
[0.05561747],
[0.02876328]])
```

可以使用理论结果进行验证。

```
1  >>> np.array(list(dict(kite.degree()).values()))/(2 * kite.number_of_edges())
```

方法二，求特征值，特征向量。

```
1  eigenvalues, eigenvectors = np.linalg.eig(M.T)
2  eigenvalues
```

运行结果如下：

```
array([ 1. , 0.80351089, −0.83773811, 0.38600933, 0.23931629,
    −0.11096544, −0.46295464, −0.37305468, −0.31079029, −0.33333333])
```

可以看出，1正好是第一个特征值，所以取第一个特征向量即可，代码如下所示。

```
1  >>> print(eigenvectors[:,0])
```

运行结果如下：

```
[0.32659863 0.32659863 0.24494897 0.48989795 0.24494897 0.40824829
 0.40824829 0.24494897 0.16329932 0.08164966]
```

显然，上面结果与迭代和理论结果存在差距，该结果实质上是对迭代结果标准化以后的结果。对特征向量概率化后可得：

```
1  >>> eigenvectors[:,0]/sum(eigenvectors[:,0])
```

运行结果如下：

```
array([0.11111111, 0.11111111, 0.08333333, 0.16666667, 0.08333333,
    0.13888889, 0.13888889, 0.08333333, 0.05555556, 0.02777778])
```

方法三，通过计算机模拟获取随机游走的稳态分布。
可以让很多个游走者在网络上游走很长时间，然后收集游走者最终所处的位置。

```
1  def walk_end_node(G, N_step, N):
2    end_list = []
3    for i in range(N):
4      start_node = choice(list(G.nodes))
5      for i in range(N_step):
6        next_node = choice(list(G.neighbors(start_node)))
7        start_node = next_node
8      end_list.append(start_node)
9    return end_list
```

```
10
11   end_node_list = walk_end_node(kite,500,50000)
12   node_frequency = {}
13   for i in end_node_list:
14     node_frequency[i] = node_frequency.get(i,1) + 1
15   np.array(sorted(list(node_frequency.items())))[:,1]/np.sum(np.array(sorted(list(node_
     frequency.items()))))[:,1])
```

运行结果如下：

```
array([0.11077784, 0.11109778, 0.08356329, 0.16374725, 0.08528294,
       0.14311138, 0.13713257, 0.08336333, 0.0545091 , 0.02741452])
```

该算法有一个等价的想法，即让一个或者少数几个游走者走很多次，统计它们在某个节点上出现的频率即可。该过程可以类比同时抛很多枚硬币和一枚硬币抛很多次二者间的等价关系。

将一次随机行走用函数封装，代码如下。

```
1   def one_walk(G,N_step):
2     start_node = choice(list(G.nodes))
3     walk_list = [start_node]
4     for i in range(N_step):
5       next_node = choice(list(G.neighbors(start_node)))
6       walk_list.append(next_node)
7       start_node = next_node
8     return walk_list
```

走足够长的时间，然后统计每个节点出现的次数，代码如下。

```
1   walk_length = 50000
2   walk_list = one_walk(kite,walk_length)
3   node_frequency = {}
4   for i in walk_list:
5     node_frequency[i] = node_frequency.get(i,1) + 1
6   np.array(sorted(list(node_frequency.items())))[:,1]/np.sum(np.array(sorted(list(node_
     frequency.items()))))[:,1])
```

运行结果如下：

```
array([0.11023575, 0.11431485, 0.08262182, 0.16906281, 0.0850213 ,
       0.13840955, 0.14124893, 0.08304173, 0.05120873, 0.02483454])
```

也可以每次走的长度不大，但走的次数特别多，代码如下。

```
1   walk_length = 200
2   walk_time = 1000
3   walk_list = []
4   for i in range(walk_time):
5     walk_list += one_walk(kite,walk_length)
6   node_frequency = {}
7   for i in walk_list:
8   node_frequency[i] = node_frequency.get(i,1) + 1
9   np.array(sorted(list(node_frequency.items())))[:,1]/np.sum(np.array(sorted(list(node_
     frequency.items()))))[:,1])
```

运行结果如下：

```
array([0.11136262, 0.11137257, 0.08270235, 0.16688722, 0.08343366,
       0.13643102, 0.13865977, 0.08322969, 0.05711656, 0.02880454])
```

11.3　网络上随机游走的特征量

本节将介绍可用于描述节点中心性的平均首达时间、平均返回时间和覆盖时间以及可用于描述节点相似性的平均通勤时间。以风筝网络为例，分别编程实现。

11.3.1　平均首达时间

平均首达时间是指游走者从任意起点首次到达目标节点的时间平均值。

```
1   #网络上所有节点首次到达目标节点的平均时间
2   def reach_target_time(kite,target_node):
3     T = 0
4     for i in kite.nodes:
5       source_node = i
6       t = 0
7       while source_node != target_node:
8         next_node = choice(list(kite.neighbors(source_node)))
9         t += 1
10        source_node = next_node
11      T += t
12    return T/kite.number_of_nodes()
13
14  Nt = 1000 #平均次数
15  average_reach_time = []
16  for i in kite.nodes():
17    temp = 0
18    for j in range(Nt):
19      temp += reach_target_time(kite,i)
20    average_reach_time.append((i,temp/Nt))
21
22  sorted(average_reach_time,key = lambda x:x[1])
```

运行结果如下：

```
[(3, 6.240100000000004),
 (5, 6.708000000000001),
 (6, 6.709100000000014),
 (1, 9.749),
 (0, 9.796599999999984),
 (2, 12.948400000000012),
 (4, 12.966699999999996),
 (7, 13.06479999999997),
 (8, 38.4864),
 (9, 68.67700000000008)]
```

11.3.2　平均返回时间

平均返回时间是指游走者离开某节点后第一次返回到该节点的平均时间。

```
1   def return_target_time(kite,target_node):
2     next_node = choice(list(kite.neighbors(target_node)))
3     t = 1
4     while next_node != target_node:
5       next_node = choice(list(kite.neighbors(next_node)))
6       t += 1
7     return t
8
9   Nt = 10000
10  average_return_time = []
11  for i in kite.nodes():
12    temp = 0
13    for j in range(Nt):
14      temp += return_target_time(kite,i)
15    average_return_time.append((i,temp/Nt))
16
17  sorted(average_return_time,key = lambda x:x[1])
```

运行结果如下：

```
[(3, 5.95),
(6, 7.1788),
(5, 7.2439),
(0, 8.9365),
(1, 9.1135),
(7, 11.9853),
(4, 12.0201),
(2, 12.0406),
(8, 17.8877),
(9, 37.7406)]
```

11.3.3　覆盖时间

覆盖时间是指一个游走者访问所有节点所需要的时间。

```
1   def cover_target_time(kite,target_node):
2     node_list = list(kite.nodes)
3     next_node = choice(list(kite.neighbors(target_node)))
4     t = 1
5     if next_node in node_list:
6       node_list.remove(next_node)
7     while node_list != []:
8       next_node = choice(list(kite.neighbors(next_node)))
9       t += 1
10      if next_node in node_list:
11        node_list.remove(next_node)
12    return t
13
14  Nt = 5000
15  average_cover_time = []
16  for i in kite.nodes():
17    temp = 0
18    for j in range(Nt):
19      temp += cover_target_time(kite,i)
20    average_cover_time.append((i,temp/Nt))
21
22  sorted(average_cover_time,key = lambda x:x[1])
```

运行结果如下：

```
[(8, 55.8908),
 (9, 58.0334),
 (7, 79.2638),
 (5, 88.218),
 (0, 88.7468),
 (6, 89.062),
 (4, 89.1756),
 (3, 90.6296),
 (2, 91.2394),
 (1, 92.0384)]
```

11.3.4　平均通勤时间

平均通勤时间是指游走者从起点到终点，然后由终点返回起点所需要的平均时间。

```
1   def source_target_time(kite,source_node,target_node):
2     next_node = choice(list(kite.neighbors(source_node)))
3     t = 1
4     while next_node != target_node:
5       next_node = choice(list(kite.neighbors(next_node)))
6       t += 1
7     next_node = choice(list(kite.neighbors(target_node)))
8     while next_node != source_node:
9       next_node = choice(list(kite.neighbors(next_node)))
10      t += 1
11    return t
12
13  Nt = 5000
14  average_st_time = []
15  for i,j in kite.edges:
16    temp = 0
17    for k in range(Nt):
18      temp += source_target_time(kite,i,j)
19    average_st_time.append((i,j,temp/Nt))
20
21  sorted(average_st_time,key = lambda x:x[2])
```

运行结果如下：

```
[(3, 5, 11.3722),
 (3, 6, 11.7218),
 (1, 3, 11.9282),
 (0, 3, 12.0294),
 (5, 6, 12.6114),
 (1, 6, 13.6068),
 (0, 5, 13.7116),
 (3, 4, 14.8842),
 (2, 5, 15.1202),
 (2, 3, 15.2796),
 (1, 4, 15.573),
 (4, 6, 15.6188),
 (0, 1, 15.6598),
 (0, 2, 15.8382),
 (6, 7, 20.3992),
 (5, 7, 20.4002),
 (7, 8, 34.0226),
 (8, 9, 35.518)]
```

随机游走可用于节点中心性衡量(如平均首通时间、平均返回时间、覆盖时间)、链路预测(详见本书5.2.4节)、社团探测(详见4.2.4节和4.5.2节)等。

11.4　node2vec 节点嵌入模型

基于随机游走的图嵌入方法首先通过随机游走,将复杂网络结构转换为一系列的节点序列,从而捕捉了节点间的潜在关联和拓扑信息。在获得节点序列后,进一步利用 Skip-gram 模型进行节点的嵌入向量学习,该方法与 word2vec 嵌入模型相似,后者将自然语言中的词语嵌入为向量。这些嵌入向量不仅蕴含了节点的局部和全局信息,而且具有良好的泛化性能,广泛应用于各种图分析任务,如节点分类、链路预测、社团探测以及可视化等,具体流程如图 11.5 所示。依据随机游走方式的不同,DeepWalk 模型和 node2vec 模型先后被提出并引起了广泛的关注。两个模型的差异体现在前者使用无偏随机游走而后者使用有偏随机游走。

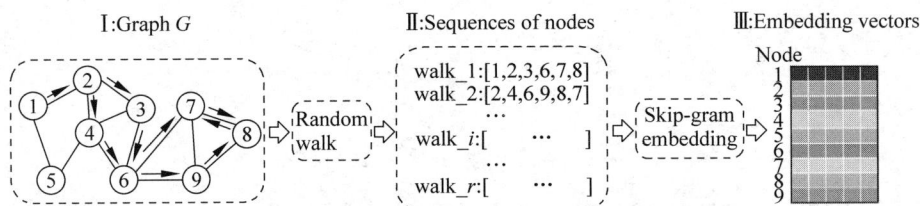

图 11.5　基于随机游走的图嵌入方法架构

DeepWalk 模型中的随机游走是一种基于深度优先搜索(Depth First Search,DFS)从图中提取节点序列的技术。其具体做法是:给定图中访问初始节点,然后从该节点的邻居中随机选择一个节点作为下一个访问节点,多次重复这一过程,直到访问的节点序列长度达到预设的长度为止。

node2vec 是对 DeepWalk 的改进,在 DeepWalk 完全随机游走的基础上,node2vec 增加了 p、q 两个控制参数,从而实现了有偏随机游走,如图 11.6 所示。此外,与 DeepWalk 不同的是,node2vec 使用负采样对模型进行优化,从而具有更高的效率。

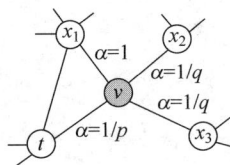

图 11.6　有偏随机游走的权重设置

具体来说,node2vec 模型假设游走者当前位于节点 v 的位置,上一个时间步位于节点 t,那么下一个时间步的目标节点可以从 v 的四个邻居 $\{t, x_1, x_2, x_3\}$ 中根据转移概率选择。模型引入参数 p 和 q 来表征一个加权的有偏随机游走,返回上一步节点 t 的权重为 $1/p$,访问与上一步节点的共同邻居 x_1 的权重为 1,访问其余邻居节点 x_2 或 x_3 的外出权重为 $1/q$。

【例 11-2】 使用 node2vec 模型讨论空手道俱乐部网络。

此处将使用 Python 第三方库 node2vec,该库以 NetworkX 图为输入,使用极为方便。

```
1   from node2vec import Node2Vec
2   from sklearn.decomposition import PCA
3   import matplotlib.pyplot as plt
4   #导入网络
5   G = nx.karate_club_graph()
6   #构建模型并训练
7   node2vec = Node2Vec(G, dimensions = 64, walk_length = 100, num_walks = 200, p = 1, q = 1)
8   model = node2vec.fit()
9   X = model.wv.vectors        #训练得到的各节点的嵌入向量
```

```
10  # 对嵌入向量降维以便可视化
11  pca = PCA(n_components = 2)
12  pca = pca.fit(X)
13  network_new = pca.transform(X)
14  # 可视化
15  color = []
16  for i in model.wv.index_to_key:  # 注意嵌入后向量的顺序与原始网络节点顺序不一致
17     if G.nodes[int(i)]['club'] == 'Officer':
18        color.append('c')
19     else:
20        color.append('y')
21  plt.scatter(network_new[:,0],network_new[:,1],c = color,marker = '^')
22  plt.show()
```

空手道俱乐部的嵌入结果如图 11.7 所示。嵌入结果很好地展示了社团信息,同一社团的节点汇聚在了一起,空间距离较近,从而可以使用传统聚类算法(如 k-means)来研究网络的社团结构。同样可以使用节点间距离的远近来进行链路预测,如可以查看与 33 号节点最相似的 10 个节点。

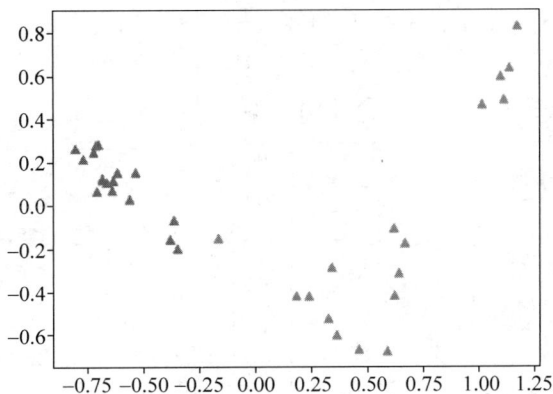

图 11.7　空手道俱乐部的嵌入结果

```
1  >>> model.wv.most_similar('33')
```

运行结果如下:

```
[('32', 0.8206636905670166),
('15', 0.7741405963897705),
('18', 0.7662621736526489),
('22', 0.7578803300857544),
('14', 0.7460801005363464),
('20', 0.7123213410377502),
('23', 0.71040940284729),
('9', 0.673923134803772),
('29', 0.6629152894020081),
('30', 0.6137245893478394)]
```

【例 11-3】　讨论 GN benchmark 中连边参数对嵌入结果的影响。

```
1  G = nx.planted_partition_graph(4,32, 0.6, 0.01)
2
3  node2vec = Node2Vec(G)
```

```
4   model = node2vec.fit()
5   X = model.wv.vectors
6
7   pca = PCA(n_components = 2)
8   pca = pca.fit(X)
9   network_new = pca.transform(X)
10
11  color = []
12  for i in model.wv.index_to_key:
13    if G.nodes[int(i)]['block'] == 0:
14      color.append('c')
15    elif G.nodes[int(i)]['block'] == 1:
16      color.append('y')
17    elif G.nodes[int(i)]['block'] == 2:
18      color.append('r')
19    else:
20      color.append('b')
21  plt.scatter(network_new[:,0],network_new[:,1],c = color)
22  plt.show()
```

不同团间连边概率下 GN benchmark 的嵌入结果如图 11.8 所示。固定团内连边概率为 0.6,团间连边概率依次为 0.01,0.1,0.2,0.3,从图中可以看出,随着团间连边概率的增加,社团渐渐重合在一起,越来越难以区分各个社团内的元素。

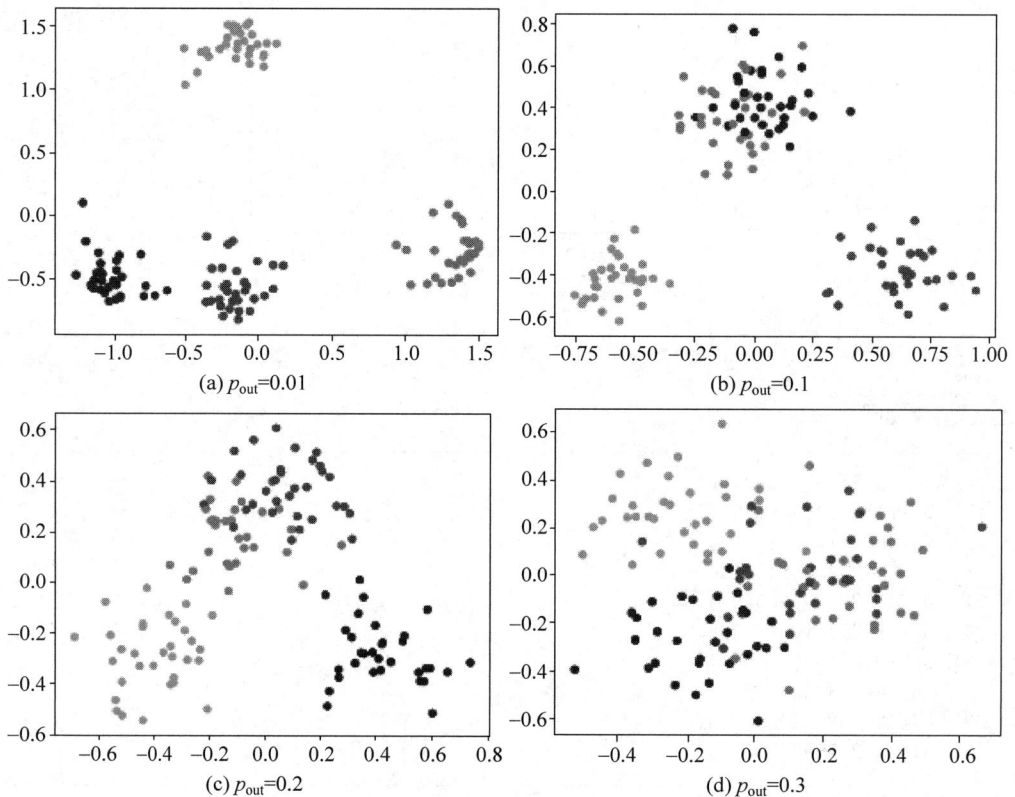

(a) p_{out}=0.01

(b) p_{out}=0.1

(c) p_{out}=0.2

(d) p_{out}=0.3

图 11.8 不同团间连边概率下 GN benchmark 的嵌入结果

第**12**章

图表示学习

12.1 图表示学习简介

图表示学习是一种将图结构数据转换为向量表示的方法,其主要目标是将图结构映射到低维向量空间时,尽可能保留图的拓扑结构信息。它的主要特点是:当两个节点在图上"邻近"(如 k 阶近邻,或其结构相似性较高)时,在向量空间的距离也较小。在节点分类、链路预测、图分类、社团探测和图可视化等很多领域有着广泛的应用。

本书涉及的图表示学习方法包括图嵌入和图神经网络两大类,前者主要包括深度游走(DeepWalk)、大规模信息网络(LINE)和有偏的随机游走(node2vec)三种模型;后者主要包括基于谱域的图卷积神经网络(Graph Convolutional Network,GCN)、基于空域的图注意力网络(Graph Attention Network,GAN)和归纳式图表示学习(GraphSAGE)。

图嵌入用低维向量表示图中的节点,获得节点的向量表示后再利用传统机器学习算法解决各类下游任务,如利用节点间的距离进行链路预测,利用 k-means 进行社团探测等。不同的是,图神经网络一般是基于某一特定的下游任务通过反复训练获得节点的向量表示,如给一部分节点打标签后,训练得到节点的向量表示,最后进行节点分类任务;给一部分图打标签后,训练得到图的向量表示,最后进行图分类任务。

第 11 章已经介绍了 DeepWalk 和 node2vec 模型,前者利用深度优先搜索构造节点序列,后者综合考虑了深度和广度优先搜索获取节点序列,然后使用类似 word2vec 中 Skip-gram 模型训练得到节点的向量表示。接下来介绍一种考虑节点间一阶和二阶相似性的嵌入方法。

12.2 LINE 模型

LINE(Large-scale Information Network)模型是一种基于邻域相似假设获取图嵌入向量的方法。它使用宽度优先搜索构造邻域,将网络嵌入问题转换为最小化目标函数的优化问题。其基本思想是,在图中距离较小(或相似度较高)的点,在新的低维嵌入空间中也应尽可能接近。具体做法是:分别对节点间的一阶相似性和二阶相似性进行优化。

一阶相似性描述两个节点间的邻近程度。若两个节点间存在连边,则该边的权重即为它们之间的一阶相似性;若两个节点间没有边相连,则一阶相似性为 0。

二阶相似性描述两个节点是否通过某个第三方邻居节点建立关系。当两个节点间不存在共同"邻居"时,它们之间的二阶相似性为 0。本节不对具体算法进行详细介绍,仅调用第三方库实现该模型。

【例12-1】 使用PyG自带的空手道俱乐部数据集测试LINE模型的嵌入效果。

首先通过KarateClub数据集介绍PyG中图结构数据集的特点,代码如下。

```
1  from torch_geometric.datasets import KarateClub
2
3  dataset = KarateClub()
4  print(f'数据集: {dataset}:')
5  print(' ==================== ')
6  print(f'数据集中图的数量: {len(dataset)}')
7  print(f'节点的特征数量(维度): {dataset.num_features}')
8  print(f'节点的类别: {dataset.num_classes}')
```

运行结果如下:

```
数据集: KarateClub():
====================
数据集中图的数量: 1
节点的特征数量(维度): 34
节点的类别: 4
```

在PyG中,Dataset类提供了Data对象的列表,每个Data对象代表一个图。上例的KarateClub()数据集仅包含一个图,接下来将对该图进行分析。需要特别说明的是,此处默认该数据集包含4个社团,与NetworkX中略有不同。

```
1  >>> data = dataset[0]
2  >>> data
```

运行结果如下:

```
Data(x=[34, 34], edge_index=[2, 156], y=[34], train_mask=[34])
```

可以看到该图是一个Data对象,包含了描述图结构的一些信息,中括号里的数字表示数据的维度。具体包括:节点特征矩阵x,节点标签序列y,节点对连边信息edge_index和训练集信息train_mask。可以通过对象属性分别访问这些信息。

```
1  >>> data.y
```

运行结果如下:

```
tensor([1, 1, 1, 1, 3, 3, 3, 1, 0, 1, 3, 1, 1, 1, 0, 0, 3, 1, 0, 1, 0, 1, 0, 0, 2, 2, 0, 0, 2, 0, 0,
2, 0, 0])
```

可以发现结果包含0、1、2、3这4个数字,分别标识了节点所属的类别。通过前面的学习,已知道空手道俱乐部数据集包含34个节点和78条边,但此处边的信息edge_index却是2×156的张量。

```
1  >>> data.edge_index[:20,:20]
```

运行结果如下:

```
tensor([[0, 0, 0, 0, 0, 0, 0, 0, 0, 0, 0, 0, 0, 0, 0, 0, 0, 1, 1, 1, 1],
        [1, 2, 3, 4, 5, 6, 7, 8, 10, 11, 12, 13, 17, 19, 21, 31, 0, 2, 3, 7]])
```

可以看到,边数据包含两行数据,每列数据表示一条边,第一行表示边的起点,第二行表示边的终点,如第一列[0,1]表示从节点 0 到节点 1 的一条边。所以,Data 结构把所有的边都当作有向边,边(0,1)和(1,0)是不同的。

```
1  >>> data.x
```

运行结果如下:

```
tensor([[1., 0., 0., ..., 0., 0., 0.],
        [0., 1., 0., ..., 0., 0., 0.],
        [0., 0., 1., ..., 0., 0., 0.],
        ...,
        [0., 0., 0., ..., 1., 0., 0.],
        [0., 0., 0., ..., 0., 1., 0.],
        [0., 0., 0., ..., 0., 0., 1.]])
```

图的特征矩阵是 34×34 的张量,每一行是一个节点的 34 维特征向量。例如第一行表示节点 0 的特征,除了下标 0 的位置为 1,其余位置都为 0。以此类推,第二行表示节点 1 的特征,只有下标 1 的位置为 1,其余位置为 0。空手道俱乐部不含节点属性信息,所以此处使用 one-hot 编码。

```
1  >>> data.train_mask
```

运行结果如下:

```
tensor([ True, False, False, False,  True, False, False, False,  True, False, False, False, False,
        False, False, False, False, False, False, False, False, False, False, False,  True, False,
        False, False, False, False, False, False, False, False])
```

显然训练集是一个包含 34 个元素的一维布尔张量,True 表示标签已知,False 表示标签未知。相应的也可以定义 data.test_mask。

此外,还可以查看图相关的其他信息。

```
1  print(f'节点数: {data.num_nodes}')
2  print(f'边数: {data.num_edges}')
3  print(f'训练集大小: {data.train_mask.sum()}')
4  print(f'节点特征数: {data.num_node_features}')
```

运行结果如下:

```
节点数: 34
边数: 156
训练集大小: 4
节点特征数: 34
```

接下来将使用 PyG 实现 LINE 模型。

（1）首先导入必要的库。

```
1  import torch
2  from torch_geometric.nn import LINKX              #LINE 模型
3  from torch_geometric.datasets import KarateClub   #数据集
4  from sklearn.manifold import TSNE                 #降维
5  import matplotlib.pyplot as plt                   #可视化
```

（2）导入数据并构建模型。

```
1  dataset = KarateClub()                                            #导入数据集
2  data = KarateClub()[0]                                            #索引图数据
3  data.test_mask = torch.tensor([not i for i in data.train_mask], dtype = torch.bool)
4
5  model = LINKX(data.num_nodes, data.num_features, hidden_channels = 32,
6          out_channels = dataset.num_classes, num_layers = 1,
7          num_edge_layers = 1, num_node_layers = 1, dropout = 0.5)   #模型定义
8  criterion = torch.nn.CrossEntropyLoss()                           #损失函数定义
9  optimizer = torch.optim.Adam(model.parameters(), lr = 0.01, weight_decay = 1e - 4) #优化器定义
```

（3）定义训练和测试函数。

```
1  def train():
2    model.train()                                              #设定模型进入训练状态
3    optimizer.zero_grad()                                      #优化器梯度清零
4    out = model(data.x, data.edge_index)                       #模型正向传播
5    loss = criterion(out[data.train_mask],data.y[data.train_mask]) #计算损失
6    loss.backward()                                            #误差反向传播
7    optimizer.step()                                           #优化器更新参数
8  return float(loss)
```

测试函数，代码如下。

```
1  @torch.no_grad()                                          #声明以下代码不进行梯度下降
2  def test():
3    model.eval()                                            #设定模型进入评估状态
4    pred = model(data.x, data.edge_index).argmax(dim = 1)   #获取所属类别
5    correct = (pred[data.test_mask] == data.y[data.test_mask]).sum()
6    acc = int(correct) / int(data.test_mask.sum())
7    return acc
```

（4）测试与可视化。

```
1  @torch.no_grad()
2  def plot_points():
3    model.eval()
4    z = model(data.x, data.edge_index).numpy()
5    z = TSNE(n_components = 2).fit_transform(z)            #降维
6    plt.figure(figsize = (4,4))
7    plt.scatter(z[:,0],z[:,1],c = data.y.numpy())
8    plt.axis('off')
9    plt.show()
```

输出损失和预测准确率，代码如下。

```
1  for epoch in range(1, 20):
2    loss = train()
```

```
3     acc = test()
4     if epoch % 2 == 0:
5         print(f'Epoch: {epoch:03d}, Loss: {loss:.4f}, Acc: {acc:.4f}')
6  plot_points()
```

运行结果如下：

```
Epoch: 002, Loss: 1.1948, Acc: 0.3000
Epoch: 004, Loss: 0.8631, Acc: 0.3000
Epoch: 006, Loss: 0.5903, Acc: 0.4667
Epoch: 008, Loss: 0.3492, Acc: 0.5667
Epoch: 010, Loss: 0.1642, Acc: 0.6000
Epoch: 012, Loss: 0.0576, Acc: 0.6000
Epoch: 014, Loss: 0.0162, Acc: 0.6000
Epoch: 016, Loss: 0.0042, Acc: 0.6000
Epoch: 018, Loss: 0.0012, Acc: 0.6000
```

空手道俱乐部网络在 LINE 模型下的嵌入结果如图 12.1 所示。显然，嵌入结果不太理想，仍需进一步调整模型结构和参数。

图 12.1　空手道俱乐部网络在 LINE 模型下的嵌入结果

12.3　图卷积神经网络

对任意给定的具有 N 个节点的无向图 $G=(V,E)$，$A \in \mathbf{R}^{N \times N}$ 表示该图的邻接矩阵。假设每个节点都可以表示为一个特征向量 $x_i=(x_{i1},x_{i2},\cdots,x_{iM})$，$M$ 表示特征向量的维度，所有节点的特征向量构成特征矩阵 $X \in \mathbf{R}^{N \times M}$。图卷积神经网络通过图的连边关系聚合节点的特征信息。它通过多个 GCN 层逐步聚合邻居的特征表示，最终获得每个节点的特征向量，其结构如图 12.2 所示。GCN 层可以通过以下关系描述：

$$X^{(l+1)} = \sigma(\widetilde{D}^{-\frac{1}{2}} \widetilde{A} \widetilde{D}^{-\frac{1}{2}} X^{(l)} W^{(l)}) \tag{12-1}$$

其中，$X^{(l)} \in \mathbf{R}^{N \times M}$ 表示第 l 层的特征矩阵，$\widetilde{A}=A+I$，表示邻接矩阵加上单位矩阵，可以理解为在原图中加入了自环。$\widetilde{D}$ 是图 G 加入自环后所得新图的度矩阵，即除对角线上为对应节点的度值外，其余元素为 0。$\widetilde{D}^{-\frac{1}{2}} \widetilde{A} \widetilde{D}^{-\frac{1}{2}}$ 可认为是对邻接矩阵的归一化。$W^{(l)} \in \mathbf{R}^{M \times F}$ 是第 l 层的权重矩阵，F 表示第 $l+1$ 层特征向量的维度，值可以按需求设定。σ 是激活函数，此处使用 ReLU 函数。

接下来，搭建一个两层的图卷积神经网络用于对空手道俱乐部网络进行半监督节点分类，并最终获得每个节点的最终特征向量表示。

第一层：

$$X^{(1)} = \text{ReLU}(\widetilde{D}^{-\frac{1}{2}}\widetilde{A}\widetilde{D}^{-\frac{1}{2}}X^{(0)}W^{(0)}) \tag{12-2}$$

其中，$X^{(0)}$表示节点的初始特征矩阵，此处采用 one-hot 编码，形式上形如34行34列的单位矩阵。$W^{(0)}$取为34行16列的随机权重矩阵，后期将依据反向传播算法逐步更新。可以输出$X^{(1)}$是34行16列的特征矩阵。

第二层：

$$X^{(2)} = \text{soft max}(\widetilde{D}^{-\frac{1}{2}}\widetilde{A}\widetilde{D}^{-\frac{1}{2}}X^{(1)}W^{(1)}) \tag{12-3}$$

其中，$W^{(1)}$取为16行2列的随机权重矩阵，输出$X^{(2)}$是34行2列的所属概率矩阵。

图卷积神经网络结构示意图如图 12.2 所示。

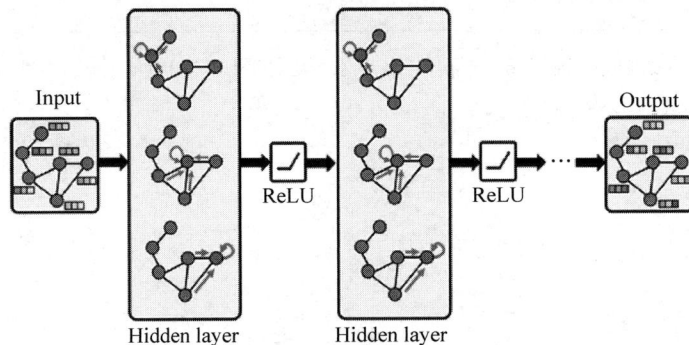

图 12.2　图卷积神经网络结构示意图

计算机实现包含以下六步。

（1）导入库。

```
1   from torch_geometric.utils import from_networkx    # 将 NetworkX 图转换为 PyTorch 图
2   from torch_geometric.nn import GCNConv
3   import torch.nn.functional as F
4   import matplotlib.pyplot as plt
5   from random import sample                           # 抽样,随机选择标签节点
6   import networkx as nx
7   import numpy as np
8   import torch
```

（2）数据准备，图卷积神经网络的输入包括初始特征矩阵$X^{(0)}$、图的标签信息Y、图的连边信息、训练集和测试集等。

```
1    karate = nx.karate_club_graph()                    # 通过 NetworkX 获取网络
2    data = from_networkx(karate)                       # 将网络转换为 PyG 所需的数据形式
3    label_number = 1                                   # 每个类别设置标签数据的个数
4
5    y = torch.tensor([0 if i == 'Mr. Hi' else 1 for i in data.club])    # 标签信息
6    x = torch.tensor(np.eye(data.num_nodes, dtype = int), dtype = torch.float) # 初始特征矩阵
7    train_mask = torch.tensor([False] * data.num_nodes)    # 生成训练集
8    community_Mr = [i[0] for i in list(enumerate(data.club)) if i[1] == 'Mr. Hi']
9    community_Officer = [i[0] for i in list(enumerate(data.club)) if i[1] == 'Officer']
10   train_mask[sample(community_Mr,label_number)] = True    # 两类分别选一个数据作为训练集
11   train_mask[sample(community_Officer,label_number)] = True
12   test_mask = torch.tensor([not i for i in train_mask])   # 测试集
13   # 将以上输入信息传递给 PyG 内置图数据类型 Data
```

```
14  data.x = x
15  data.y = y
16  data.train_mask = train_mask
17  data.test_mask = test_mask
18  data.num_classes = 2                              #指定类别数
19  data
```

运行结果如下：

```
Data(edge_index=[2, 156], club=[34], weight=[156], name='Zachary's Karate Club', num_nodes=34,
x=[34, 34], y=[34], train_mask=[34], test_mask=[34], num_classes=2)
```

从以上结果可以看出，PyG 中的图数据类型为 Data 类型，它包含了连边信息 edge_index，本例由 NetworkX 中的 Graph 类型转换而来，可以自行设定但需要注意此处的边只能是有向的，因此无向图必须两个方向的边都包含，所以 edge_index 包含 156 个元素；club 包含节点属于哪个群体，大小为 34；Data 类型中各属性可以通过类似 data.edge_index 的形式查看。

（3）搭建图卷积神经网络模型。

```
1  class GCN(torch.nn.Module):
2    def __init__(self):
3      super().__init__()
4      self.conv1 = GCNConv(data.num_node_features, 16)
5      self.conv2 = GCNConv(16, data.num_classes)
6
7    def forward(self, data):
8      x, edge_index = data.x, data.edge_index
9      x = self.conv1(x, edge_index)
10     x = F.relu(x)
11     x = F.dropout(x, training = self.training)        #减少过拟合,提高泛化能力
12     x = self.conv2(x, edge_index)
13     return F.log_softmax(x, dim = 1)
```

可以看到以上模型定义包含网络结构和前向传播两部分。
（4）实例化模型，设置损失函数和优化器。

```
1  model = GCN()
2  criterion = torch.nn.CrossEntropyLoss()
3  optimizer = torch.optim.Adam(model.parameters(), lr = 0.01, weight_decay = 5e - 4)
```

（5）模型训练。

```
1  model.train()                                        #设定模型进入训练阶段
2  for epoch in range(300):
3    optimizer.zero_grad()                              #梯度清零
4    out = model(data)                                  #前向传播
5    loss = criterion(out[data.train_mask], data.y[data.train_mask]) #计算损失
6    # loss = F.nll_loss(out[data.train_mask], data.y[data.train_mask])  #另一种方法
7    loss.backward()                                    #误差后向传播
8    optimizer.step()                                   #梯度更新
```

（6）模型评估。

```
1  model.eval()                                         #设定模型进入评估阶段
2  with torch.no_grad():                                #声明以下代码不作梯度下降
```

```
3    pred = model(data).argmax(dim = 1)          #找到最高概率的类别索引值
4    correct = (pred[data.test_mask] == data.y[data.test_mask]).sum()
5    acc = int(correct) / int(data.test_mask.sum())
6  print(f'Accuracy: {acc:.4f}')
```

运行结果如下：

```
Accuracy: 0.9375
```

可以查看训练过程中损失函数的变化，如图 12.3 所示。随着训练次数的增加，损失函数逐渐减小。

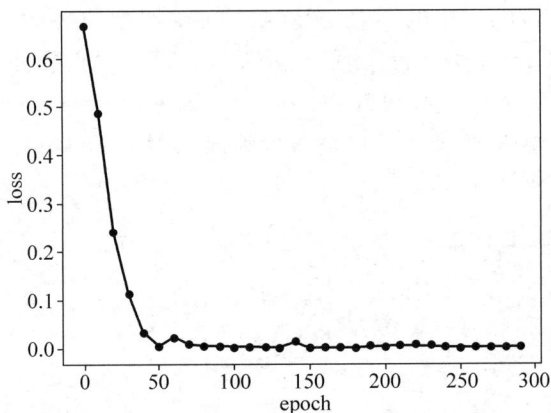

图 12.3　损失函数的变化情况

结果的可视化：

```
1  from sklearn.decomposition import PCA
2
3  with torch.no_grad():
4      X = model(data)
5  pca = PCA(n_components = 2)
6  pca = pca.fit_transform(X)
7  plt.scatter(X_pca[:,0],X_pca[:,1],s = 120,marker = '^', c = X.argmax(dim = 1), cmap = "Set1")
8  plt.show()
```

空手道俱乐部网络在 GCN 模型下的嵌入结果如图 12.4 所示。多数节点可较好区分，重叠区域节点的区分有一定的困难。接下来，使用 PyG 自带的空手道俱乐部网络数据集进行测试，该数据集默认网络包含四个社团。

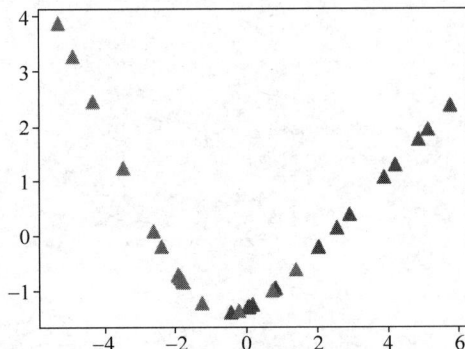

图 12.4　空手道俱乐部网络在 GCN 模型下的嵌入结果

```
1  from torch_geometric.datasets import KarateClub
2
3  dataset = KarateClub()
4  data = KarateClub()[0]
5  data.test_mask = torch.tensor([not i for i in data.train_mask], dtype = torch.bool)
6  data.num_classes = 4
7  data
```

运行结果如下：

```
Data(x = [34, 34], edge_index = [2, 156], y = [34], train_mask = [34], test_mask = [34], num_
classes = 4)
```

PyG 自带数据集嵌入结果如图 12.5 所示。显然，仅左上角社团区分效果好。

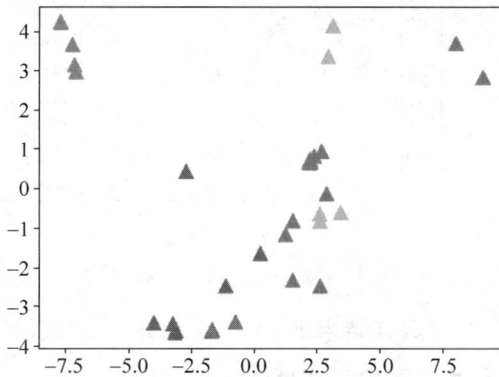

图 12.5　PyG 自带数据集嵌入结果

接下来讨论 $X^{(l+1)} = \widetilde{D}^{-\frac{1}{2}} \widetilde{A} \widetilde{D}^{-\frac{1}{2}} X^{(l)}$ 对节点信息的聚合作用。此处 $X^{(0)}$ 随机选择，观察 $X^{(l)}$ 的迭代演化，程序如下：

```
1   karate = nx.karate_club_graph()
2   A = nx.adjacency_matrix(karate, weight = None).toarray()
3   D = np.diag(np.sum(A, axis = 1))
4   I = np.eye(karate.number_of_nodes())
5   A1 = A + I
6   D1 = np.sqrt(np.linalg.inv(D))
7   #迭代
8   X0 = np.random.randn(34,2)
9   for i in range(5):
10    X1 = np.dot(np.dot(np.dot(D1,A1),D1),X0)
11    X0 = X1
12  #可视化
13  color = []
14  for i in karate.nodes:
15    if karate.nodes[i]['club'] == 'Mr. Hi':
16      color.append('y')
17    else:
18      color.append('c')
19  plt.scatter(X0[:,0],X0[:,1],color = color)
20  plt.show()
```

下面介绍某一随机初始坐标按照图卷积运算逐步聚合的过程。

为了较好地显示实验结果，仍然采用 NetworkX 中的二分类空手道俱乐部网络，实验结果如图 12.6 所示。可以看到，随着迭代次数的增加，两个社团逐渐被区分开。考虑到节点初始特征向量对结果的影响，接下来分析不同初始状态下的聚合结果，一共聚合 5 步。

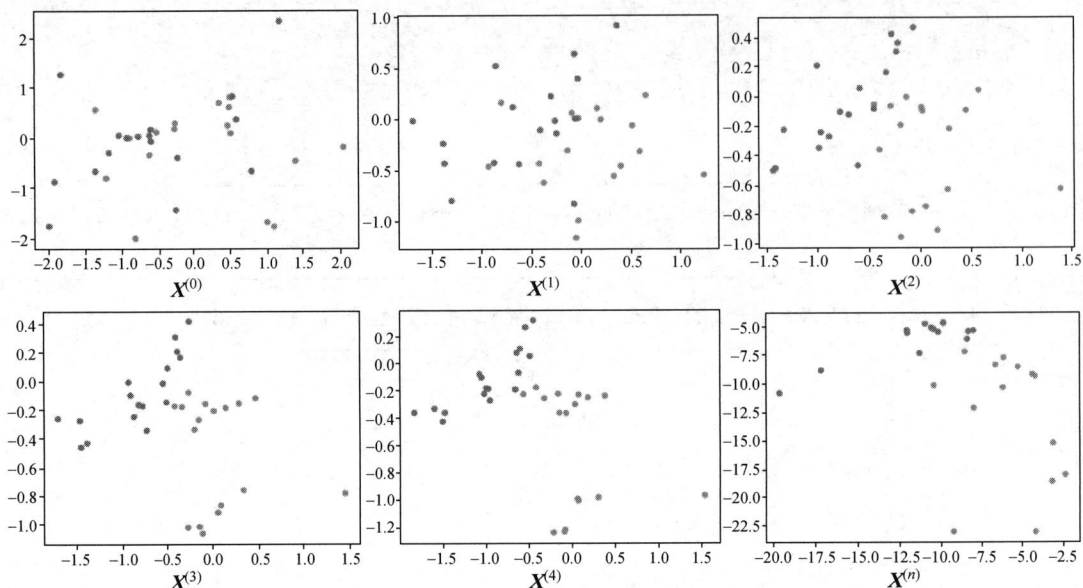

图 12.6　GCN 模型信息聚合过程

节点不同初始特征属性下的聚合结果如图 12.7 所示。显然，最终结果差异较大，并没有稳定在某一特定位置，而且效果参差不齐，时好时坏。

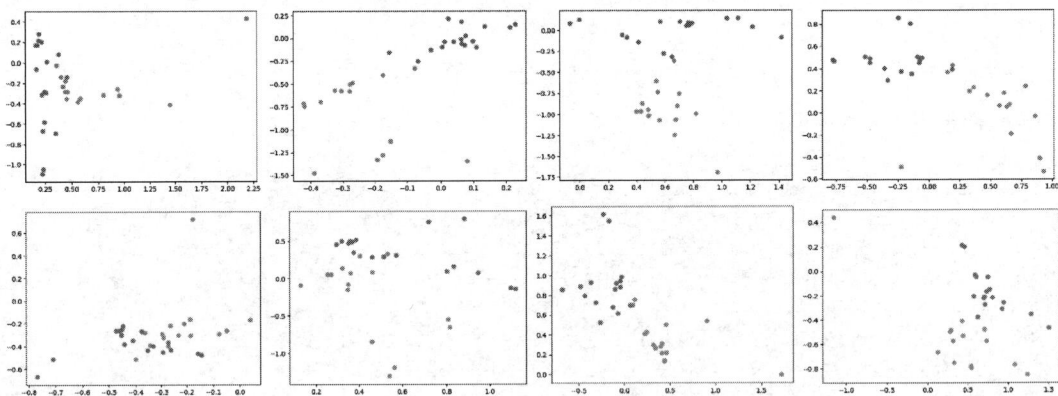

图 12.7　节点不同初始特征属性下的聚合结果

12.4　图注意力网络

与 GCN 平等对待所有邻居节点不同，注意力机制可以为每个邻居节点分配不同的注意力分数，从而识别出较为重要的邻居节点。

GAT 由简单的注意力层堆叠而成，图注意力层的输入为图中所有节点的特征 $h = \{h_1, h_2, \cdots, h_N\}$，$h_i \in \mathbf{R}^F$，表示节点 i 的特征向量，N 为图中节点的个数，F 为每个节点的低维嵌入向量维度。图注意力层的输出为图中所有节点的新特征 $h' = \{h'_1, h'_2, \cdots, h'_N\}$，$h'_i \in \mathbf{R}^{F'}$。$F$ 与 F' 可能不同。图注意力层的主要工作是计算这些相邻节点的注意力权重，并对这些权重采用线性加权的方式得到下一层节点的新特征向量。每个注意力层的计算包括以下两步。

12.4.1 计算注意力权重

任意相邻节点对(i,j)的注意力权重可以表示为

$$\alpha_{ij} = \frac{\exp(\text{LeakyReLU}(\boldsymbol{a}^{\mathrm{T}}[\boldsymbol{W}\boldsymbol{h}_i \mid\mid \boldsymbol{W}\boldsymbol{h}_j]))}{\sum\limits_{k \in N_i} \exp(\text{LeakyReLU}(\boldsymbol{a}^{\mathrm{T}}[\boldsymbol{W}\boldsymbol{h}_i \mid\mid \boldsymbol{W}\boldsymbol{h}_k]))} \tag{12-4}$$

其中,$\boldsymbol{W}$、$\boldsymbol{a}^{\mathrm{T}}$表示需要训练得到的权重向量,$\mid\mid$表示拼接运算,LeakyReLU表示非线性激活函数。

其运算过程为,首先使用权重参数矩阵$\boldsymbol{W} \in \mathbf{R}^{F' \times F}$对节点$i$和节点$j$的嵌入向量进行线性变换:$\mathbf{R}^F \to \mathbf{R}^{F'}$;然后将结果进行拼接:$\mathbf{R}^{F'} \to \mathbf{R}^{2F'}$;再通过使用权重向量参数为$\boldsymbol{a} \in \mathbf{R}^{2F'}$的单层前馈神经网络将拼接结果映射为一个实数:$\mathbf{R}^{2F'} \to \mathbf{R}$;最后对结果进行归一化。

12.4.2 加权求和

采用线性加权和激化函数融合邻居节点的向量,最终得到节点i的特征输出:

$$\boldsymbol{h}'_i = \sigma\left(\sum_{j \in N_i} \alpha_{ij} \boldsymbol{W}\boldsymbol{h}_j\right) \tag{12-5}$$

其中,$\sigma(x)$为激活函数。

为了获得较好的结果,提高模型的泛化能力,通常会引入多头注意力机制,即将多个不同注意力结果进行拼接(或取平均)。表达式如下:

$$\boldsymbol{h}'_i(K) = \mid\mid_{k=1}^{K} \sigma\left(\sum_{j \in N_i} \alpha_{ij}^k \boldsymbol{W}^k \boldsymbol{h}_j\right) \tag{12-6}$$

$$\boldsymbol{h}'_i(K) = \sigma\left(\frac{1}{K}\sum_{k=1}^{K}\sum_{j \in N_i} \alpha_{ij}^k \boldsymbol{W}^k \boldsymbol{h}_j\right) \tag{12-7}$$

本节的实践将与12.5节的GraphSAGE合并进行。

12.5 GraphSAGE 图神经网络

GraphSAGE的基本思想是,在训练阶段试图学习一组聚合函数(Aggregator Functions),以便从每个当前节点的邻居节点中采样节点(由于每个节点的度不同,因而需要对每个节点采样固定数量的邻居节点),并通过聚合得到当前节点的低维嵌入向量特征。得到的聚合函数使模型具有较强的泛化能力,适合应用在结构不断演化的网络中,并对之前未见过的节点进行预测。

$$\boldsymbol{h}_{N_v}^t = \text{AGGREGATE}_t(\{h_u^{t-1}, \forall u \in N_v\}) \tag{12-8}$$

$$\boldsymbol{h}_v^t = \sigma(W^t \cdot [h_v^{t-1} \mid\mid h_{N_v}^t]) \tag{12-9}$$

其中,W^t是第t层的参数。聚合函数可以选择平均聚合器、LSTM聚合器和池化聚合器。

【例 12-2】 在统一的框架下实现GCN、GAT和GraphSAGE三个模型。

(1)导入库。

```
1  import torch
2  from torch import nn
3  from torch_geometric.nn import GATConv, GCNConv, SAGEConv
4  from torch_geometric.datasets import KarateClub
```

（2）构建模型。

① GCN。

```
1  class GCN(torch.nn.Module):
2    def __init__(self, in_feats, h_feats, out_feats):
3      super(GCN, self).__init__()
4      self.conv1 = GCNConv(in_feats, h_feats)
5      self.conv2 = GCNConv(h_feats, out_feats)
6
7    def forward(self, data):
8      x, edge_index = data.x, data.edge_index
9      x = F.dropout(x, p=0.6, training=self.training)
10     x = F.relu(self.conv1(x, edge_index))
11     x = self.conv2(x, edge_index)
12     return x
```

② GraphSAGE。

```
1  class GraphSAGE(torch.nn.Module):
2    def __init__(self, in_feats, h_feats, out_feats):
3      super(GraphSAGE, self).__init__()
4      self.conv1 = SAGEConv(in_feats, h_feats, normalize=True)
5      self.conv2 = SAGEConv(h_feats, out_feats, normalize=True)
6
7    def forward(self, data):
8      x, edge_index = data.x, data.edge_index
9      x = F.dropout(x, p=0.6, training=self.training)
10     x = F.relu(self.conv1(x, edge_index))
11     x = self.conv2(x, edge_index)
12     return x
```

③ GAT。

```
1  class GAT(torch.nn.Module):
2    def __init__(self, in_feats, h_feats, out_feats):
3      super(GAT, self).__init__()
4      self.conv1 = GATConv(in_feats, h_feats, heads=8, concat=False)
5      self.conv2 = GATConv(h_feats, out_feats, heads=8, concat=False)
6
7    def forward(self, data):
8      x, edge_index = data.x, data.edge_index
9      x = F.dropout(x, p=0.6, training=self.training)
10     x = F.relu(self.conv1(x, edge_index))
11     x = self.conv2(x, edge_index)
12     return x
```

（3）训练函数和测试函数定义。

① 训练函数。

```
1  def train(model, data):
2    model.train()
3    optimizer.zero_grad()
4    out = model(data)
5    loss = criterion(out[data.train_mask], data.y[data.train_mask])
```

```
6    loss.backward()
7    optimizer.step()
8    return loss
```

② 测试函数。

```
1  @torch.no_grad()
2  def test(model,data):
3    model.eval()
4    out = model(data)
5    pred = out.argmax(dim=1)
6    test_correct = pred[data.test_mask] == data.y[data.test_mask]
7    test_acc = int(test_correct.sum())/int(data.test_mask.sum())
8    return test_acc
```

（4）通过空手道俱乐部数据集测试模型。

① GCN。

```
1   dataset = KarateClub()
2   data = KarateClub()[0]
3   data.test_mask = torch.tensor([not i for i in data.train_mask], dtype=torch.bool)
4
5   model = GCN(in_feats=dataset.num_node_features, h_feats=16, out_feats=dataset.num_classes)
6   criterion = torch.nn.CrossEntropyLoss()
7   optimizer = torch.optim.Adam(model.parameters(),lr=0.01,weight_decay=1e-4)
8
9   for epoch in range(1,201):
10    loss = train(model,data)
11    # if epoch%20==0:
12      # print(epoch,loss)
13
14  print(test(model,data))
```

测试集的准确率为：

```
0.7666666666666667
```

② GAT。

```
1   model = GAT(in_feats=dataset.num_node_features, h_feats=16, out_feats=dataset.num_classes)
2   criterion = torch.nn.CrossEntropyLoss()
3   optimizer = torch.optim.Adam(model.parameters(),lr=0.01,weight_decay=1e-4)
4
5   for epoch in range(1,201):
6    loss = train(model,data)
7    # if epoch%20==0:
8      # print(epoch,loss)
9
10  print(test(model,data))
```

测试集的准确率为：

```
0.8333333333333334
```

③ GraphSAGE。

```
1   model = GraphSAGE(in_feats = dataset.num_node_features, h_feats = 16, out_feats = dataset.
    num_classes)
2   criterion = torch.nn.CrossEntropyLoss()
3   optimizer = torch.optim.Adam(model.parameters(),lr = 0.01,weight_decay = 1e - 4)
4
5   for epoch in range(1,201):
6     loss = train(model,data)
7     # if epoch % 20 == 0:
8       # print(epoch,loss)
9
10  print(test(model,data))
```

测试集的准确率为:

```
0.6333333333333333
```

12.6　图分类任务

本章前面的任务主要针对节点的分类和链路预测,本节将介绍一个图级别的任务,即图分类。不同于节点任务中仅包含一个图(其目的是获得节点的向量表示),图任务中通常包含多个图,目的是获取图的向量表示,再通过图的表示进行分类任务。

本节使用 MUTAG 数据集,它包含 188 个硝基化合物,labels 判断化合物是芳香族还是杂芳族。所以该任务是基于图的二分类任务。

```
1   import torch
2   from torch_geometric.data import Data
3   from torch_geometric.datasets import TUDataset
4   from torch_geometric.utils import from_networkx
5   from torch_geometric.utils import to_networkx
6
7   dataset = TUDataset('./data/TUDataset',name = 'MUTAG')
8   print(len(dataset))            # 图的数量
9   print(dataset.num_features)     # 图的特征数量
10  print(dataset.num_classes)      # 图的类别
```

运行结果如下:

```
188
7
2
```

注意,这里包含 188 个分子图,每个图的特征分为两个类别。为了显示图的结构,可以使用 NetworkX 库对网络图进行可视化。

```
1   import networkx as nx
2   import matplotlib.pyplot as plt
3
4   plt.subplot(2,2,1)
5   g = to_networkx(dataset[0],to_undirected = True)
```

```
 6  nx.draw(g,with_labels = True,node_color = 'y',node_size = 200)
 7  plt.subplot(2,2,2)
 8  g = to_networkx(dataset[1],to_undirected = True)
 9  nx.draw(g,with_labels = True,node_color = 'y',node_size = 200)
10  plt.subplot(2,2,3)
11  g = to_networkx(dataset[2],to_undirected = True)
12  nx.draw(g,with_labels = True,node_color = 'y',node_size = 200)
13  plt.subplot(2,2,4)
14  g = to_networkx(dataset[3],to_undirected = True)
15  nx.draw(g,with_labels = True,node_color = 'y',node_size = 200)
16  plt.tight_layout()
17  plt.show()
```

MUTAG 数据集部分网络如图 12.8 所示。从图中可以看出，每个图包含的节点数和边数不同，从而输入模型时需要进行缩放或补零，使每笔数据长度一致，本例通过 PyG 的 DataLoader 完成自动补全功能。

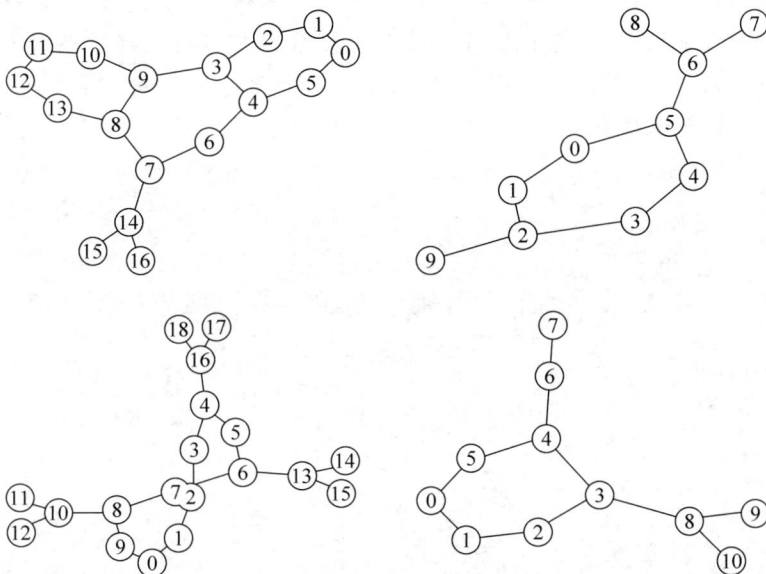

图 12.8　MUTAG 数据集部分网络

（1）导入库。

```
1  import torch
2  import numpy as np
3  from torch.nn import Linear
4  import torch.nn.functional as F
5  from torch_geometric.nn import GCNConv
6  from torch_geometric.nn import global_mean_pool
7  from torch_geometric.datasets import TUDataset
8  from torch_geometric.loader import DataLoader
```

（2）构建模型。

```
1  class GCN(torch.nn.Module):
2    def __init__(self,hidden_channels):
3      super(GCN,self).__init__()
4      torch.manual_seed(12345)
```

```
5       self.conv1 = GCNConv(dataset.num_node_features,hidden_channels)
6       self.conv2 = GCNConv(hidden_channels,hidden_channels)
7       self.conv3 = GCNConv(hidden_channels,hidden_channels)
8       self.lin = Linear(hidden_channels,dataset.num_classes)
9
10  def forward(self,x,edge_index,batch):
11      x = self.conv1(x,edge_index)
12      x = x.relu()
13      x = self.conv2(x,edge_index)
14      x = x.relu()
15      x = self.conv3(x,edge_index)
16
17      x = global_mean_pool(x,batch)
18      x = F.dropout(x,p=0.5,training=self.training)
19      x = self.lin(x)
20
21      return x
```

模型包含三个卷积层、一个池化层和一个全连接层。节点特征经过三次卷积后进入全局平均池化层,然后得到整个图的向量表示,最后通过一个全连接层进行分类。

(3)训练函数和测试函数。

```
1   def train():
2       model.train()
3       for data in train_loader:
4           optimizer.zero_grad()
5           out = model(data.x,data.edge_index,data.batch)
6           loss = criterion(out,data.y)
7           loss.backward()
8           optimizer.step()
9
10  def test(loader):
11      model.eval()
12      correct = 0
13      pred_all = np.array([])
14      actual_all = np.array([])
15      for data in loader:
16          out = model(data.x,data.edge_index,data.batch)
17          pred = out.argmax(dim=1)
18          correct += int((pred==data.y).sum())
19          correct_ratio = correct/len(loader.dataset)
20          pred_all = np.concatenate((pred_all,pred.numpy()))
21          actual_all = np.concatenate((actual_all,data.y.numpy()))
22      return correct_ratio,pred_all,actual_all
```

(4)结果测试。

```
1   dataset = TUDataset('./data/TUDataset',name='MUTAG')
2
3   torch.manual_seed(12345)
4   dataset = dataset.shuffle()                                      #乱序
5   train_dataset = dataset[:150]                                    #划分训练集
6   test_dataset = dataset[150:]                                     #划分测试集
7   #构建数据加载器
8   train_loader = DataLoader(train_dataset,batch_size=64,shuffle=True)
```

```
 9   test_loader = DataLoader(test_dataset, batch_size = 64, shuffle = False)
10
11   model = GCN(hidden_channels = 64)                          #模型
12   criterion = torch.nn.CrossEntropyLoss()                    #损失函数
13   optimizer = torch.optim.Adam(model.parameters(), lr = 0.01) #优化器
14
15   for epoch in range(1,171):
16     train()
17     train_acc = test(train_loader)
18     test_acc = test(test_loader)
19     if epoch % 20 == 0:
20       print(f'Epoch:{epoch:03d},训练集准确率: {train_acc[0]:4f},\
21           测试集准确率: {test_acc[0]:4f}')
```

运行结果如下：

```
Epoch:020,训练集准确率: 0.753333,测试集准确率: 0.736842
Epoch:040,训练集准确率: 0.753333,测试集准确率: 0.736842
Epoch:060,训练集准确率: 0.773333,测试集准确率: 0.815789
Epoch:080,训练集准确率: 0.780000,测试集准确率: 0.789474
Epoch:100,训练集准确率: 0.773333,测试集准确率: 0.789474
Epoch:120,训练集准确率: 0.800000,测试集准确率: 0.710526
Epoch:140,训练集准确率: 0.780000,测试集准确率: 0.789474
Epoch:160,训练集准确率: 0.786667,测试集准确率: 0.763158
```

参 考 文 献

[1] 王义和.离散数学引论[M].3 版.哈尔滨:哈尔滨工业大学出版社,2007.

[2] 王树禾.图论[M].2 版.北京:科学出版社,2022.

[3] 汪小帆,李翔,陈关荣.网络科学导论[M].北京:高等教育出版社,2012.

[4] 郭世泽,陆哲明.复杂网络基础理论[M].北京:科学出版社,2012.

[5] 何大韧,刘宗华,汪秉宏.复杂系统与复杂网络[M].北京:高等教育出版社,2009.

[6] Newman M E.网络科学引论[M].郭世泽,陈哲,译.北京:电子工业出版社,2014.

[7] 艾伯特-拉斯洛·巴拉巴西.巴拉巴西网络科学[M].沈华伟,黄俊铭,译.郑州:河南科学技术出版社,2020.

[8] 司守奎,孙玺菁.复杂网络算法与应用[M].北京:国防工业出版社,2015.

[9] Albert R,Barabási A L. Statistical mechanics of complex networks[J]. Reviews of Modern Physics,2002,74(1),47.

[10] Newman M E. The structure and function of complex networks[J]. SIAM Review,2003,45(2):167-256.

[11] Boccaletti S,Latora V,Moreno Y,et al. Complex networks:Structure and dynamics[J]. Physics Reports,2006,424(4-5):175-308.

[12] Yang B,Li J. Complex network analysis of three-way decision researches[J]. International Journal of Machine Learning and Cybernetics,2020,11:973-987.

[13] 任晓龙,吕琳媛.网络重要节点排序方法综述[J].科学通报,2014,59(13):1175-1197.

[14] Lv L,Chen D,Ren X L,et al. Vital nodes identification in complex networks[J]. Physics Reports,2016,650:1-63.

[15] Lv L,Zhou T,Zhang Q M,et al. The H-index of a network node and its relation to degree and coreness[J]. Nature Communications,2016,7(1):10168.

[16] Xie Y,Wang T,Yang B. Effect of network topologies and attacking strategies on cascading failure model with power-law load redistribution[J]. Journal of Statistical Mechanics:Theory and Experiment,2024(2):023402.

[17] 谢怡燃,李国华,杨波.基于站点线路数的城市公交网络鲁棒性研究[J].电子科技大学学报,2022,51(4):630-640.

[18] 杨波,李远彪.数据科学与大数据技术课程体系的复杂网络分析[J].计算机科学,2022,49(6A):680-685.

[19] 杨波,李国华,李金海.基于网络方法的形状图像特征选择[J].昆明理工大学学报(自然科学版),2023,48(6):30-38.

[20] 李晓佳,张鹏,狄增如,等.复杂网络中的社团结构[J].复杂系统与复杂性科学,2008(3):19-42.

[21] Fortunato S. Community detection in graphs[J]. Physics Reports,2010,486(3-5):75-174.

[22] Fortunato S,Hric D. Community detection in networks:A user guide[J]. Physics Reports,2016,659:1-44.

[23] Pons P,Latapy M. Computing communities in large networks using random walks[J]. Journal of Graph Algorithms and Applications,2006,10(2):191-218.

[24] 吕琳媛,周涛.链路预测[M].北京:高等教育出版社,2013.

[25] 吕琳媛.复杂网络链路预测[J].电子科技大学学报,2010,39(5):651-661.

[26] 吕琳媛,任晓龙,周涛.网络链路预测:概念与前沿[J].中国计算机学会通讯,2016,012(004):12-19.

[27] Zhou T,Lv L,Zhang Y C. Predicting missing links via local information[J]. The European Physical Journal B,2009,71:623-630.

[28] Lv L,Zhou T. Link prediction in complex networks:A survey[J]. Physica A:Statistical Mechanics and Its Applications,2011,390(6):1150-1170.

[29] Kumar A,Singh S S,Singh K,et al. Link prediction techniques,applications,and performance:A survey[J]. Physica A:Statistical Mechanics and its Applications,2020,553:124289.

[30] Clauset A, Shalizi C R, Newman M E. Power-law distributions in empirical data[J]. SIAM Review, 2009, 51(4)：661-703.

[31] Alstott J, Bullmore E, Plenz D. Powerlaw：A Python package for analysis of heavy-tailed distributions[J]. PloS One, 2014, 9(1)：e85777.

[32] 马文淦. 计算物理学[M]. 北京：科学出版社, 2005.

[33] Noh J D, Rieger H. Random walks on complex networks[J]. Physical Review Letters, 2004, 92(11)：118701.

[34] Masuda N, Porter M A, Lambiotte R. Random walks and diffusion on networks[J]. Physics Reports, 2017, 716：1-58.

[35] Li Y, Yang B. Quantitative study of random walk parameters in node2vec model[J]. Physica Scripta, 2024, 99(6)：065208.

[36] Christensen K, Moloney N R. 复杂性和临界状态(英文影印版)[M]. 上海：复旦大学出版社, 2006.

[37] Dorogovtsev S N, Goltsev A V, Mendes J F. Critical phenomena in complex networks[J]. Reviews of Modern Physics, 2008, 80(4)：1275-1335.

[38] 于渌, 郝柏林, 陈晓松. 边缘奇迹：相变和临界现象[M]. 北京：科学出版社, 2016.

[39] 刘卯鑫. 复杂网络中的临界现象[D]. 北京：中国科学院大学, 2012.

[40] 樊京芳. 复杂系统的相变[D]. 北京：中国科学院大学, 2014.

[41] 朱勇. 复杂网络中的相变与临界现象[D]. 北京：中国科学院大学, 2015.

[42] Cohen R, Ben-Avraham D, Havlin S. Percolation critical exponents in scale-free networks[J]. Physical Review E, 2002, 66(3)：036113.

[43] Nishimori H, Ortiz G. Elements of phase transitions and critical phenomena[M]. New York：Oxford University Press, 2011.

[44] 杨波. 演化博弈模型的相变及其临界现象[D]. 北京：中国科学院大学, 2016.

[45] Yang B, Li X T, Chen W, et al. Critical behavior of spatial evolutionary game with altruistic to spiteful preferences on two-dimensional lattices[J]. Communications in Theoretical Physics, 2016, 66(4)：439.

[46] 杨波, 范敏, 刘文奇, 等. 自我质疑机制下公共物品博弈模型的相变特性[J]. 物理学报, 2017, 66(18)：180203.

[47] Szabó G, Fath G. Evolutionary games on graphs[J]. Physics Reports, 2007, 446(4)：97-216.

[48] Szabó G, Borsos I. Evolutionary potential games on lattices[J]. Physics Reports, 2016, 624：1-60.

[49] Szabó G, Töke C. Evolutionary prisoner's dilemma game on a square lattice[J]. Physical Review E, 1998, 58(1)：69.

[50] Szabó G, Vukov J, Szolnoki A. Phase diagrams for an evolutionary prisoner's dilemma game on two-dimensional lattices[J]. Physical Review E, 2005, 72(4)：047107.

[51] 邹然, 柳杨, 李聪, 等. 图表示学习综述[J]. 北京师范大学学报(自然科学版), 2023(5)：716-724.

[52] 刘远超. 深度学习基础[M]. 北京：高等教育出版社, 2023.

[53] 赵海兴, 冶忠林, 李明原, 等. 图神经网络原理与应用[M]. 北京：科学出版社, 2024.

[54] 兰伟, 叶进, 朱晓姝. 图神经网络基础、模型与应用实战[M]. 北京：清华大学出版社, 2024.

[55] 刘知远, 周界. 图神经网络导论[M]. 李添秋, 译. 北京：人民邮电出版社, 2021.

[56] 陈昭明, 洪锦魁. PyTorch 深度学习应用实战[M]. 北京：清华大学出版社, 2023.

[57] Hagberg A A, Schult D A, Swart P J. Exploring network structure, dynamics, and function using NetworkX[C]//In Proceedings of the 7th Python in Science Conference (SciPy2008), Pasadena, 2008：11-15.

[58] Grover A, Leskovec J. Node2vec：Scalable feature learning for networks[C]//In Proceedings of the 22nd ACM SIGKDD International Conference on Knowledge Discovery and Data Mining, 2016：855-864.

图书资源支持

感谢您一直以来对清华版图书的支持和爱护。为了配合本书的使用，本书提供配套的资源，有需求的读者请扫描下方的"书圈"微信公众号二维码，在图书专区下载，也可以拨打电话或发送电子邮件咨询。

如果您在使用本书的过程中遇到了什么问题，或者有相关图书出版计划，也请您发邮件告诉我们，以便我们更好地为您服务。

我们的联系方式：

清华大学出版社计算机与信息分社网站：https://www.SHUIMUSHUHUI.com/

地　　　址：北京市海淀区双清路学研大厦 A 座 714

邮　　　编：100084

电　　　话：010-83470236　010-83470237

客服邮箱：2301891038@qq.com

QQ：2301891038（请写明您的单位和姓名）

资源下载：关注公众号"书圈"下载配套资源。

资源下载、样书申请

图书案例

书圈

清华计算机学堂

观看课程直播